高等学校"十二五"规划教材·计算机系列

# Oracle 11g 数据库与应用开发教程

李明俊　主　编
孙丽丽　宁世勇　副主编

哈尔滨工业大学出版社

## 内 容 简 介

本书介绍了 Oralce 11g 的主要工具,包括 SQL＊Plus、SQL 语言、PL/SQL 基础编程,同时介绍了 Oracle 数据库的体系结构、表空间与数据文件管理、权限及用户管理,加入了 Oracle 11g 中的闪回技术和数据库的备份与恢复技术。本书内容结合了作者开发的实际项目,所有举例均为实际项目中应用的真实数据。

本书可作为高等院校计算机及软件工程类教材,同时可作为 Oracle 数据库的自学者和 DBA 及应用开发人员的参考书。

### 图书在版编目(CIP)数据

Oracle 11g 数据库与应用开发教程/李明俊主编. —哈尔滨:
哈尔滨工业大学出版社,2013.3(2019.1 重印)
ISBN 978－7－5603－3862－0

Ⅰ.①O… Ⅱ.①李… Ⅲ.①关系数据库系统－数据库管理系统-教材 Ⅳ.①TP311.138

中国版本图书馆 CIP 数据核字(2012)第 289005 号

| | |
|---|---|
| 策划编辑 | 王桂芝 |
| 责任编辑 | 刘　瑶 |
| 出版发行 | 哈尔滨工业大学出版社 |
| 社　　址 | 哈尔滨市南岗区复华四道街 10 号　邮编 150006 |
| 传　　真 | 0451－86414749 |
| 网　　址 | http://hitpress.hit.edu.cn |
| 印　　刷 | 黑龙江艺德印刷有限责任公司 |
| 开　　本 | 787mm×1092mm　1/16　印张 21.25　字数 530 千字 |
| 版　　次 | 2013 年 3 月第 1 版　2019 年 1 月第 3 次印刷 |
| 书　　号 | ISBN 978－7－5603－3862－0 |
| 定　　价 | 45.00 元 |

(如因印装质量问题影响阅读,我社负责调换)

# 高等学校"十二五"规划教材·计算机系列
## 编 委 会

主　任　王义和

编　委　（按姓氏笔画排序）

王建华　王国娟　孙惠杰　衣治安

许善祥　宋广军　李长荣　周　波

尚福华　胡　文　姜成志　郝维来

秦湘林　戚长林　梁颖红

# 序

当今社会已进入前所未有的信息时代,以计算机为基础的信息技术对科学的发展、社会的进步,乃至一个国家的现代化建设起着巨大的推进作用。可以说,计算机科学与技术已不以人的意志为转移地对其他学科的发展产生了深刻影响。需要指出的是,学科专业的发展都离不开人才的培养,而高校正是培养既有专业知识、又掌握高层次计算机科学与技术的研究型人才和应用型人才最直接、最重要的阵地。

随着计算机新技术的普及和高等教育质量工程的实施,如何提高教学质量,尤其是培养学生的计算机实际动手操作能力和应用创新能力是一个需要值得深入研究的课题。

虽然提高教学质量是一个系统工程,需要进行学科建设、专业建设、课程建设、师资队伍建设、教材建设和教学方法研究,但其中教材建设是基础,因为教材是教学的重要依据。在计算机科学与技术的教材建设方面,国内许多高校都做了卓有成效的工作,但由于我国高等教育多模式和多层次的特点,计算机科学与技术日新月异的发展,以及社会需求的多变性,教材建设已不再是一蹴而就的事情,而是一个长期的任务。正是基于这样的认识和考虑,哈尔滨工业大学出版社组织哈尔滨工业大学、东北林业大学、大庆石油学院、哈尔滨师范大学、哈尔滨商业大学等多所高校编写了这套"高等学校计算机类系列教材"。此系列教材依据教育部计算机教学指导委员会对相关课程教学的基本要求,在基本体现系统性和完整性的前提下,以必须和够用为度,避免贪大求全、包罗万象,重在**突出特色**,体现**实用性**和**可操作性**。

(1)在体现科学性、系统性的同时,突出实用性,以适应当前 IT 技术的发展,满足 IT 业的需求。

(2)教材内容简明扼要、通俗易懂,融入大量具有启发性的综合性应用实例,加强了实践部分。

本系列教材的编者大都是长期工作在教学第一线的优秀教师。他们具有丰富的教学经验，了解学生的基础和需要，指导过学生的实验和毕业设计，参加过计算机应用项目的开发，所编教材适应性好、实用性强。

这是一套能够反映我国计算机发展水平，并可与世界计算机发展接轨，且适合我国高等学校计算机教学需要的系列教材。因此，我们相信，这套教材会以适用于提高广大学生的计算机应用水平为特色而获得成功！

2008 年 1 月

# 前　言

　　数据库技术是计算机科学中发展最快的领域之一。随着网络技术的不断发展，数据库技术与网络技术相结合，已经广泛应用于工作和生活的各个领域。

　　同时，随着互联网的高速发展，加快了云计算信息化应用的步伐。云计算的应用将离不开适应多种操作系统的计算机和跨越空间地区的互联网，更离不开大型网络化的数据库系统。当前，作为世界上最先进的 Oracle 数据库，是网络数据库的典型代表。

　　Oracle 是当前最流行的大型关系数据库之一，支持包括 32 位 Windows、64 位 Windows、Unix、Linux、AIX5L、Solaris 和 HP – UX 等多种操作系统，拥有广泛的用户和大量的应用案例，已成为大型数据库应用系统的首选后台数据库系统。Oracle 数据库技术及其应用已经成为国内外高校计算机专业和许多非计算机专业的必修课或选修课。

　　目前，市场上与 Oracle 数据库相关的图书较多，它们多数偏重于 Oracle 数据库管理，或者偏重于数据库应用系统开发，而将两者结合在一起的图书却很少见。本书作者将多年从事 Oracle 的教学、管理和开发应用系统的经验融入教材，详细介绍了管理和开发 Oracle 数据库应用程序所必备的相关技术。本书从基本的数据库管理出发，结合大量的实例，全面介绍 Oracle 11g 中关于数据库基础理论、基本操作、开发工具、体系结构、存储结构、安全管理和维护等内容，使读者能够在实践中了解和熟悉 Oracle 11g 数据库技术，逐步掌握复杂抽象的知识点。另外，本书各章配有习题和上机实训，帮助读者理解所学内容，使读者加深印象、学以致用。

　　本书在内容的选择、深度的把握上充分考虑初学者的特点，内容安排上力求做到循序渐进，不仅适合于教学，还适合于 Oracle 的各类培训和使用 Oracle 编程开发数据库应用程序的用户学习与参考。

　　本书由哈尔滨商业大学李明俊任主编，由哈尔滨信息工程学院孙丽丽、哈尔滨商业大学宁世勇任副主编，参加编写的还有李岚、张雨、刘湛清等，全书由李明俊统稿。本书编写分工如下：第 1、5 章由李岚编写，第 2、3 章由张雨编写，第 4、9 章由孙丽丽编写，第 6、7 章由李明俊编写，第 8、10 章由宁世勇编写，第 11、12 章由刘湛清编写。

　　由于水平有限，书中难免有疏漏和不当之处，敬请广大读者批评指正。

　　本书例题数据请从 http://hitpress.hit.edu.cn 下载。

编　者

2016 年 6 月

# 目 录

## 第1章 Oracle 关系数据库 ... 1
### 1.1 关系数据模型 ... 1
#### 1.1.1 实体与关系 ... 1
#### 1.1.2 关系模式与关系数据模型 ... 2
#### 1.1.3 关系数据模型的特点 ... 3
### 1.2 关系数据库 ... 4
#### 1.2.1 关系数据库的结构 ... 4
#### 1.2.2 关系数据库的二级映象 ... 4
#### 1.2.3 关系数据库的完整性 ... 5
### 1.3 关于数据库管理系统的功能 ... 6
### 1.4 Oracle 数据库简介 ... 6
#### 1.4.1 Oracle 数据库的发展历史 ... 6
#### 1.4.2 Oracle 数据库的特点 ... 7
#### 1.4.3 Oracle 11g 数据库的特点 ... 7
### 1.5 Windows 环境下 Oracle 11g 的安装 ... 8
#### 1.5.1 硬件、软件要求 ... 8
#### 1.5.2 安装步骤 ... 8
### 1.6 习题与上机实训 ... 15
#### 1.6.1 习题 ... 15
#### 1.6.2 上机实训 ... 16

## 第2章 Oracle 数据库工具 SQL*Plus ... 17
### 2.1 SQL*Plus 启动与关闭 ... 17
#### 2.1.1 图形界面方式启动 SQL*Plus ... 17
#### 2.1.2 命令行方式(DOS 方式)启动 SQL*Plus ... 18
### 2.2 SQL*Plus 常用语句和命令 ... 19
#### 2.2.1 连接登入命令 ... 20
#### 2.2.2 文件操作命令 ... 20
#### 2.2.3 交互式命令 ... 22
#### 2.2.4 设置和显示环境变量 ... 25
### 2.3 其他命令 ... 28

2.3.1 修改口令命令 ································· 28
　　2.3.2 表结构描述命令 ······························· 28
　　2.3.3 Oracle 虚拟表 ································ 29
　　2.3.4 表复制命令 ··································· 29
　　2.3.5 帮助命令 ····································· 30
2.4 习题与上机实训 ······································ 31
　　2.4.1 习题 ········································· 31
　　2.4.2 上机实训 ····································· 31

第3章 PL/SQL Developer ······································· 33
3.1 PL/SQL Developer 简介 ································ 33
　　3.1.1 PL/SQL Developer 的主要功能 ··················· 33
　　3.1.2 PL/SQL Developer 安装与登入 ··················· 34
　　3.1.3 PL/SQL Deverloper 网络配置与初始化设置 ········· 35
3.2 PL/SQL Developer 操作 ································ 38
　　3.2.1 PL/SQL 导出导入表 ····························· 38
　　3.2.2 PL/SQL Deverloper SQL 窗口 ···················· 42
　　3.2.3 PL/SQL Developor 命令窗口 ····················· 44
　　3.2.4 PL/SQL Developer 程序窗口 ····················· 47
　　3.2.5 PL/SQL Developer 测试窗口 ····················· 49
3.3 PL/SQL Developor 浏览器 ······························ 51
　　3.3.1 浏览器——用户 DDL ···························· 52
　　3.3.2 浏览器——表 DDL、DML、DQL ···················· 53
　　3.3.3 浏览器——索引 DDL ···························· 55
　　3.3.4 浏览器——视图 DDL、DQL ······················· 57
　　3.3.5 浏览器——序列 DDL ···························· 58
　　3.3.6 浏览器——同义词 DDL ·························· 58
3.4 上机实训 ············································ 60

第4章 Oracle 数据库的 SQL ···································· 62
4.1 SQL 语言概述 ········································ 62
　　4.1.1 SQL 语言的分类 ································ 62
　　4.1.2 SQL 语言的特点及语句缩写规则 ·················· 63
　　4.1.3 SQL 的基本数据类型及运算符 ···················· 64
4.2 数据库对象及 DDL 语言 ································ 66
　　4.2.1 表 ··········································· 66
　　4.2.2 视图 ········································· 68
　　4.2.3 索引 ········································· 70
　　4.2.4 同义词 ······································· 71

4.2.5　序列生成器 73
　　　4.2.6　数据完整性约束条件 75
　4.3　数据查询 78
　　　4.3.1　简单查询 78
　　　4.3.2　Oracle常用函数 80
　　　4.3.3　分组查询 84
　　　4.3.4　多表连接查询 85
　　　4.3.5　集合查询 89
　　　4.3.6　子查询 90
　4.4　数据库对象的DML语言 92
　　　4.4.1　INSERT语句 92
　　　4.4.2　UPDATE语句 93
　　　4.4.3　DELETE与TRUNCATE语句 93
　4.5　事务控制 95
　　　4.5.1　事务的概念 94
　　　4.5.2　事务的提交和回滚 95
　　　4.5.3　设置保存点 95
　4.6　习题与上机实训 96
　　　4.6.1　习题 96
　　　4.6.2　上机实训 96
第5章　PL/SQL基础编程 98
　5.1　PL/SQL概述 98
　　　5.1.1　PL/SQL语言 98
　　　5.1.2　PL/SQL的主要特性 98
　　　5.1.3　PL/SQL的开发和运行环境 99
　5.2　PL/SQL语言的基本语法要素 99
　　　5.2.1　基本语言块 99
　　　5.2.2　字符集和语法注释 100
　　　5.2.3　数据类型和数据转换 101
　　　5.2.4　变量和常量 103
　　　5.2.5　表达式和运算符 103
　5.3　PL/SQL处理流程 104
　　　5.3.1　赋值语句 104
　　　5.3.2　条件分支语句 105
　　　5.3.3　CASE语句 107
　　　5.3.4　循环语句 109
　5.4　过程、函数与触发器 111

5.4.1　过程 ……………………………………………………… 111
　　　5.4.2　函数 ……………………………………………………… 112
　　　5.4.3　触发器 …………………………………………………… 113
　5.5　异常处理 ………………………………………………………… 115
　　　5.5.1　异常概述 ………………………………………………… 115
　　　5.5.3　预定义异常 ……………………………………………… 116
　　　5.5.5　自定义异常 ……………………………………………… 117
　5.6　PL/SQL游标 …………………………………………………… 118
　　　5.6.1　游标概述 ………………………………………………… 118
　　　5.6.2　显式游标 ………………………………………………… 118
　　　5.6.3　隐式游标 ………………………………………………… 121
　　　5.6.4　游标应用举例 …………………………………………… 122
　5.7　上机实训 ………………………………………………………… 123
第6章　Oracle数据库体系结构 ……………………………………… 124
　6.1　Oracle数据库总体结构 ………………………………………… 124
　6.2　Oracle数据库的数据字典 ……………………………………… 125
　　　6.2.1　数据字典概述 …………………………………………… 125
　　　6.2.2　数据字典的组成 ………………………………………… 126
　　　6.2.3　静态数据字典 …………………………………………… 127
　　　6.2.4　动态数据字典 …………………………………………… 128
　　　6.2.5　查询数据字典 …………………………………………… 129
　6.3　Oracle数据库的逻辑结构 ……………………………………… 133
　　　6.3.1　逻辑结构概述 …………………………………………… 133
　　　6.3.3　段 ………………………………………………………… 137
　　　6.3.4　区与数据块 ……………………………………………… 138
　　　6.3.5　Oracle数据库模式对象 ………………………………… 138
　6.4　Oracle数据库的物理结构 ……………………………………… 139
　　　6.4.1　数据文件 ………………………………………………… 139
　　　6.4.2　重做日志文件 …………………………………………… 140
　　　6.4.3　控制文件 ………………………………………………… 142
　　　6.4.4　其他文件 ………………………………………………… 143
　6.5　Oracle 11g数据库的内存结构 ………………………………… 143
　　　6.5.1　Oracle数据库实例 ……………………………………… 143
　　　6.5.2　SGA ……………………………………………………… 145
　　　6.5.3　PGA ……………………………………………………… 147
　　　6.5.4　自动内存管理 …………………………………………… 148
　6.6　Oracle实例的进程结构 ………………………………………… 150

|       6.6.1 用户进程与服务器进程 ····················································· 150
|       6.6.2 DBWn 进程 ········································································· 151
|       6.6.3 LGWR 进程 ········································································ 152
|       6.6.4 CKPT 检查点进程 ······························································· 153
|       6.6.5 后台进程 SMON 和 PMON ··················································· 154
|       6.6.6 Oracle 其他后台进程 ···························································· 155
|   6.7 习题与上机实训 ··············································································· 156
|       6.7.1 习题 ····················································································· 156
|       6.7.2 上机实训 ·············································································· 156
第 7 章 表空间与文件管理 ············································································· 158
|   7.1 用户表空间与数据文件 ····································································· 158
|       7.1.1 用户表空间与数据文件的关系 ················································ 158
|       7.1.2 表空间与数据文件概述 ··························································· 159
|       7.1.3 本地化管理表空间 ·································································· 161
|   7.2 创建用户表空间与数据文件 ······························································ 162
|       7.2.1 创建用户表空间与数据文件的要点 ········································· 162
|       7.2.2 创建用情有空间的语法 ··························································· 162
|       7.2.3 创建用户表空间及数据文件 ···················································· 163
|       7.2.4 查询创建表空间与数据文件的结果 ········································· 166
|   7.3 维护用户表空间与数据文件 ······························································ 167
|       7.3.1 表空间状态及属性变更 ··························································· 167
|       7.3.2 表空间扩充、修改和删除 ······················································· 169
|       7.3.3 数据文件变更 ········································································· 170
|   7.4 管理临时表空间 ··············································································· 173
|       7.4.1 临时表空间的概念 ·································································· 173
|       7.4.2 创建与维护临时表空间 ··························································· 174
|       7.4.3 临时表空间组 ········································································· 176
|   7.5 管理撤销表空间 ··············································································· 178
|       7.5.1 UNDO 表空间的概念 ······························································ 178
|       7.5.2 撤销表空间的相关参数 ··························································· 179
|       7.5.3 撤销表空间的管理 ·································································· 180
|   7.6 管理控制文件 ··················································································· 182
|       7.6.1 控制文件的多路控制技术 ······················································· 182
|       7.6.2 控制文件的创建 ····································································· 183
|       7.6.3 控制文件的查询 ····································································· 185
|   7.7 管理日志文件 ··················································································· 186
|       7.7.1 非归档模式与归档模式 ··························································· 186

  7.7.2 增加日志文件 ·········· 187
  7.7.3 移动与删除日志文件 ·········· 188
  7.7.4 查询日志文件 ·········· 190
 7.8 习题与上机实训 ·········· 191
  7.8.1 习题 ·········· 191
  7.8.2 上机实训 ·········· 191

## 第8章 权限、角色与用户管理 ·········· 193
 8.1 Oracle 数据库的权限 ·········· 193
  8.1.1 系统权限 ·········· 193
  8.1.2 对象权限 ·········· 196
  8.1.3 查询权限信息 ·········· 199
 8.2 角色管理 ·········· 201
  8.2.1 角色概述 ·········· 201
  8.2.2 系统预定义角色 ·········· 202
  8.2.3 创建和删除角色 ·········· 204
  8.2.4 管理角色 ·········· 205
  8.2.5 查看角色信息 ·········· 206
 8.3 概要文件 ·········· 208
  8.3.1 概要文件概述 ·········· 208
  8.3.2 Profile 管理参数 ·········· 209
  8.3.3 创建 Profile 语法 ·········· 211
  8.3.4 创建 Profile 实例 ·········· 211
  8.3.5 修改与删除概要文件 ·········· 212
  8.3.6 查询概要文件信息 ·········· 213
 8.4 用户管理 ·········· 214
  8.4.1 用户概述 ·········· 214
  8.4.2 创建用户 ·········· 216
  8.4.3 维护用户 ·········· 217
 8.5 习题与上机实训 ·········· 219
  8.5.1 习题 ·········· 219
  8.5.2 上机实训 ·········· 219

## 第9章 Oracle 数据库的启动与关闭 ·········· 221
 9.1 管理初始化参数文件 ·········· 221
  9.1.1 Oracle 初始化参数文件概述 ·········· 221
  9.1.2 参数文件的作用 ·········· 221
  9.1.3 导出服务器参数文件 ·········· 222
  9.1.4 创建服务器初始化参数文件 ·········· 223

9.1.5 修改初始化参数文件 ………………………………… 223
9.1.6 查看初始化参数设置 ………………………………… 224
9.2 关于 SYS 用户 …………………………………………………… 225
9.2.1 Oracle 登入身份 ……………………………………… 225
9.2.2 SYS 用户口令验证方法 ……………………………… 226
9.2.3 SYS 用户的登入方法 ………………………………… 226
9.2.4 SYS 用户口令验证方法 ……………………………… 227
9.2.4 SYS 用户口令修改 …………………………………… 228
9.3 Oracle 数据库的启动 …………………………………………… 229
9.3.1 Oracle 数据库的启动步骤 …………………………… 229
9.3.2 在 SQL*Plus 中启动数据库 ………………………… 229
9.4 数据库关闭 ……………………………………………………… 232
9.4.1 数据库的关闭方式 …………………………………… 232
9.4.2 使用 DOS 命令启动和关闭监听器 …………………… 234
9.4.3 使用 Windows 服务启动和关闭数据库 ……………… 235
9.5 习题与上机实训 ………………………………………………… 237
9.5.1 习题 …………………………………………………… 237
9.5.2 上机实训 ……………………………………………… 237

# 第10章 网络服务与网络配置 ……………………………………… 239
10.1 Oracle 数据库的标识 …………………………………………… 239
10.1.1 数据库名 ……………………………………………… 239
10.1.2 数据库环境变量名 …………………………………… 240
10.1.3 Oracle 实例名 Instance_name ……………………… 241
10.1.4 数据库域名及全局数据库名 ………………………… 242
10.1.5 数据库服务名 ………………………………………… 243
10.2 Oracle 连接配置结构 …………………………………………… 244
10.2.1 组合用户与服务器结构 ……………………………… 244
10.2.2 专用服务器结构 ……………………………………… 244
10.2.3 多线程服务器结构 …………………………………… 245
10.3 Oracle 网络服务概述 …………………………………………… 247
10.3.1 网络服务组件 ………………………………………… 247
10.3.2 Oracle NET 连接 …………………………………… 249
10.3.3 网络服务的命名方法 ………………………………… 251
10.3.4 监听器配置 …………………………………………… 252
10.3.5 命名方法及本地命名配置 …………………………… 256
10.4 网络配置实例 …………………………………………………… 258
10.4.1 服务器端配置 ………………………………………… 258

· 7 ·

|       |        | 10.4.2 客户端配置 | 259 |
|---|---|---|---|
|       |        | 10.4.3 解析客户端用户的登入过程 | 260 |
|       | 10.5   | 习题与上机实训 | 261 |
|       |        | 10.5.1 习题 | 261 |
|       |        | 10.5.2 上机实训 | 261 |

## 第 11 章 Oracle 闪回技术 262

| 11.1 | 闪回技术概述 | 262 |
|---|---|---|
| 11.2 | 闪回查询技术 | 263 |
|      | 11.2.1 闪回查询概述 | 263 |
|      | 11.2.2 闪回查询 | 264 |
| 11.3 | 闪回版本查询 | 267 |
|      | 11.3.1 闪回版本查询概述 | 267 |
|      | 11.3.2 使用闪回版本查询 | 267 |
| 11.4 | 闪回表 | 271 |
|      | 11.4.1 闪回表概述 | 271 |
|      | 11.4.2 闪回表的使用 | 271 |
|      | 11.4.3 闪回删除 | 273 |
|      | 11.4.4 闪回回收站 | 273 |
|      | 11.4.5 使用闪回删除 | 275 |
|      | 11.4.6 管理回收站 | 277 |
| 11.5 | 闪回事务查询 | 278 |
|      | 11.5.1 闪回事务查询概述 | 278 |
|      | 11.5.2 使用闪回事务查询 | 279 |
| 11.6 | 闪回数据库 | 280 |
|      | 11.6.1 闪回数据库概述 | 280 |
|      | 11.6.2 使用闪回数据库 | 281 |
| 11.8 | 习题与上机实训 | 284 |
|      | 11.8.1 习题 | 284 |
|      | 11.8.2 上机实训 | 284 |

## 第 12 章 Oracle 数据库备份与恢复 287

| 12.1 | 数据库保护机制 | 287 |
|---|---|---|
|      | 12.1.1 数据库常见故障类型 | 287 |
|      | 12.1.2 Oracle 数据库保护机制 | 288 |
|      | 12.1.3 数据库备份原则 | 288 |
|      | 12.1.4 数据库恢复的概念、类型与恢复机制 | 289 |
|      | 12.1.5 恢复原则与策略 | 289 |
| 12.2 | 数据库归档方式配置 | 290 |

  12.2.1 归档模式的存档方式 …… 290
  12.2.2 设置归档模式 …… 290
  12.2.3 查询归档模式数据库信息 …… 291
 12.3 数据库物理备份与恢复 …… 292
  12.3.1 物理备份 …… 292
  12.3.2 物理备份的恢复 …… 295
  12.3.3 非归档模式下数据库的备份与恢复 …… 295
  12.3.4 归档模式下数据库的完全恢复 …… 297
 12.4 数据库逻辑备份与恢复 …… 299
  12.4.1 逻辑备份 …… 300
  12.4.2 Export 备份 …… 300
  12.4.3 数据泵 …… 303
  12.4.4 逻辑备份恢复 Import 导入 …… 307
  11.4.5 逻辑备份恢复 Data Pump 导入 …… 308
 12.5 习题与上机实训 …… 311
  12.5.1 习题 …… 311
  12.5.2 上机实训 …… 311
附录Ⅰ Oracle 常用数据类型 …… 313
附录Ⅱ Oracle 11g SQL 函数 …… 314
附录Ⅲ 举例用数据表结构 …… 318
参考文献 …… 321

# 第1章 Oracle关系数据库

数据库是依照某种数据模型组织起来并存放在存储器中的数据集合。这种数据集合具有如下特点:尽可能不重复,以最优方式为某个特定组织的多种应用服务,其数据结构独立于使用它的应用程序,对数据的增、删、改和检索由统一的软件进行管理和控制。数据库是数据管理的高级阶段,它是由文件管理系统发展起来的。

本章主要介绍数据库的基础知识,包括关系数据模型、关系数据库管理系统的功能及Oracle数据库的应用结构等。

## 1.1 关系数据模型

数据模型所描述的内容包括三个部分:数据结构、数据操作和数据约束。数据结构是数据模型的基础,主要描述数据的类型、内容、性质及数据间的关系等;数据操作描述在相应的数据结构上的操作类型和操作方式;数据约束主要描述数据结构内数据间的语法、词义关系及它们之间的制约和依存关系,以及数据动态变化的规则,以保证数据的正确、有效和相容。

数据库领域采用的数据模型有层次模型、网状模型和关系数据模型,其中应用最广泛的是关系数据模型。

### 1.1.1 实体与关系

实体与关系是描述现实世界的概念模型,涉及实体、属性和关系等要素。

**1. 实体**

实体是客观存在并可以相互区别的事物。实体既可以是人、物,也可以是抽象的概念。例如,一个学生、一个老师、一个产品都可以认为是实体。相同的实体可以构成一个实体集。例如,全体学生就是一个实体集。

**2. 属性**

属性是实体所具有的某一特性,一个实体可由若干个属性来描述。例如,产品的名称、价格、类型等都是属性。

**3. 关系**

关系即在信息世界中反映实体内部或实体之间的关系。实体内部的关系通常是指组成实体的各属性之间的关系。实体之间的关系通常是指不同实体集之间的关系。实体之间存在三种关系类型,分别是一对一、一对多及多对多。

(1) 一对一关系(1:1)。

一对一关系是指实体集 A 与实体集 B,A 中的每一个实体至多与 B 实体集中一个实体有关系,反之,在实体集 B 中的每个实体至多与实体集 A 中一个实体有关系。例如,学生和座位之间就是一对一的关系。

(2) 一对多关系(1:n)。

一对多关系是指实体集 A 与实体集 B 中至少有 $n(n>0)$ 个实体有关系,并且实体集 B 中的每一个实体至多与实体集 A 中一个实体有关系。例如,班级和学生之间就是一对多的关系。

(3) 多对多关系(m:n)。

多对多关系是指实体集 A 中的每一个实体与实体集 B 中至少有 $m(m>0)$ 个实体有关系,并且实体集 B 中的每一个实体至多与实体集 A 中的至少 $n(n>0)$ 个实体有关系。例如,顾客和商品之间就是多对多的关系。

两个实体集之间的三类关系如图 1.1 所示。

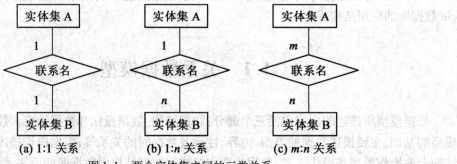

(a) 1:1 关系　　(b) 1:n 关系　　(c) m:n 关系

图 1.1　两个实体集之间的三类关系

### 1.1.2　关系模式与关系数据模型

**1. 关系模式**

关系的描述称为关系模式(Relation Schema),它可以形式化地表示为:$R(U,D,\text{dom},F)$。其中,$R$ 为关系名;$U$ 为组成该关系的属性名集合;$D$ 为属性组 $U$ 中属性的域;dom 为属性像域的映象集合;$F$ 为属性间数据的依赖关系集合。

$R(U,D,\text{dom},F)$ 通常简记为 $R(U)$ 或 $R(A_1,A_2,\cdots,A_n)$。其中,$R$ 为关系名;$U$ 为属性名集合;$A_1,A_2,\cdots,A_n$ 为各属性名。

在数据库中要区分型和值。在关系数据库中,关系模式是型,关系是值。关系模式是对关系的描述。一个关系需要描述以下两个方面:

(1) 关系实质上是一张二维表,表的每一行为一个元组,每一列为一个属性。一个元组就是该关系所涉及的属性集的笛卡尔积的一个元素。关系是元组的集合,因此关系模式必须指出这个元组集合的结构,即它由哪些属性构成,这些属性来自哪些域,以及属性与域之间的映象关系。

(2) 一个关系通常是由赋予它的元组语义来确定的。元组语义实质上是一个 $n$ 目谓词($n$ 是属性集中属性的个数)。凡使该 $n$ 目谓词为真的笛卡尔积中的元素(或者说凡符合元组语义的那部分元素)的全体就构成了该关系模式的关系。

美国国家标准学会的数据库管理系统研究小组于1978年提出了标准化的建议,将数据库结构分为三级:①面向用户或应用程序员的用户级;②面向建立和维护数据库人员的概念级;③面向系统程序员的物理级。

模式反映的是数据的结构及其关系,数据库系统在其内部具有三级模式,分别为模式、外模式与内模式。

(1)模式。

模式对应概念级,它是由数据库设计者综合所有用户的数据,按照统一的观点构造的全局逻辑结构,是对数据库中全部数据的逻辑结构和特征的总体描述,是所有用户的公共数据视图。它是由数据库管理系统提供的数据模式描述语言来描述、定义的,体现并反映了数据库系统的整体观。

(2)外模式。

外模式对应用户级,它是某个或某几个用户所看到的数据库的数据视图,是与某一应用有关的数据逻辑的表示。外模式是从模式导出的一个子集,包含模式中允许特定用户使用的那部分数据。用户可以通过外模式描述语言来描述、定义对应于用户的数据记录,也可以利用数据操纵语言对这些数据记录进行操作。

(3)内模式。

内模式对应物理级,它是数据库中全体数据的内部表示或底层描述,是数据库最低一级的逻辑描述,它描述了数据在存储介质上存储方式的物理结构,对应着实际存储在外存储介质上的数据库。

**2. 关系数据模型**

关系数据模型的数据结构非常单一。在关系数据模型中,现实世界的实体及实体间的各种关系均用关系来表示。在用户看来,关系数据模型中数据的逻辑结构是一张二维数据表。表1.1所示为学生信息表。

表1.1 学生信息表

| 学 号 | 姓 名 | 性 别 | 班级编号 | 籍贯编号 | 学籍编号 |
| --- | --- | --- | --- | --- | --- |
| 201003100101 | 苑俊芳 | 女 | 2010031001 | 43 | 01 |
| 201003100102 | 郑丽 | 女 | 2010031001 | 44 | 01 |
| 201003100103 | 齐春香 | 女 | 2010031001 | 43 | 01 |
| 201003100104 | 李芳菲 | 女 | 2010031001 | 43 | 01 |
| 201003100105 | 钟秀旭 | 女 | 2010031001 | 42 | 01 |

关系数据模型给出了关系操作的能力,关系操作的特点是集合操作方式,即操作的对象和结构都是集合。这种操作方式也称为一次一集合的方式。

关系表中的一行称为一个记录,一列称为一个字段(域),每列的标题称为字段名。如果在关系表中,一个字段或字段最小组合的值可以唯一标志某对应记录,则称该字段或字段组合为码。

### 1.1.3 关系数据模型的特点

关系数据模型有如下特点:

(1) 关系数据模型结构简单。

在关系数据模型中,无论是实体还是实体之间的关系都用关系表来表示。不同的关系表之间通过相同的数据项或关键字构成关系。

(2) 关系数据模型可以直接处理多对多的关系。

关系数据模型可以通过关键字直接建立一个表中的元组与其他多个表中的元组之间的关系。

(3) 关系数据模型是面向记录集合的。

关系数据模型是面向记录集合的,通过过程化的查询语言一次可得到和处理一个元组的集合,即一张二维表。

(4) 关系数据模型有坚实的理论基础。

关系数据模型的理论基础是集合论与关系代数,这些数学理论的研究为关系数据库技术的发展奠定了基础。一个关系是数学意义上的一个集合,因此一个关系内的元组是无序的,而且在关系内没有重复的元组存在。

(5) 在结构化的数据模型中,关系数据模型具有较高的数据独立性。

关系数据模型有很多优点,但仍然有局限性,其中最主要的是关系数据模型的存取路径对用户透明,查询效率往往不如非关系数据模型。因此,为了提高系统的性能,必须对用户的查询请求进行优化,这增加了开发数据库管理系统的难度。

## 1.2 关系数据库

关系数据库是建立在关系数据模型基础上的数据库,借助于集合代数等数学概念和方法处理数据库中的数据。现实世界中的各种实体及实体之间的各种关系均用关系数据模型来表示。关系数据模型是由埃德加·科德于1970年首先提出的,并配合"科德十二定律"。现如今虽然对此模型有一些批评意见,但它还是数据存储的传统标准。标准数据查询语言SQL就是一种基于关系数据库的语言,这种语言执行对关系数据库中数据的检索和操作。关系数据模型由关系数据结构、关系操作集合、关系完整性约束三部分组成。

### 1.2.1 关系数据库的结构

数据库系统采用三级模式结构。三级模式包括:

(1) 外模式。

外模式也称为子模式或用户模式,是用户与数据库系统的接口,是用户使用的局部数据的逻辑结构和特征的描述。

(2) 模式。

模式又称为概念模式或逻辑模式,是数据库中全部数据的逻辑结构和特征的整体描述。

(3) 内模式。

内模式也称为存储模式,是数据库在物理存储方面的描述,也是数据在数据库内部的表示方式。

### 1.2.2 关系数据库的二级映象

数据库系统的三级模式是对数据的三个抽象级别,它把数据的具体组织留给DBMS(数据库管理系统)管理,使用户能逻辑、抽象地处理数据,而不必关心数据在计算机中的具体表示与存储。为了能够在内部实现这三个层次的关系和转换,DBMS 在这三个级别之间提供了两层映象:外模式/模式映象和内模式/模式映象。数据库系统的三级模式结构如图 1.2 所示。

(1) 外模式/模式映象。

外模式/模式映象的功能是保证数据逻辑独立性的。有关数据逻辑独立性的相关信息都保存在外模式中,包括数据类型、数据来源、数据完整性检测和约束关系等。外模式提供给程序员的是程序员处理的对象,是业务逻辑加工的对象,并减轻了程序员的工作量,屏蔽了访问和存储控制操作逻辑。最重要的是,当模式修改时,由数据库管理员对各个外模式/模式映像作相应的改变,可以使外模式保持不变。应用程序是依据数据的外模式编写的,因而应用程序可以不必修改,保证了数据与程序的逻辑独立性。

(2) 模式/内模式映象。

模式/内模式映象的功能是保证数据物理独立性的。数据物理独立性的信息记录在模式中,包括数据类型、数据完整性、约束关系、安全性和对性能的要求。模式是数据库的核心,一般通过概念模型抽象得到,然后向上转换到用户模型,向下转换到物理模型。因此,模式是设计外模式和内模式的关键,同时也反映了系统架构。

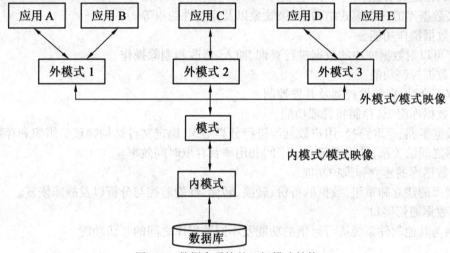

图 1.2  数据库系统的三级模式结构

### 1.2.3  关系数据库的完整性

关系数据库的完整性就是通过使用数据库约束的方法,保证授权用户对数据库修改时不会破坏数据的一致性,从而保证数据的正确性。为了保证数据的正确性,关系数据库提供了三种完整性约束:实体完整性、参照完整性及用户定义的完整性。

**1. 实体完整性**

实体完整性要求每一个表中的主关键字段都不能为空或者有重复的值。实体完整性指表中行的完整性。要求表中的所有行都有唯一的标识符,称为主关键字。主关键字是否可以修改,或整个列是否可以被删除,取决于主关键字与其他表之间要求的完整性。例如,学生的学号是唯一的。

**2. 参照完整性**

参照完整性是指两个表的主关键字和外关键字的数据应一致,它保证了表之间的数据的一致性,防止数据丢失或无意义的数据在数据库中扩散。例如,学生选课,如果学生已经选修了某门课程,但是管理员错误地把学生选的课程删除了,就会造成学生选修的课程但无法上课的情况。使用参照完整性就会避免类似问题的发生。

### 3. 用户定义的完整性

不同的关系数据库系统根据其应用环境的不同,往往还需要一些特殊的约束条件。用户定义的完整性即是针对某个特定关系数据库的约束条件,它反映某一具体应用必须满足的语义要求。

注意:实体完整性和参照完整性是关系数据模型必须满足的完整性约束条件,被称为关系的两个不变性,应该由关系系统自动支持。

## 1.3 关系数据库管理系统的功能

数据库管理系统是用户与操作系统之间的数据管理软件,其主要功能如下:
(1)数据定义功能。
定义数据库的三级模式结构、两级映象以及完整性约束等。
(2)数据操作功能。
用户可以对数据库中的数据进行查询、插入、修改和删除操作。
(3)数据控制功能。
数据安全性、完整性控制及并发控制。
(4)数据库组织、存储和管理功能。
对数据字典、存取路径、用户数据等进行分类组织,确定文件结构物理的组织和存取方式,实现数据之间的关系,从而提高存储空间利用率及存取时间效率。
(5)数据库的建立和维护功能。
数据库的建立和重组,数据的备份、转换、转储、性能监控与分析以及故障恢复。
(6)数据通信接口。
提供与其他软件系统进行通信的功能及不同数据库之间的互访功能。

## 1.4 Oracle 数据库简介

Oracle 是最早商品化的关系型数据库管理系统,是世界上最大的数据库专业厂商甲骨文(Oracle)公司的核心产品,也是采用客户机-服务器架构的数据库系统。

### 1.4.1 Oracle 数据库的发展历史

1970 年 6 月,IBM 公司的研究员埃德加考特在 *Communications of ACM* 上发表了著名的《大型共享数据库数据的关系数据模型》(*A Relational Model of Data for Large Shared Data Banks*)的论文,这是数据库发展史上的一个转折点。从这篇论文开始,关系型数据库软件革命拉开了序幕。

1977 年 6 月,Larry Ellison 与 Bob Miner 和 Ed Oates 在硅谷共同创办了一家名为软件开发实验室的计算机公司,后更名为关系软件公司(RSI),在 1979 年的夏季推出 Oracle 产品,这个数据库产品整合了比较完整的 SQL 实现过程，其中包括子查询、连接及其他特性。

1983 年 3 月，RSI 发布了 Oracle 第 3 版，从这个版本起，Oracle 产品有了一个关键的特性——可移植性。Oracle 第 3 版还推出了 SQL 语句和事务处理的"原子性"：SQL 语句要么全部成功，要么全部失败；事务处理要么全部提交，要么全部回滚。Oracle 第 3 版还引入了非阻塞查询，使用存储在"before image file"中的数据来查询和回滚事务，从而避免了读锁定的使用。

1984 年 10 月，Oracle 发布了第 4 版产品，产品的稳定性总算得到了一定的增强，达到了"工业强度"。在 2001 年 6 月召开的 Oracle Open World 大会中，Oracle 发布了 Oracle 9i。2003 年 9 月，又推出 Oracle 10g，将作为下一代应用基础架构软件集成套件。这一版的最大特性是加入了网格计算的功能。

2007 年 11 月，Oracle 发布了 11g 版本。该版本大大提高了系统性能的安全性，并有了多项创新，比如实现了信息生命周期管理，全新的 Data Guard 将可用性最大化，同时利用数据压缩技术大幅降低了数据存储的支出，缩短了应用程序测试环境部署所花费的时间。

### 1.4.2　Oracle 数据库的特点

Oracle 数据库具有以下特点：

（1）自 Oracle 7.x 起引入了共享 SQL 和多线程服务器体系结构，减少了 Oracle 的资源占用，并增强了 Oracle 的各项能力，使之在低档软、硬件平台上用较少的资源就可以支持更多的用户，而在高档平台上可以支持成百上千个用户。

（2）提供了基于角色分工的安全保密管理。在数据库管理功能、完整性检查、安全性、一致性方面都有良好的表现。

（3）支持大量的多媒体数据，如二进制图形、声音、动画及多维数据结构等。

（4）提供了第三代高级语言的接口软件 PRO*系列，能在 C、C++ 等主语言中嵌入 SQL 语句及过程化（PL/SQL）语句，对数据库中的数据进行操纵。加上它有许多优秀的前台开发工具，如 Power Builder、SQL*Forms、Visual Basic 等，可以快速开发生成基于客户端 PC 平台的应用程序，并具有良好的移植性。

（5）提供了新的分布式数据库能力。可以通过网络较方便地读/写远端数据库里的数据，并有对称复制的技术。

### 1.4.3　Oracle 11g 数据库的特点

Oracle 11g 是目前使用比较多的版本，也是性能比较稳定的版本。Oracle 11g 在以前版本的基础上又增加了很多新的特性，现介绍如下。

**1. 数据库管理部分**

数据库管理部分是 Oracle 11g 的核心，在这一部分中，Oracle 增加了以下八个主要特性：
（1）数据库重放。
（2）SQL 计划管理。
（3）自动存储管理。
（4）自动健康检查。
（5）企业管理器功能的增强。
（6）自动诊断知识库。
（7）闪回事务。

(8)自动内存优化。

**2. PL/SQL 部分**

PL/SQL 部分是指一些 SQL 语句的变化，Oracle 11g 增强了 SQL 语句的功能，主要的特性有：
①触发器；
②对象依赖性改进；
③SQL 语法。

除上述两部分新增加的特性外，Oracle 11g 还在数据的备份和恢复中增强了 RMAN 的恢复功能，提供的数据压缩技术可以最多压缩 2/3，同时还提供了在线升级等功能。

## 1.5 Windows 环境下 Oracle 11g 的安装

Oracle 数据库版本比较多，以适应不同类型的机器、不同版本的操作系统。从功能的稳定性和使用广泛性上，目前使用较多的版本是 Oracle 9iR2 和 Oracle 11gR2。对于 UNIX 和 LINUX 操作系统，由于操作系统本身是完整的多用户系统，对系统权限、磁盘管理等方面与 Windows 操作系统相比较要复杂得多。这里以学习为目的介绍在 Windows 环境下 Oracle 11gR2 的安装过程。

### 1.5.1 硬件、软件要求

在 Windows 操作系统下安装 Oracle 数据库，对机器的硬件和软件都有一定的要求。但安装 Oracle 11gR2 版本的基本条件不高，一般的笔记本电脑都可以满足。具体要求如下：

**1. 硬件要求**

CPU 800 MHz 以上；
内存 1 G 以上；
硬盘 5 G 以上；
监视器 256 色以上。

**2. 软件要求**

操作系统 Windows 2000、Windows Server 2003、Windows XP 及 Windows Vista 版本等；
对于单机安装来说，网络协议、浏览器 IE 等 Windows 自带即可。

**3. 数据库软件**

win32_11gR2_database_1of2.zip 1,587,619 KB；
win32_11gR2_database_2of2.zip 617,124 KB。

**4. 其他要求**

在安装之前，最好关闭第三方的软件，如防火墙、杀毒软件等。互联网也可以暂时断开，正常安装过程没有必要访问互联网。

### 1.5.2 安装步骤

Oracle 11gR2 是从 Oracle 公司官网下载的两个 zip 文件。先把两个文件解压，然后再把两个解压后的文件按文件夹名称整合到一个文件夹中，组成一套安装文件。如果两个文件分别安装，则会提示文件找不到的错误信息。

安装步骤如下：

(1)进入装有 Oracle 11gR2 数据库的文件夹中。鼠标左键双击 setup.exe 图标，如图 1.3

所示。

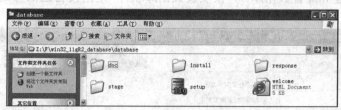

图1.3　Oracle 11gR2 文件夹

(2)进入启动安装程序界面,用时大约1分钟,如图1.4所示。

图1.4　"配置安全更新"对话框(1)

(3)图1.5所示的安装界面是当需要 Oracle 公司的技术服务时选择的(一般都是收费的),学习安装阶段就没有必要选择这些项了。不用选择直接按"下一步"即可。

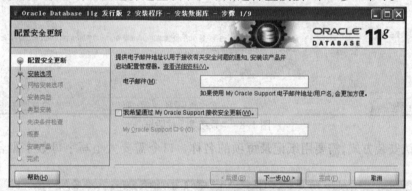

图1.5　"配置安全更新"对话框(2)

(4)由于上一步没有任何选择,因此弹出错误信息,如图1.6所示,这里点击"是"。

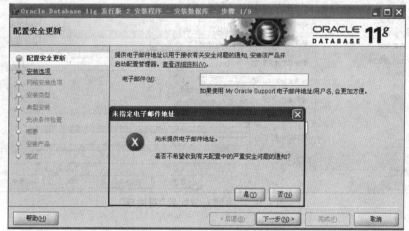

图1.6　"配置安全更新"对话框(3)

(5) 选择"创建和配置数据库"("仅安装数据库软件"是指按自己的方式创建数据库),如图1.7所示。

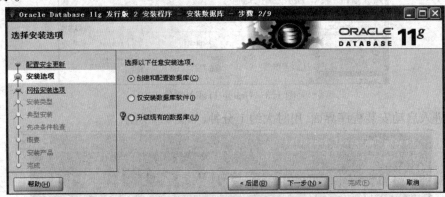

图1.7 "选择安装选项"对话框

(6) 选择"桌面类"("服务器类"是指为专用服务器安装),如图1.8所示。

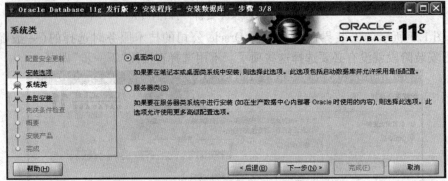

图1.8 "系统类"对话框

(7) 默认安装方式,需要用纸记录每项的名称。口令需要大小写字母数字组合,如图1.9所示。

图1.9 "典型安装配置"对话框

(8)检查安装条件,需要几分钟时间,如图1.10所示。

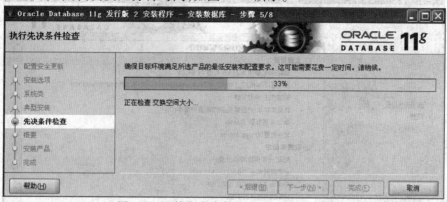

图1.10 "执行先决条件检查"对话框(1)

(9)检查结果全部不合格,不过不要紧,选择右上面"全部忽略"选项,所有检查项自动变成忽略,如图1.11所示。

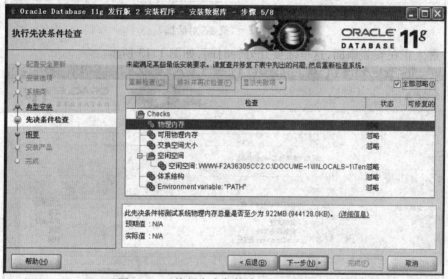

图1.11 "执行先决条件检查"对话框(2)

(10)此步显示出本次所要安装的内容。点击"完成"开始安装,如图1.12所示。

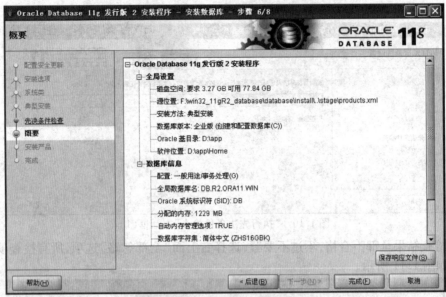

图1.12 "概要"对话框

(11) 进入正在安装画面,这里需要几分钟时间,如图1.13所示。

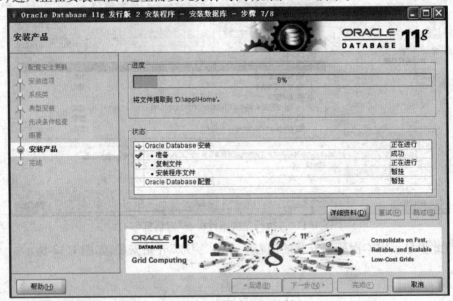

图1.13 "安装产品"对话框

(12) 数据库软件安装结束,开始配置数据库,如图1.14所示。

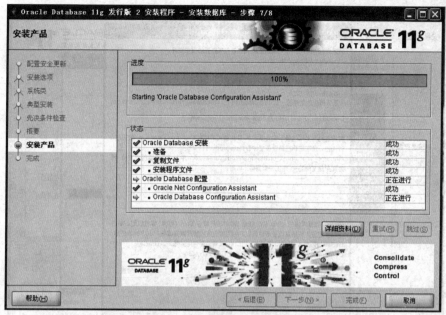

图1.14 "安装产品"对话框

（13）正在创建数据库，这里需要较长的时间，如图1.15所示。

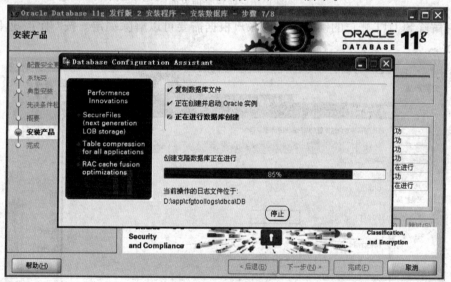

图1.15 创建数据库

（14）创建数据库结束。点击口令管理进入账户管理界面，如图1.16所示。

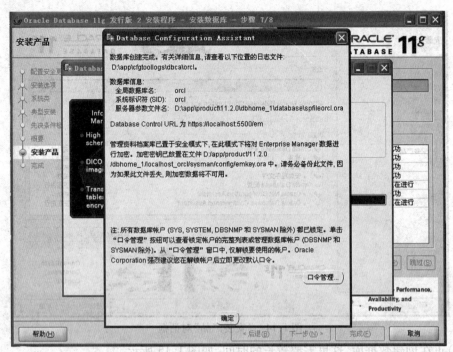

图 1.16　账户管理界面

（15）解除 SCOTT 账户的锁定。其他账户根据需要可以解除锁定。按"确定"返回,如图 1.17 所示。

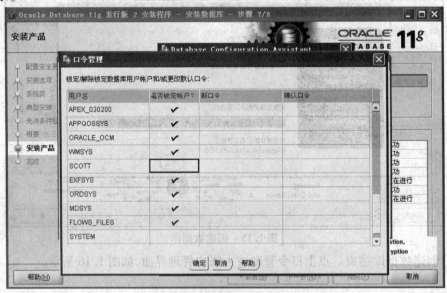

图 1.17　解除 SCOTT 账户的锁定

（16）按"确定"键进入下一个界面。完成 Oracle 11gR2 的安装,按"关闭"键结束,如图 1.18 所示。

图 1.18　完成安装

Oracle 11gR2 安装数据库软件和创建数据库的同时,已经对网络服务进行了配置,可以即刻登入数据库来验证安装的正确性。进入 SQL*Plus 的路径,如图 1.19 所示。

图 1.19　进入 SQL Plus

点击图 1.20 中的"SQL*Plus"之后,弹出登入窗口,如图 1.20 所示。

图 1.20　登入窗口

## 1.6　习题与上机实训

### 1.6.1　习题

1. 简述数据模型。
2. 简述关系模式与关系数据模型。
3. 关系数据模型有什么特点?
4. 简述关系数据库结构。
5. 叙述关系数据库的完整性。

6. 简述关系数据库管理系统的功能。
7. 简述 Oracle 数据库的特点。

### 1.6.2 上机实训

**1. 实训目的**

安装 Oracle 数据库是学习的基础,最好亲自动手安装,为以后课程打下坚固的基础。

**2. 实训任务**

安装 Oracle,启动 SQL * Plus 环境。

# 第 2 章 Oracle 数据库工具 SQL*Plus

SQL*Plus 是 Oracle 公司开发的管理和交互查询工具程序,是标准 SQL 的一个扩展集。它不仅可以用于测试、运行 SQL 语句和 PL/SQL 块,而且还可以用于管理 Oracle 数据库。

SQL*Plus 是用户和数据库服务器之间的友好字符接口,用户可以在 SQL*Plus 窗口编写语句,实现数据的处理和控制等多种功能。SQL*Plus 简洁而高效,它允许用户使用 SQL 命令交互式地访问数据库,也允许用户使用 SQL*Plus 命令与系统发生关系。

## 2.1 SQL*Plus 启动和关闭

为了使用 SQL*Plus,必须首先要启动它。Oracle 提供了图形界面和命令行的 SQL*Plus 登入方式。

### 2.1.1 图形界面方式启动 SQL*Plus

在 Windows 环境下用图形界面方式启动 SQL*Plus 的步骤:点击【开始】→【所有程序】→【Oracle-OraDb11g_home1】→【应用程序开发】→【SQL Plus】,如图 2.1 所示。

图 2.1 启动 SQL*Plus

启动之后,将出现如图 2.2 所示的对话框。

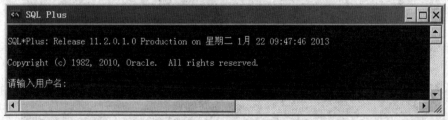

图 2.2 SQL*Plus 的登入界面

在"用户名称"处填写用户回车后显示输入口令栏,在"输入口令"处输入密码,并输入主机字符串,然后按回车键。如果输入正确,将出现如图 2.3 所示的对话框,此时说明已经成功登入 SQL*Plus 环境。

图 2.3　图形界面的 SQL * Plus 环境

这里要注意的是，当输入口令及主机字符串时，无回显，什么也看不到。如果不习惯无回显输入，也可以在输入用户名时直接把口令一并输入进去，例如：jxc/jxc@orcl。在上面登入中输入的口令是：jxc@orcl。

### 2.1.2　命令行方式(DOS 方式)启动 SQL * Plus

在命令行运行 SQL * Plus 是使用 SQLPLUS 命令来完成的，该命令适用于任何操作系统平台。语法描述为：

SQLPLUS[ username ]/[ password ][ @ server ]

其中，username 用于指定数据库用户名；password 用于指定用户口令；server 用于指定主机字符串(网络服务名)。

当连接到系统默认数据库时，不需要提供主机字符串，如果要连接到非默认数据库或远程数据库，则必须要使用主机字符串。

用命令方式启动的步骤：

(1)点击【开始】→【运行】，在出现的对话框中输入"cmd"，进入 DOS 环境，或者点击【开始】→【程序】→【附件】→【命令提示符】，进入 DOS 环境。

(2)在命令提示符下输入 SQLPlus 命令回车。

启动 SQL * Plus 后，将显示它的版本号、日期和版权信息，并提示输入用户名。因为 Oracle 保护对它所有数据的访问，所以与它连接通常需要一个用户标识(用户)和口令。登入界面如图 2.4 所示，正确输入用户名和口令后即可进入 SQL * Plus 环境。如果连续三次输入的用户名或口令不正确，屏幕上将出现终止服务信息，并退出 SQL * Plus 登入状态。

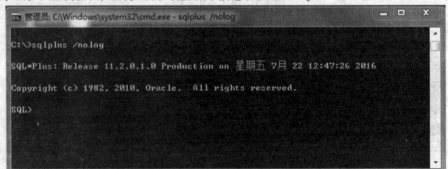

图 2.4　命令行方式登入 SQL * Plus 环境

还可以点击【开始】→【运行】，在出现的对话框中直接输入命令、用户名和口令，中间以"/"分隔。比如，用户名是 jxc，口令是 jxc。输入命令如图 2.5 所示。

图 2.5 在【运行】对话框中输入命令

点击"确定"就可以进入 SQL*Plus 环境,如图 2.6 所示。

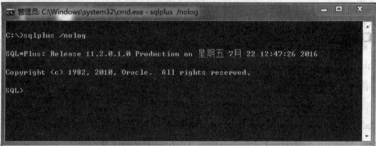

图 2.6 命令行方式登入 SQL*Plus 环境

另外进入 DOS 后,输入命令"SQLPLUS /nolog",只进入 SQL*Plus 环境提示界面,等待输入命令。"/nolog"是指不登入。操作过程如图 2.7 所示。

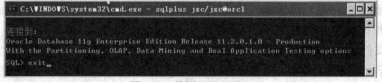

图 2.7 用"/nolog"参数登入 SQL*Plus 环境

### 2.1.3 关闭 SQL*Plus

当要停止工作并离开 SQL*Plus 时,用 exit 或 quit 命令可以退出 SQL*Plus,也可以直接点击右上角的"X"退出 SQL*Plus。退出操作不仅会断开连接,而且也会退出 SQL*Plus。

注:在默认情况下,当执行退出操作时会自动提交事务,运行过程如图 2.8 所示。

图 2.8 关闭 SQL*Plus

## 2.2 SQL*Plus 常用语句和命令

SQL*Plus 是一个基于 C/S 的 SQL 开发工具,包括客户层和服务层,可以实现执行 SQL 语句或者是执行含有 SQL 语句的文件,同时也能够执行 PL/SQL 语句,使用非常方便。下面介绍一些关于 SQL * Plus 常用的命令。

## 2.2.1 连接登入命令

**1. CONN[ECT]**

在已经处于 SQL 环境状态下,可通过 CONNECT 命令重新连接当前用户或者连接到其他用户。语法描述为:

CONNECT 用户名/密码@ 主机字符串

【例 2.1】 使用用户名和密码方式连接数据库。

SQL > CONN jxc/jxc@ orcl

已连接。

【例 2.2】 只使用 CONNECT 连接数据库。

SQL > CONN

请输入用户名:jxc

输入口令:jxc@ orcl

已连接。

注意:①使用第二种格式登入时密码自动隐藏;②使用该命令建立新会话时,会自动断开先前会话。

**2. DISC[ONNECT]**

该命令用于断开已经存在的数据库连接。需要注意的是:该命令只是断开连接会话,而不会退出 SQL * Plus 状态。

【例 2.3】 断开数据库连接。

SQL > disc

从 Oracle Database 11g Enterprise Edition Release 11.2.0.1.0 - ProductionWith the Partitioning, OLAP, Data Mining and Real Application Testing options 断开。

## 2.2.2 文件操作命令

**1. SAVE**

开发人员在使用 SQL * Plus 操作数据库时,利用 SAVE 命令可以实现保存命令的需求。该命令用于将当前 SQL 缓冲区的内容作为一个 SQL 脚本保存到磁盘中。语法描述为:

SAVE[磁盘号:\路径\]filename[.ext] [append|replace]

filename:指把缓冲区中的内容存入到操作系统目录的文件名中。

ext:使用文件后缀,缺省的文件后缀为 SQL。

replace:若指定文件已存在,覆盖原有文件,若没有,则建新文件。

append:在原有的文件尾部追加缓冲区的内容,若没有,则新建文件。

【例 2.4】 查询 t_spml 表中 spbm = '3141644' 的 spmc 信息,然后用 SAVE 命令保存当前缓冲区的内容到 D 盘的 spml 脚本文件。

SQL > SELECT * FROM t_spml WHERE spbm = '3141644';

| SPBM | SPMC | SPGG | SPCD | JLDW | GHDW | XSJG | XXSL | ZFRQ |
| --- | --- | --- | --- | --- | --- | --- | --- | --- |
| 3141644 | 千叶洗发水 | 400 ml | 广东 | 瓶 | G30018 | 17.00 | 17 | |

SQL > SAVE d:\spml;
已创建 file d:\spml.sql

当执行 SAVE 命令后,会在 D 盘下创建一个名为 spml.sql 的 SQL 脚本文件,并将 SQL 缓冲区内容存放到该文件中,以编辑方式打开后可以查改脚本 spml.sql 的内容。

【例2.5】 举例说明 APPEND 和 REPLACE 选项的应用。
SQL > SAVE d:\spml.sql APPEND;
已将 file 附加到 d:\spml.sql。
SQL > SAVE d:\spml REPLACE;
已写入 file d:\spml.sql。

spml.sql 脚本文件的内容为:
SELECT * FROM t_spml WHERE spbm = '3141644'
/

其中 SELECT * FROM t_spml WHERE spbm = '3141644'为缓冲区中的 SQL 语句;"/"是执行命令,用于运行 SQL * Plus 缓冲区中的 SQL 语句。

**2. GET**

该命令与 SAVE 命令的作用恰好相反,用于将 SQL 脚本中的所有内容装载到 SQL * Plus 缓冲区中(但不执行)。语法描述为:

GET [磁盘号:\路径\]filename [.ext]

其中 filename 为希望加载到 SQL * Plus 缓冲区的脚本文件名。
ext:文件的扩展名,缺省为 sql。

【例2.6】 用 GET 命令读取 spml 文件的过程。
SQL > GET d:\spml
1 * SELECT * FROM t_spml WHERE spbm = '3141644'

**3. START、@ 和 @@**

START、@ 和 @@ 命令用于执行一个 SQL 脚本文件。语法描述为:
START [磁盘号:\路径\]filename[.ext]
或 @ [磁盘号:\路径\]filename[.ext]

其中执行由 filename[.ext]指定文件中的内容,在默认情况下.ext 的值是 SQL。

可以将多条 SQL 语句保存在一个文本文件中,这样当要执行这个文件中的所有 SQL 语句时,用上面任意命令就可以,这类似于 DOS 中的批处理。

【例2.7】 用 START 命令执行一个脚本文件。
SQL > START d:\spml

| SPBM | SPMC | SPGG | SPCD | JLDW | GHDW | XSJG | XXSL | ZFRQ |
|------|------|------|------|------|------|------|------|------|
| 3141644 | 千叶洗发水 | 400ml | 广东 | | 瓶 | G30018 | 17.00 | 17 |

@@ 命令与@ 命令类似,也可以运行脚本文件,但主要作用是在脚本文件嵌套调用其他的脚本文件时,可在原调用文件所在目录下查找相应的脚本文件。

【例2.8】 spml.sql 文件的内容为:
SELECT * FROM t_spml WHERE spbm = '3141644';
@ ghdw.sql

ghdw.sql 文件的内容为：
SELECT * FROM t_ghdwml WHERE dwbm = 'G30018';
采用@@方式运行脚本如下例所示。
SQL > @@ d:\spml

| SPBM | SPMC | SPGG | SPCD | JLDW | GHDW | XSJG | XXSL | ZFRQ |
|------|------|------|------|------|------|------|------|------|
| 3141644 | 千叶洗发水 | 400ml | 广东 | 瓶 | G30018 | 17.00 | 17 | |

| DWBM | DWMC | | | DWJC | LXR | LXDH | | |
|------|------|---|---|------|------|------|---|---|
| G30018 | 哈尔滨市龙姿商贸有限公司 | | | 龙姿商贸 | 邵爽 | 13704803234 | | |

### 4. SPOOL

SPOOL 命令可以实现将 SQL * Plus 屏幕所出现的一切信息记录到操作系统的文件中。执行该命令时，应首先建立假脱机文件，并将随后的所有 SQL * Plus 屏幕内容存放到该文件中，最后使用 SPOOL OFF 命令关闭假脱机文件。语法描述为：

SPOOL {[磁盘号:\路径\]filename[.ext]|OFF}

其中 filename 是输出（SPOOL）的文件名；.ext 是文件的后缀。缺省的后缀是 lst（或 lis）。

**【例2.9】** SPOOL 命令的实例。

SQL > SPOOL d:\exa_spool
SQL > DESC t_ghdwml

| 名称 | 是否为空？ | 类型 |
|------|-----------|------|
| DWBM | NOT NULL | CHAR(6) |
| DWMC | | VARCHAR2(24) |
| DWJC | | VARCHAR2(16) |
| LXR | | VARCHAR2(8) |
| LXDH | | VARCHAR2(14) |

SQL > SPOOL OFF

当执行 SPOOL d:\exa_spool 命令后，会在 D 盘下创建一个名为 exa_spool 的文件，屏幕所出现的一切信息都被记录到此文件中，打开此文件后可以查看内容。exa_spool 文件的内容为：

SQL > DESC t_ghdwml

| 名称 | 是否为空？ | 类型 |
|------|-----------|------|
| DWBM | NOT NULL | CHAR(6) |
| DWMC | | VARCHAR2(24) |
| DWJC | | VARCHAR2(16) |
| LXR | | VARCHAR2(8) |
| LXDH | | VARCHAR2(14) |

SQL > SPOOL OFF

#### 2.2.3 交互式命令

如果经常要执行某些 SQL 语句和 SQL * Plus 命令，可以将这些语句和命令存放到 SQL 脚本中。通过使用 SQL 脚本，一方面可以降低命令的输入量，另一方面可以避免用户的输入错误。但有时也需要随机地与数据库进行交互，这时可通过使用交互式命令实现。交互式命令可以在 SQL * Plus 中编辑，并且可以运行 SQL 语句。下面介绍常用的 SQL * Plus 交互命令。

### 1. ED[IT]

该命令用于编辑 SQL * Plus 缓冲区的内容。语法描述为：

EDIT [磁盘号:\路径\][filename][.ext]

下面分别以 EDIT 无文件名和有文件名两种情况来介绍。

(1) EDIT。

当 EDIT 后面没有跟文件名时,则编辑的是 SQL*Plus 缓冲区中的内容,编辑中所做的改变均存入缓冲区。

【例2.10】 查询表供货单位目录 t_ghdwml,然后再修改语句查询单位编码='G30020'的记录。

```
SQL > SELECT * FROM t_ghdwml WHERE dwbm = 'G30008';
DWBM    DWMC                DWJC        LXR       LXDH

G30008  哈赛时商贸有限公司   赛时商贸    钟秋雁    13313615901
SQL > EDIT
```

图 2.9  例 2.10 显示结果

在记事本缓冲区中编辑、存盘退出后显示如下信息:

已写入 file afiedt.buf。
SELECT * FROM t_ghdwml WHERE dwbm = 'G30020';

(2) EDIT[磁盘号:\路径\]filename。

当 EDIT 直接对磁盘文件时,在 Windows 平台下自动启动"记事本",编辑 filename 文件,编辑完成后,选择"文件"菜单中的"保存",然后关闭记事本编辑器,状态回到 SQL*Plus 界面。此时,所编辑的内容并不在 SQL*Plus 缓冲区中。

【例2.11】 采用 EDIT 命令修改 SQL 脚本 spml.sql。

SQL > EDIT d:\spml

图 2.10  例 2.11 显示结果

SQL >

把商品编码"3141644"修改为"3141645",存盘并回到 SQL 状态中。

**2. RUN 和 /**

RUN 和 / 命令都可以用于运行 SQL 缓冲区中的 SQL 语句。当使用 RUN 命令时,首先会列出 SQL*Plus 缓冲区的内容,然后再运行该语句;用"/"运行时,不显示缓冲区的内容,而是直接执行语句。

【例2.12】 读取 spml 脚本,分别用 RUN 和 / 命令运行缓冲区中的 SQL 语句。

```
SQL > GET d:\spml
SQL > RUN
SELECT * FROM t_spml WHERE spbm = '3141645'
SPBM      SPMC              SPGG     SPCD     JLDW    GHDW      XSJG    XXSL    ZFRQ

3141645   千叶去屑洗发水    200ml    广东     瓶      G30018    10.00   17
SQL > /
```

| SPBM | SPMC | SPGG | SPCD | JLDW | GHDW | XSJG | XXSL | ZFRQ |
|------|------|------|------|------|------|------|------|------|
| 3141645 | 千叶去屑洗发水 | 200ml | 广东 | 瓶 | G30018 | 10.00 | 17 | |

**3. &**

引用替代变量(Substitution Variable)时,必须要带有该标号。如果替代变量已经定义,则会直接使用其数据,如果替代变量没有定义,则会临时定义替代变量(该替代变量只在当前语句中起作用),并需要为其输入数据。

根据所替代的数据类型不同,分别按以下方式引用 &:

(1)替代变量为数字列,则可以直接引用,如:&num。

(2)替代变量为字符类型,则必须要用单引号引注,如:'&str'。

(3)替代变量为日期类型,则必须要按 Oracle 日期格式,默认为:DD – MON 月 – YY,如:'20 – 5 月 – 13'。

【例2.13】 引用 &sl 替代销项税率,用 &bm 替代商品编码。

SQL > SELECT spmc,xsjg FROM T_spml WHERE xxsl = &sl AND spbm = '&bm';

输入 sl 的值:17

输入 bm 的值:3141645

原值 1: SELECT spmc,xsjg FROM t_spml WHERE xxsl = &sl AND spbm = '&bm'

新值 1: SELECT spmc,xsjg FROM t_spml WHERE xxsl = 17 AND spbm = '3141645'

| SPMC | XSJG |
|------|------|
| 千叶去屑洗发水 | 10 |

**4. PROMPT 和 PAUSE**

PROMPT 命令用于输出提示信息到屏幕上,而 PAUSE 命令则用于输出提示信息到屏幕的同时暂停脚本执行,按下回车键后继续执行脚本。在 SQL 脚本中结合使用这两条命令,不仅可以显示所需的信息,还可以控制 SQL 脚本的暂停和执行。语法描述为:

PROMPT [text]

PAUSE [text]

【例2.14】 执行 PROMPT 语句显示"演示信息",执行 PAUSE 语句显示"暂停按 < 回车键 > 后继续…",回车后回到 SQL 状态。

SQL > PROMPT 演示信息

演示信息

SQL > PAUSE 暂停按 < 回车键 > 继续

暂停按 < 回车键 > 继续                – – – – – – 按回车键后回到 SQL > 状态

SQL >

**5. BREAK 与 CLEAR BREAKS**

在分类排序显示表中记录数据时,会出现很多分类字段的值是相同的。我们先来看一个例子,然后介绍 BREAK 和 CLEAR BREAKS 的作用。

【例2.15】 查询商品销售日报的供货单位编码、商品编码、销售日期、销售价格、销售数量,并按供货单位、商品编码、销售日期排序输出。查询条件是 2011 年 8 月 10 日之前,供货单位分别是"G30015"、"G30017"、"G30018"。

```
SQL > SELECT ghdw,spbm,xsrq,xsjg,xssl FROM t_spxsmx
WHERE xsrq < '20110810' AND ghdw IN ('G30015','G30017','G30018') ORDER BY ghdw,spbm,xsrq;
GHDW     SPBM      XSRQ        XSJG      XSSL
------   -------   --------    ------    ------
G30015   3141946   20110806    30.00     1.000
G30015   3141946   20110807    30.00     1.000
G30015   3141946   20110808    30.00     2.000
 …        …         …           …         …
```

从显示内容可看到,供货单位和商品编码有很多是重复值。BREAK 命令的作用是把这些重复的值可以屏蔽掉,而且还可以在重复列值变化前插入 $n$ 个空行。语法描述为:

BREAK ON 列名 1 [on 列名 2 …] [skip $n$]

CLEAR BREAKS 命令的作用是清除 BREAK 设置的屏蔽功能,返回到正常显示状态上来。语法描述为:

CLEAR BREAKS

【例 2.16】 重新查询输出例 2.15。

```
SQL > BREAK ON ghdw ON spbm SKIP 1
SQL > SELECT ghdw,spbm,xsrq,xsjg,xssl FROM t_spxsmx
WHERE xsrq < '20110810' AND ghdw IN ('G30015','G30017','G30018') ORDER BY ghdw,spbm,xsrq;
GHDW     SPBM      XSRQ        XSJG      XSSL
------   -------   --------    ------    ------
G30015   3141946   20110806    30.00     1.000
                   20110807    30.00     1.000
                   20110808    30.00     2.000
                   20110809    30.00     1.000

G30017   3341366   20110802     8.00     1.000
                   20110804     8.00     1.000

G30018   3141634   20110805    16.00     1.000
         3141644   20110804    17.00     1.000
                   20110809    17.00     1.000

SQL > CLEAR BREAKS
BREAKS 已清除。
```

### 2.2.4 设置和显示环境变量

使用 SQL*Plus 的环境变量可以控制其运行环境,例如,设置行显示宽度,设置每页显示的行数,设置自动提交标记,设置自动跟踪等。使用 SET 命令可以修改当前 SQL*Plus 的环境变量设置,使用 SHOW 命令可以显示当前 SQL*Plus 的环境变量设置。下面介绍常用的 SQL*Plus 环境变量。语法描述为:

SET 系统变量 {ON|OFF|n}

SHOW {ALL|系统变量}

【例 2.17】 显示当前的用户标识,即当前的用户名。

SQL > SHOW user

USER 为 "jxc"

SQL＊Plus 中的环境变量大约有 70 个,下面介绍几个比较常用的环境变量。

### 1. AUTOCOMMIT

该环境变量用于设置是否自动提交 DML 语句,其默认值为 OFF(表示禁止自动提交)。当设置为 ON 时,每次执行 DML 语句都会自动提交。语法描述为:

环境设置:SET AUTOCOMMIT {ON|OFF}

显示变量:SHOW AUTOCOMMIT

【例 2.18】 用 AUTOCOMMIT 设置是否自动提交。

```
SQL > SHOW AUTOCOMMIT             ----查看当前 AUTOCOMMIT 状态
AUTOCOMMIT OFF                    ----当前是 AUTOCOMMIT OFF
SQL > SET AUTOCOMMIT ON           ----设置 AUTOCOMMIT 自动提交
SQL > SHOW AUTOCOMMIT
AUTOCOMMIT IMMEDIATE              ----当前是 AUTOCOMMIT IMMEDIATE
```

### 2. ARRAYSIZE

该环境变量用于指定一次提取记录行数大小,其默认值为 15。该值越大,网络开销会越低,但占用内存会增加。假定使用默认值,如果查询返回行数为 50 行,则需要通过网络传送 4 次数据;如果设置为 25,则网络传送次数只有两次。语法描述为:

环境设置:SET ARRAYSIZE n

显示变量:SHOW ARRAYSIZE

【例 2.19】 用 ARRAYSIZE 命令设置和显示数组提取尺寸。

```
SQL > SHOW ARRAYSIZE
arraysize 15
SQL > SET ARRAYSIZE 25
arraysize 25
```

### 3. LINESIZE

该环境变量用于设置行宽度,默认值为 80。在默认情况下,如果数据长度超过 80 个字符,那么在 SQL＊Plus 中会折行显示数据结果。要在一行中显示全部数据,应该设置更大的值。语法描述为:

环境设置:SET LINESIZE n

显示变量:SHOW LINESIZE

【例 2.20】 用 LINESIZE 命令设置行宽度。

```
SQL > SET LINESIZE 40
SQL > SHOW LINESIZE
```

### 4. PAGESIZE

该环境变量用于设置每页所显示的行数,默认值为 20。语法描述为:

环境设置:SET PAGESIZE n

显示变量:SHOW PAGESIZE

【例 2.21】 用 PAGESIZE 命令设置每页所显示的行数。输出每页行数,缺省值为 20。如果想避免分页,则行数可设置为 0。

SQL > SET PAGESIZE 0

### 5. SERVEROUTPUT

该环境变量用于控制服务器(屏幕)输出,其默认值为 OFF,表示禁止服务器输出。在默认情况下,当调用屏幕显示函数 dbms_output 时,不会在 SQL * Plus 屏幕上显示输出结果。在调用 dbms_output 包时,为了在屏幕上输出结果,必须要将 SERVEROUTPUT 设置为 ON。语法描述为:

环境设置:SET SERVEROUTPUT {ON|OFF}

显示变量:SHOW SERVEROUTPUT

【例 2.22】 用 SERVEROUTPUT 命令控制服务器输出。

SQL > SET SERVEROUTPUT ON
SQL > SHOW SERVEROUTPUT
SERVEROUTPUT ON SIZE unlimited FORMAT word_wrapped
SQL > EXEC dbms_output.put_line('Oracle 数据库')
Oracle 数据库
PL/SQL 过程已成功完成。
提交完成。

### 6. TERMOUT

该环境变量用于控制 SQL 脚本的输出,其默认值为 ON。当使用默认值时,如果 SQL 脚本有输出结果,则会在屏幕上输出显示结果;如果设置为 OFF,则不会在屏幕上输出 SQL 脚本运行结果。语法描述为:

环境设置:SET TERMOUT {ON|OFF}

显示变量:SHOW TERMOUT

【例 2.23】 用 TERMOUT 命令控制 SQL 脚本运行结果的输出。

SQL > SHOW TERMOUT
TERMOUT ON
SQL > @ d:\spml

| SPBM | SPMC | SPGG | SPCD | JLDW | GHDW | XSJG | XXSL | ZFRQ |
|---|---|---|---|---|---|---|---|---|
| 3141645 | 千叶去屑洗发水 | 200ml | 广东 | 瓶 | G30018 | 10.00 | 17 | |

SQL > SET TERMOUT OFF
SQL > @ d:\spml

### 7. TIME

该环境变量用于设置在 SQL 提示符前是否显示系统时间,默认值为 OFF,表示禁止显示系统时间。如果设置为 ON,则在 SQL 提示符前会显示系统时间。语法描述为:

环境设置:SET TIME {ON|OFF}

【例 2.24】 用 TIME 命令设置在 SQL 提示符前是否显示系统时间。

SQL > SET TIME ON
12:09:59 SQL >                    - - - -SQL >前面多了系统时间 12:09:59

### 8. TIMING

该环境变量用于设置是否要显示 SQL 语句执行时间,默认值为 OFF,表示不显示 SQL 语句执行时间。如果设置为 ON,则会显示 SQL 语句执行时间。

环境设置:SET TIMING {ON|OFF}

【例 2.25】 查询商品库存明细的记录数、库存数量和库存金额,并用 TIMING 命令设置显示 SQL 语句执行时间。

```
SQL> SET TIMING ON
SQL> SELECT count(*),sum(yysl),sum(jhjg*yysl) FROM t_spkcmx;
  COUNT(*)    SUM(YYSL)    SUM(JHJG*YYSL)
----------   ----------   ----------------
        75         3567         88492.2948
已用时间: 00: 00: 00.01.
```

## 2.3 其他命令

SQL*Plus 作为 Oracle 交互式访问工具,除了上面介绍的命令语句之外,还有其他辅助命令。下面分别介绍 PASSWORD、DESCRIBE、DUAL、COPY 和 HELP 命令。

### 2.3.1 修改口令命令

修改口令命令(PASSWORD)用于修改用户的口令。任何用户都可以使用该命令修改其自身口令,但如果要修改其他用户的口令时,则必须以 DBA 身份(SYS 和 SYSTEM)登入。在 SQL*Plus 中,可以使用该命令取代 SQL 修改口令语句 ALTER USER。语法描述为:

PASSWORD [用户名]

若没有指定用户名,则修改的是自己本身的口令。

【例 2.26】 以 SYS 用户登入把 jxc 用户口令改为 jjj,再以 jxc 用户登入,把口令改回 jxc。

```
SQL> CONN /AS SYSDBA            ----可以输入 conn sys/xx@orcl as sysdba 登入
已连接。                        ----其中 xx 是任意字符
SQL> PASSW jxc
更改 jxc 的口令
新口令:                         ----输入了 jjj
重新键入新口令:                 ----输入了 jjj
口令已更改
SQL> CONN jxc/jjj               ----可以输入 CONN jxc/jjj@orcl 登入
已连接。
SQL> PASSW
更改 JXC 的口令
旧口令:                         ----输入了 jjj
新口令:                         ----输入了 jxc
重新键入新口令:                 ----输入了 jxc
口令已更改
```

### 2.3.2 表结构描述命令

表结构描述命令(DESCRIBE)用于显示表结构命令。理解关系表对于表达正确的问题至

关重要。表的结构化描述对于确立可以对它提出什么问题非常有用。

表的结构元数据可以通过使用 DEScribe 命令获得,使用 DEScribe 命令时,用户可以快速掌握表及其中所有表列的概要。语法描述为:

DESC[ribe] [SCHEMA.]tablename

DEScribe 关键字可以缩写为 DESC。[SCHEMA.]是方案,它是一个用户的逻辑结构,方案名就是用户名。如果描述的表属于自身用户的模式,那么就可以省略[SCHEMA.]部分。

【例2.27】 用 DEScribe 查看部门目录表 t_bmml 的结构。

```
SQL > DESC t_bmml
```

| 名称 | 是否为空 | 类型 |
| --- | --- | --- |
| BMBM | NOT NULL | CHAR(6) |
| BMMC | NOT NULL | VARCHAR2(30) |
| BMLC | NOT NULL | VARCHAR2(10) |
| ZGRS | NOT NULL | NUMBER(4) |
| YYMJ | | NUMBER(6) |

### 2.3.3 Oracle 虚拟表

Oracle 数据库有一个公用的表 DUAL,也是一个特殊的虚拟表,属于 SYS 用户模式。dual 只有一个列 dummy,类型是 varchar2(1),只有一行记录,值是'X',只能查询,不能插入、修改和删除。表 dual 的作用是在 SELECT 语句中充当虚拟表,确保 SELECT 语句的完整性。

【例2.28】 虚拟表 dual 的相关操作。

```
SQL > DESC dual
```

| 名称 | 是否为空? | 类型 |
| --- | --- | --- |
| DUMMY | | VARCHAR2(1) |

```
SQL > SELECT * FROM dual;         - - - -查询 dual 的内容
D                                 - - - -列名 DUMMY 的第一个字母
-
X                                 - - - -表 dual 列 dummy 的值
SQL > SELECT sysdate FROM dual;   - - - -查询系统当前日期
SYSDATE
-
15 - 9 月 - 12
SQL > SELECT 12345 * 6789 FROM dual;  - - - -SELECT 当作计算器
12345 * 6789
-
83810205
```

当 SELECT 语句后面的内容是常量、变量等与表的列无关时,FROM 后边的表可以用 dual。

### 2.3.4 表复制命令

表复制命令(COPY)命令通过 SQL * Net 在不同的表、不同的用户或不同的服务器之间复

制数据或移动数据。在实际应用中,若能合理地选择使用 COPY 命令,可以有效地提高数据复制的效率。语法描述为:

COPY { FROM database | TO database | FROM database TO database}
{APPEND|CREATE|INSERT|REPLACE} des_table [(column, column,...)]
USING query

其中:
FROM database:源数据库 Userid/Password@ SID。
To database:目标数据库 Userid/Password@ SID。
APPEND:在已有的表中追加记录,若目标表不存在,则与 CREATE 等效。
CREATE:创建目标表并且插入记录,若目标表已经存在,则返回错误。
INSERT:向已有的目标表中插入记录,若目标表不存在,则返回错误。
REPLACE:覆盖已有目标表中的数据,若目标表不存在,则自动创建。
des_table [(column, column,...)]:目标表名和列名。
query:源数据查询语句。

【例 2.29】 把 jxc 用户下的表 t_spml 复制到 scott 用户中,表名为 tt_spml。
SQL > COPY FROM jxc/jxc@ orcl TO scott/tiger@ orcl    - - - - 必须写在一行上
CREATE tt_spml USING SELECT * FROM t_spml
数组提取/绑定大小为 15(数组大小为 15)。
将在完成时提交(提交的副本为 0)。
最大 long 为 80(long 为 80)。
表 tt_spml 已创建。
78 行选自 jxc@ orcl。
78 行已插入 tt_spml。
78 行已提交至 tt_spml (位于 scott@ orcl)。

### 2.3.5 帮助命令

SQL * Plus 有许多命令,而且每个命令都有大量的选项,要记住每一个命令的所有选项是很困难的。不过 SQL * Plus 提供了内建的帮助系统,用户可以在需要时,随时使用 HELP 命令查询相关的命令信息。但是 SQL * Plus 的内建帮助只是提供了部分命令信息,SQL * Plus帮助系统可以向用户提供下列信息:命令标题、命令作用描述的文件、命令的缩写形式、命令中使用的强制参数和可选参数。语法描述为:

HELP 命令

【例 2.30】 用 HELP 命令查看 CONNECT 命令的帮助信息。
SQL > HELP connect
CONNECT
———————
Connects a given username to the Oracle Database. When you run a
CONNECT command, the site profile, glogin.sql, and the user profile,
login.sql, are processed in that order. CONNECT does not reprompt for username or password if the initial connection does not succeed.

CONN[ECT] [{logon|/|proxy} [AS {SYSOPER|SYSDBA|SYSASM}] [edition = value]]
where logon has the following syntax：
    username[/password][@ connect_identifier]
where proxy has the syntax：
    proxyuser[username][/password][@ connect_identifier]
NOTE：Brackets around username in proxy are required syntax

## 2.4 习题与上机实训

### 2.4.1 习题

1. 简述 SQL 与 SQL * Plus 的区别。
2. SQL * Plus 有几种登入方式？简述登入过程。
3. 退出 SQL * Plus 有几种方法？分别是什么？
4. 如果退出 SQL * Plus 前没有提交事务,那么当退出后没有提交的事务会如何？
5. RUN(/)与 START(@)命令有什么区别？
6. SAVE 与 SPOOL 命令的区别是什么？
7. EDIT 和 EDIT filename 命令有什么不同？
8. PAUSE 命令能替代 PROMPT 命令吗？
9. 什么是 SQL * Plus 环境变量？举出五个以上环境变量。
10. 说出虚拟表 dual 的所有者、结构和内容。

### 2.4.2 上机实训

**1. 实训目的**

本章内容是 Oracle 数据库实训的基础课,必须熟练掌握 SQL * Plus 基本操作命令,为以后课程的实训打下坚固的基础。
(1)熟练掌握 SQL * Plus 的登入和退出操作。
(2)了解和掌握 SQL * Plus 命令的使用方法。
(3)通过实际操作加深理解 SQL * Plus 的常用命令。

**2. 实训任务**

(1)SQL * Plus 的登入与退出操作练习。
①通过图形界面登入 jxc 用户。
查看当前用户 SHOW USER,EXIT 退出 SQL * Plus。
②命令方式登入 jxc 用户。
通过 CONNECT 命令切换到 scott 用户。
查看当前用户 SHOW USER,QUIT 退出 SQL * Plus。
③以 sysdba 身份登入 sys 用户。
运行语句 SELECT USER FROM dual；

用 DISC 命令切断与数据库连接,但仍然处于 SQL*Plus 状态。

通过 CONNECT 命令登入到 jxc 用户,显示用户名。

点击 ❌ 快速退出 SQL*Plus 状态。

(2) 文件操作命令练习。

① SAVE 与 GET 练习。

登入 jxc 用户,执行语句 SELECT * FROM t_bmml。

执行语句 SAVE D:\bmml,退出 SQL*Plus。

利用记事本打开 bmml.sql 文件,查看内容。

重新登入 jxc 用户,执行 GET D:\bmml。

② SPOOL 练习。

登入 jxc 用户,执行命令 SPOOL D:\sp_jxc。

执行语句 SELECT * FROM t_ghdwml。

执行 SPOOL OFF,并退出 SQL*Plus,查看 sp_jxc 文档。

(3) SQL 脚本调用练习。

利用记事本编辑 d:\bmml.sql,把内容修改为:SELECT * FROM t_bmml;

利用记事本创建 d:\dwml.sql,内容为:SELECT * FROM t_ghdwml;

登入 jxc 用户,执行 @d:\bmml。

修改 d:\bmml.sql 增加一行 @dwml。

脚本嵌套运行,执行命令 @@d:\bmml。

(4) SQL*Plus 交互命令练习。

利用 EDIT 和 RUN 命令编辑运行例 2.13 和例 2.16。

方法:登入 jxc 用户,执行语句 SELECT * FROM dual;后输入 EDIT 进行编辑。

(5) 环境变量的设置和显示练习。

登入 jxc 用户,设置环境变量 SET LINESIZE 120 和 SET TIME ON。

执行语句 SELECT * FROM t_ghdwml;执行例 2.25。

# 第3章 PL/SQL Developer

结构化查询语言(Structured Query Language,SQL)是用来访问关系型数据库的一种通用语言,属于第四代语言(4GL)。其执行特点是非过程化,即不用指明执行的具体方法和途径,而是简单地调用相应语句来直接取得结果即可。显然,这种不关注任何实现细节的语言对于开发者来说有着极大的便利。然而,有些复杂的业务流程要求用相应的程序来描述,在这种情况下,4GL 就有些无能为力了。PL/SQL 的出现正是为了解决这一问题,PL/SQL(Procedural Language/SQL)是一种过程化语言,属于第三代语言,它与 C、C++、Java 等语言一样关注于处理细节,可以用来实现比较复杂的业务逻辑。它允许 SQL 的数据操纵语言和查询语句包含在块结构(Block_Structured)和代码过程语言中,使 PL/SQL 成为一个功能强大的事务处理语言。

## 3.1 PL/SQL Developer 简介

PL/SQL Developer 是一个集成开发环境,专门面向 Oracle 存储程序单元的开发。目前,全世界半数以上的数据库应用都来自 Oracle,更多的应用开发工具借助于 SQL 模块访问数据库。因此,PL/SQL 编程也成为整个开发过程的一个重要组成部分。PL/SQL Developer 侧重于简单、方便及易用性,充分发挥出 Oracle 应用程序开发过程中的主要优势。

### 3.1.1 PL/SQL Developer 的主要功能

PL/SQL Developer 一般都是查询,用 FOR UPDATE 后可以直接在表格里修改数据,降低直接 UPDATE SET 不可视的风险,可以提交、回滚;语句关键字高亮,不容易出错;自动补全关键字,输入表名会列出字段列表;可以可视化建表、视图、序列、存储过程等;可以直接查看和编辑表结构,查看建表 SQL 语句;查询出来的结果可以直接导出成 EXCEL 文件;在开发和维护时很方便,软件不大且轻巧。

PL/SQL Developer 主要有以下功能:

(1) PL/SQL 编辑器。

该编辑器具有语法加强、SQL 和 PL/SQL 帮助、对象描述、代码助手、编译器提示、PL/SQL 完善、代码内容、代码分级、浏览器按钮、超链接导航、宏库等智能特性,能够满足要求性最高的用户需求。当需要某个信息时,它将自动出现,至多单击即可将信息调出。

(2) SQL 窗口。

该窗口允许输入任何 SQL 语句,并以栅格形式对结果进行观察和编辑,支持按范例查询模式,以便在某个结果集合中查找特定记录。另外,还含有历史缓存,可以轻松调用先前执行过的 SQL 语句。该 SQL 编辑器提供了同 PL/SQL 编辑器相同的强大特性。

(3) 命令窗口。

使用 PL/SQL Developer 的命令窗口能够开发并运行 SQL 脚本。该窗口具有同 SQL*Plus 相同的感观,另外还增加了一个内置的带语法加强特性的脚本编辑器。这样就可以开发自己的脚本,无需编辑脚本/保存脚本/转换为 SQL * Plus/运行脚本过程,也不用离开 PL/SQL Developer 集成开发环境。

(4)对象浏览器。

可配置的树形浏览器能够显示同 PL/SQL 开发相关的全部信息,使用该浏览器可以获取对象描述、浏览对象定义、创建测试脚本,以便调试、使能或禁止触发器或约束条件、重新编译不合法对象、查询或编辑表格、浏览数据、在对象源中进行文本查找、拖放对象名到编辑器等。

此外,该对象浏览器还可以显示对象之间的依存关系,可以递归地扩展这些依存对象(如参考检查、浏览参考表格、图表类型等)。

### 3.1.2 PL/SQL Developer 安装与登入

**1. PL/SQL Developer 的安装**

(1)系统要求。

PL/SQL Developer 硬件没有特殊要求,只要操作系统是 Windows 2000 或更高版本即可。数据库要求 Oracle 7 或更高版本。对于 64 位客户端需要安装 32 位 Oracle Client。

(2)安装。

安装 PL/SQL Developer 非常简单,只要运行 PL/SQL Developer 软件媒体中的安装程序即可弹出图 3.1 所示的安装窗口。

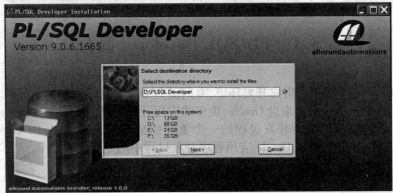

图 3.1 PL/SQL Developer 安装窗口

在这里选择安装目标目录、开始菜单文件夹、桌面快捷启动按钮,最后点击"Finish"即可。

**2. PL/SQL Developer 登入**

点击桌面 PL/SQL DEV 快捷登入图标或者通过开始菜单点击 PL/SQL DEV 条目,如图3.2所示,都可以弹出如图 3.3 所示的登入 PL/SQL Developer 窗口。

图 3.2 开始菜单中的 PL/SQL DEV

图 3.3　PL/SQL Developer 登入窗口

正确输入用户名、口令、数据库连接字符串和登入身份（链接为），点击【确定】，或者直接点击【取消】，都会进入如图 3.4 所示的界面。

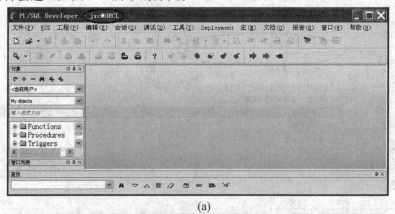

(a)

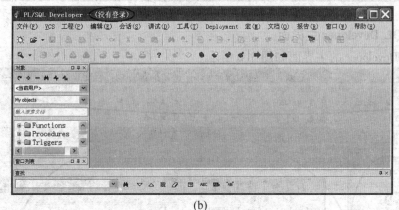

(b)

图 3.4　登入到 PL/SQL Developer 环境

图 3.4(a)所示的上部显示了登入的用户名和连接字符串 jxc@ORCL,而图 3.4(b)所示的上部显示的是"(没有登入)",表示没有连接到数据库。

**3. PL/SQL Developer 退出**

退出 PL/SQL Developer 直接点击右上边的 ✕ 或者点击菜单【文件】→【退出】。

**3.1.3　PL/SQL Developer 网络配置与初始化设置**

进入 PL/SQL Developer 界面可以对其进行一系列初始化设置。下面介绍 PL/SQL Developer 9 版本常用的几种初始化选项。

### 1. 登入 PL/SQL Developer 连接数据库设置

首先要进入初始化画面。方法：点击图 3.4 中菜单【工具】→【首选项】，弹出系列初始化画面，如图 3.5 所示。

有时安装了 PL/SQL Developer 后无法连接数据库，原因就是没有设置好检查连接。在图 3.5 中画圈处一定要选择正确的 Oracle 主目录。其他选项根据需要选择即可。

图 3.5　PL/SQL Developer 首选项

### 2. PL/SQL Developer 主界面

PL/SQL Developer 的主界面如图 3.6 所示。

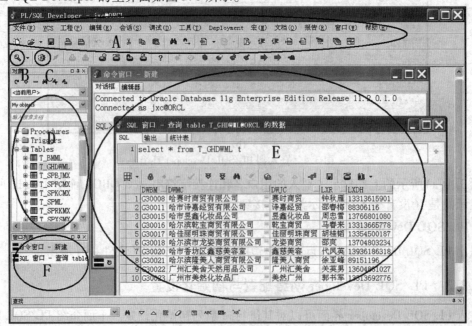

图 3.6　PL/SQL Developer 主界面

其中,椭圆 A 为下拉菜单及工具栏;圈钥匙为重新登入连接用户;圈齿轮为执行 SQL 语句、脚本等;椭圆 D 为浏览器;椭圆 E 为编辑、显示内容;椭圆 F 为窗口列表、快捷打开窗口选项。

**3. 浏览器选项设置**

在图 3.7 左边框选择"浏览器"选项,点击"文件夹"按钮进入浏览器,选项窗口如图 3.8 所示。

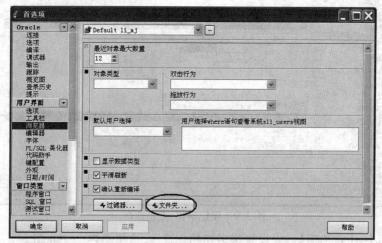

图 3.7 "浏览器"选项

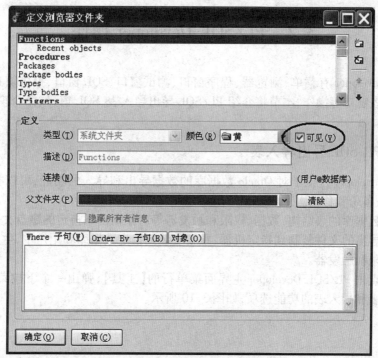

图 3.8 定义浏览器文件夹

在定义浏览器文件夹中,选择要显示的项,然后勾选"可见"定义框,则在 PL/SQL Developer 主界面的浏览器栏中显示出来,方便点击使用。

**4. 字体、颜色选择**

在图 3.9 左边框选择字体,右边可设定浏览器、表格及编辑器的字体和颜色。

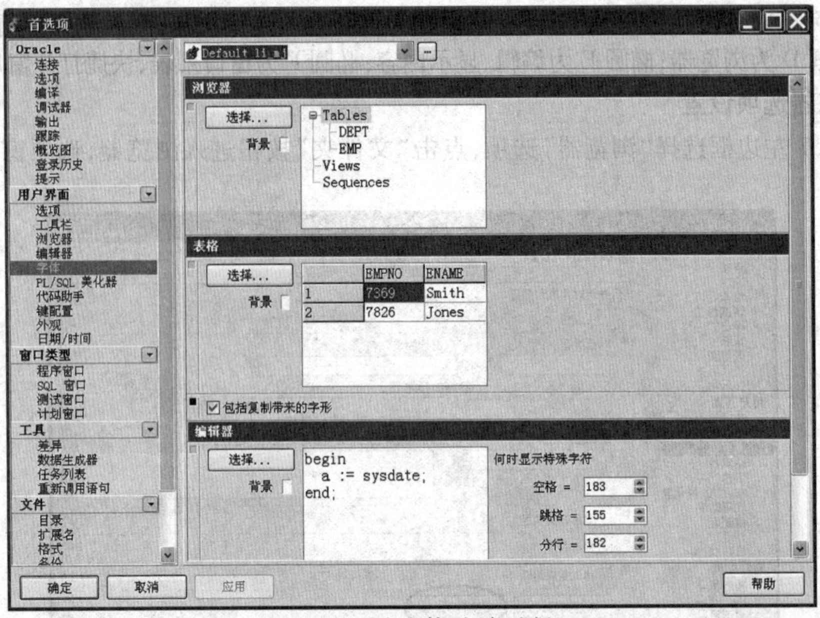

图 3.9 设定字体、颜色选择

通过【工具】→【首选项】可以设置很多初始化选项,这里不再一一介绍。

## 3.2 PL/SQL Developer 操作

PL/SQL Developer 有菜单、浏览器、程序窗口、测试窗口、SQL 窗口、报告窗口、命令窗口、计划窗口及图表窗口等操作,本节将介绍 PL/SQL 导出导入表、SQL 窗口、命令窗口、程序窗口及测试窗口。

### 3.2.1 PL/SQL 导出导入表

PL/SQL Developer 提供了对 Oracle 数据库的数据导出和导入的功能,可以把数据库中的数据进行复制、备份和移动。

导出是把数据库的表结构、数据、权限和触发器等对象输出到指定的磁盘文件中。

导入是把导出的文件复制到指定机器,重新安装到指定数据库和用户中,生成数据库用户的表、数据、权限和触发器。

鼠标左键点击 PL/SQL Developer 主界面菜单行的【工具】,弹出一个下拉菜单,下拉菜单中包含了导出表和导入表的功能选项,如图 3.10 所示。

图 3.10　工具菜单

PL/SQL Developer 9 版本有以下三种导出导入表方式：

（1）Oracle 导出导入方式——文件后缀是 dmp。功能强、速度快、移植性好，但系统要求高。例如：版本、字符集都有一定的限制。

（2）SQL 脚本方式——文件后缀是 sql。很显然，它是一个 SQL 脚本，移植性好，可以编辑，但速度没有第一种快。

（3）PL/SQL Developer 方式——文件后缀是 pde。它的优点是简单、文档小，但速度相对较慢。

**1. 导出表**

首先登入到 jxc 用户，鼠标左键单击【工具】→【导出表】，弹出"导出"对话框，如图 3.11 所示。

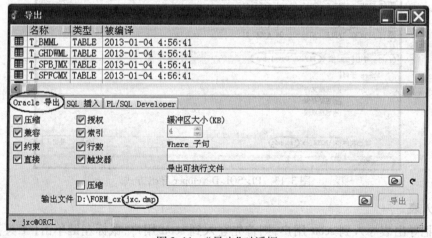

图 3.11　"导出"对话框

（1）Oracle 导出。

先选择要导出的表（Shift + 鼠标左键），然后选择下面的选项，并给定导出文件的磁盘、路径和文件名。该方式可以限制触发器是否导出。

点击【导出】按钮进行导出，完成导出后【PL/SQL Developer】右侧出现【日志】按钮，可以查看导出过程中产生的信息，如图 3.11 所示。

（2）SQL 导出。

先选择要导出的表（Shift + 鼠标左键），然后选择下面的选项，并给定导出文件的磁盘、路径和文件名。该方式有多个选项，比较实用的有【禁止外键约束】和【禁止触发器】，如图3.12所示。

图3.12  SQL导出方式

点击【导出】按钮进行导出，完成导出后【PL/SQL Developer】右侧出现【日志】按钮，可以查看导出过程中产生的信息。

（3）PL/SQL Developer 导出。

这种导出比较简单，选项也少。先选择要导出的表（Shift+鼠标左键），然后选择下边的选项，并给定导出文件的磁盘、路径和文件名，如图3.13所示。

点击【导出】按钮进行导出，完成导出后【PL/SQL Developer】右侧出现【日志】按钮，可以查看导出过程中产生的信息。

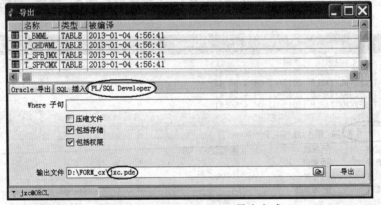

图3.13  PL/SQL Developer 导出方式

**2. 导入表**

若想把导出表导入到 scott 用户，则首先登入到 scott 用户，鼠标左键单击【工具】→【导入表】弹出导入表窗口。

（1）Oracle 导入。

Oracle 导入的对应文件是 Oracle 导出的，后缀是 dmp。需要注意的是，导入的对象是否已存在和数据重复导入的问题，该问题与选项【忽略】项息息相关。另外，Oracle 导入在命令提示符下通过 IMP 命令进行更加稳妥。如果在 PL/SQL Developer 出现问题，那么可以在命令提示符下导入。Oracle 导入如图3.14所示。

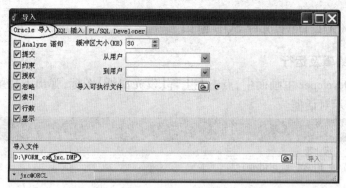

图 3.14　Oracle 导入

(2) SQL 导入。

SQL 导入对应的文件是 SQL 导出的,该文件后缀是 sql。选择项只有两个,一是 PL/SQL 的命令窗口,二是 SQL * Plus 窗口。另外,还可以直接在 SQL > 状态下采用 @ 命令来运行。SQL 导入如图 3.15 所示。

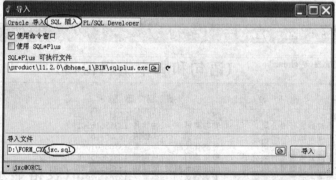

图 3.15　SQL 导入

(3) PL/SQL Developer 导入。

PL/SQL Developer 导入文件对应的是 PL/SQL Developer 导出的,后缀是 pde。注意:两个选项【删掉表】和【删除记录】,在已有对象存在的前提下,前者是先删除表,后者是先删除记录。选项【创建表】如果不选,则在原有的表中插入记录。另外,窗口右边是导入表的列表,可以有选择地导入部分表。PL/SQL Developer 导入如图 3.16 所示。

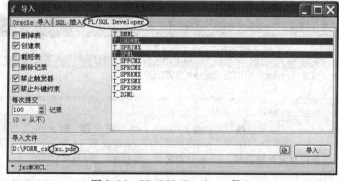

图 3.16　PL/SQL Developer 导入

### 3.2.2 PL/SQL Developer SQL 窗口

**1. SQL 语句编辑及运行**

在 PL/SQL Developer 主画面中,点击左上部【发光白纸】图标,弹出下拉菜单,选择 SQL 窗口进入图 3.17 所示对话框。

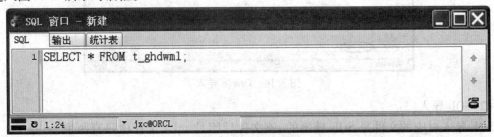

图 3.17 SQL 对话框

输入语句 SELECT * FROM t_ghdwml;,然后单击执行按钮(左上边❀)或按执行语句功能键 F8,显示如图 3.18 所示的查询结果。

在编辑窗口中可以书写若干个语句,如图 3.19 所示。

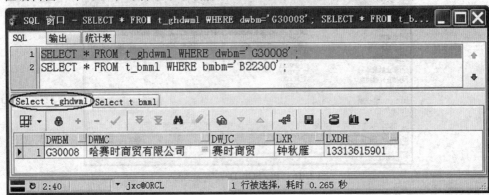

图 3.19 编辑窗口

点击执行图标❀后,两条语句都被执行。左边箭头指向第一条语句运行结果,右边箭头指向第二条语句运行结果。也可以只执行一条语句,把其中一条语句选中高亮,再点击执行图标❀,得到图 3.20 所示的结果。

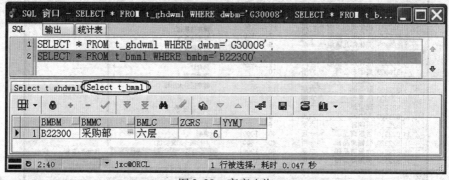

图 3.20　高亮查询

注意：当执行一条语句时,语句后面的分号可以不写。

**2. 脚本编辑及运行**

在编辑窗口中,可以编写一个完整的 SQL 脚本,如图 3.21 所示。

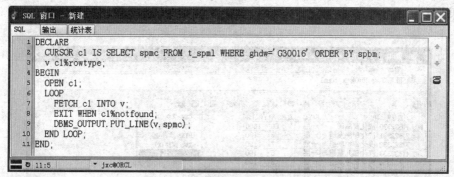

图 3.21　编写一个完整的 SQL 脚本

执行完后,查看结果时,需要点击【输出】才能看到,如图 3.22 所示。

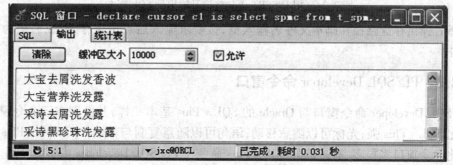

图 3.22　SQL 脚本运行结果

**3. 把 Oracle 表格记录输出到 Excel 表格**

在 SQL 窗口显示的记录可以输出到 Word、电子表格 Excel 中。鼠标右键点击表格框内部的任意地方,弹出选择输出结果集类型,如图 3.23 所示。选中复制方式后,所显示的全部记录被输出到 Excel 表格中。

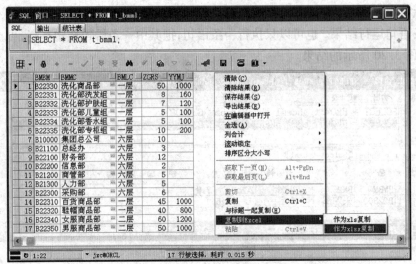

图 3.23　将 Oracle 表格记录输出到 EXCEL 表格

**4. 把 Oracle 表格记录作为 INSERT 语句输出到 SQL 脚本**

在 SQL 窗口显示的记录,可以用 INSERT 语句输出到 SQL 脚本中。鼠标左键点击【导出查询结果】图标(表格框右数第二个图标),弹出下拉菜单,选择输出结果格式,如图 3.24 所示。

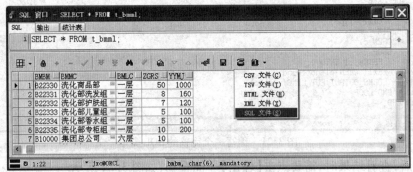

图 3.24　用 INSERT 语句将记录输出到 SQL 脚本

选择后弹出存盘路径和脚本文件名输入框,按要求输入后点击保存,形成后缀为 SQL 的脚本文件。

### 3.2.3　PL/SQL Developor 命令窗口

PL/SQL Developer 命令窗口与 Oracle 的 SQL＊Plus 基本一样,其区别在于命令窗口编辑功能要比 SQL＊Plus 强,光标可以随意移动,语句可以随意复制与粘贴。而 SQL＊Plus 的命令语句要比命令窗口多很多,有一部分 SQL＊Plus 命令在 PL/SQL Developer 中不能使用。

在 PL/SQL Developer 主界面中,点击左上部【发光白纸】图标,弹出下拉菜单,选择命令窗口进入图 3.25 所示的对话框。

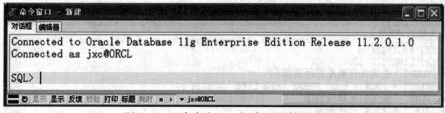

图 3.25 "命令窗口 – 新建"对话框(1)

### 1. 输入 SQL 语句和命令

就像在 SQL * Plus 中一样,可以键入多行 SQL 语句,用分号或换行斜杠来结束输入,并执行语句。可以使用左右箭头来编辑命令行,用上下箭头重新调用前面输入的命令行。在命令窗口对话框中执行 SQL 语句,如图 3.26 所示。

图 3.26 "命令窗口 – 新建"对话框(2)

通过输入编辑命令,可以使用简单的文本编辑器来编辑整个输入缓冲区。编辑了缓冲区以后,可以在命令行上输入一个斜杠来运行它。编辑器有一个包括以前所有已运行命令的历史缓冲区,所以可以快速运行已修改的命令。在命令窗口编辑器中编辑 SQL 语句,如图 3.27 所示。

图 3.27 "命令窗口 – 新建"对话框(3)

命令窗口的状态行给出了显示命令、显示结果、反馈、校验、自动打印、标题和耗时选项的状态。另外,还可以双击这些选项来开/关它们。

### 2. 开发 SQL 语句和命令文件

要开发一个带有多个 SQL 语句和命令的命令文件,经常需要反复地编辑、运行这个文件。要把这些事情变成一个轻松的过程,命令窗口有一个带有 SQL、PL/SQL 和 SQL * Plus 语法的内置编辑器,如图 3.28 所示。

要创建一个命令文件,需转到【编辑器】页并输入命令。要在编辑器中执行命令,只需按下工具栏中的执行按钮或按 F8 键即可,命令窗口将被切换到对话框页并将执行所有命令。

图3.28 "命令窗口-新建"对话框(4)

(1)保存命令文件。

把编辑器的命令集存入磁盘创建命令文件,以便调用和运行。存盘操作方法:点击菜单行【文件】→【另存为】,弹出图3.29所示的对话框。输入文件名后点击"保存"。命令文件的缺省后缀是pdc。

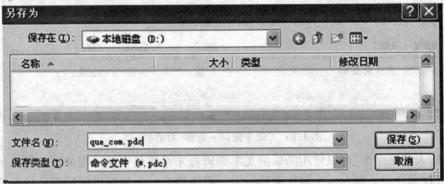

图3.29 "另存为"对话框

(2)读入命令文件。

要编辑一个现有的命令文件,请按下上边工具图标中的【打开】按钮,选择【命令文件】项目。或者先打开命令窗口的编辑器,在编辑器中右键单击鼠标,从弹出的菜单选择【载入】项目,弹出如图3.30所示的对话框。选择要读入的命令文件后点击【打开】按钮,就把文件读入到一个新的命令窗口的编辑器中。

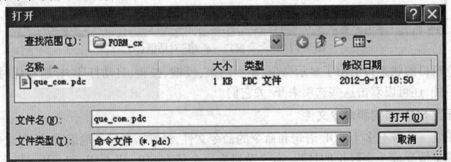

图3.30 "打开"对话框

(3)单步执行命令文件。

【暂停】按钮在图3.31画圈的位置,按下暂停键后,则可单步运行脚本。按下执行命令或F8键后进入执行状态,下一个命令将在编辑器中高亮显示,当按下【暂停】按钮右边的【执行下一个命令】按钮时,高亮的命令被执行,下一个命令被显示为高亮。

图 3.31　暂停按钮

### 3.2.4　PL/SQL Developer 程序窗口

在 PL/SQL Developer 程序窗口可以编制多种程序，如函数、存储过程、触发器、包等。在主界面中，点击左上部【发光白纸】→【程序窗口】，弹出下拉菜单，如图 3.32 所示。

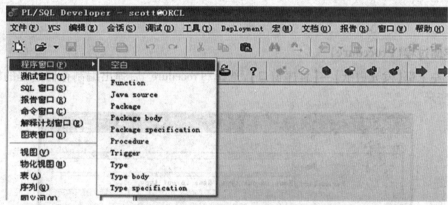

图 3.32　PL/SQL Developer 程序窗口

在图 3.32 中可以看到，程序窗口能编制所有程序。下面简单介绍常用的几个程序编制方法。

**1. 自定义函数(Function)**

点击左上部【发光白纸】→【程序窗口】，选择"Function"后弹出编制函数的窗口，如图 3.33 所示。

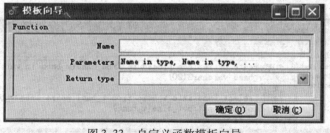

图 3.33　自定义函数模板向导

在函数模板中，Name 为输入函数名；Parameters 为输入参数的名字、类型长度、in 参数和 out 参数；Return type 为输入函数返回值类型，可通过右侧下拉菜单选择。

分别输入 Name = Func_max，Parameters = i in int, j in int，Return type = integer 后点击【确定】，弹出图 3.34 所示的对话框。

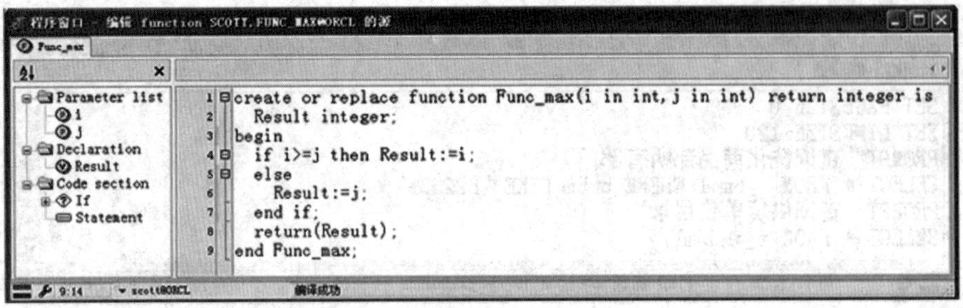

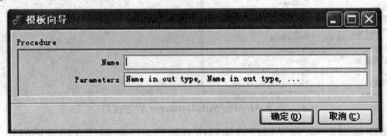

图 3.34　生成自定义函数

在图 3.34 的左侧窗口可以分别查看各部分内容,右侧窗口可以编制程序。编制完程序,点击运行按钮进行编译。此函数的功能是传入两个数值,返回较大数值。调用方法如下:

SQL > SELECT func_max(123,234) FROM DUAL;

FUNC_MAX(123,234)

--------

234

**2. 存储过程(Procedure)**

点击左上部【发光白纸】→【程序窗口】,选择"Procedure"后弹出编制存储过程的窗口,如图 3.35 所示。

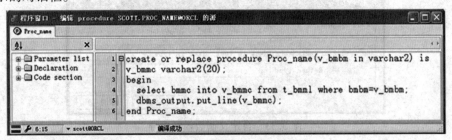

图 3.35　自定义过程模板向导

在 Procedure 模板向导中,Name 为输入存储过程名;Parameters 为输入参数的名字、类型长度、in 参数和 out 参数。

分别输入 Name = Proc_name,Parameters = V_bmbm in varchar2 后,点击【确定】,弹出图 3.36 所示的对话框。

图 3.36　生成自定义的过程

图 3.36 的存储过程是输入一个部门编码,显示该部门编码对应的部门名称。编制完程序,点击运行按钮进行编译。调用存储过程方法是:

命令窗口:SQL > SET SERVEROUT ON; SQL > EXEC proc_name('B22331');

SQL 窗口:BEGIN proc_name('B22331'); END;

**3. 触发器(Trigger)**

点击左上部【发光白纸】→【程序窗口】,选择"Trigger"后弹出触发器窗口,如图 3.37 所示。

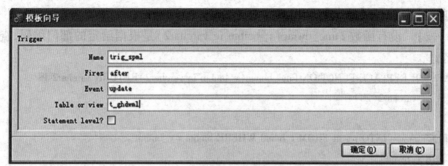

图 3.37　自定义触发器模板向导

在 Trigger 模板向导中,Name 为输入触发器名;Fires 为输入触发类型 Before、After 和 Instead of;Event 为选择 Insert、Update 和 Delete;Table or View 为输入触发事件对应的表或视图;Statement level? 为选择是语句级触发,不选是行级触发。点击【确定】,弹出图 3.38 所示的对话框。

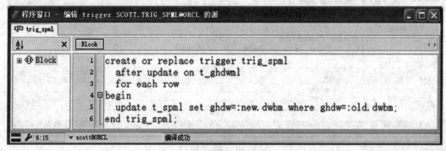

图 3.38　生成自定义触发器

例 3.1 编制了当供货单位的单位编码发生变更时,商品目录的供货单位编码同步更新。编制完成后,点击"运行"按钮进行编译。触发器不是调用的,而是当事件发生时自动触发。

【例 3.1】　修改供货单位目录中,供货单位编码"G30022"改为"G30000",再查看商品目录中,供货单位"G30022"是否改为"G30000"。

SQL > UPDATE t_ghdwml SET dwbm = 'G30000' WHERE dwbm = 'G30022';

SQL > SELECT * FROM t_spml WHERE ghdw IN ('G30022','G30000');

| SPBM | SPMC | SPGG | SPCD | JLDW | GHDW | XSJG | XXSL | ZFRQ |
|---|---|---|---|---|---|---|---|---|
| 3130105 | 花草洗发乳 | 250g | 广州 | 瓶 | G30000 | 55.00 | 17 | |

### 3.2.5　PL/SQL Developer 测试窗口

测试窗口是用来测试各种自定义函数、存储过程和 SQL 脚本等。测试窗口允许运行程序单元、定义输入输出变量以及给变量进行赋值。当出现错误时,可以直接查看源程序代码,还可以设置断点、单步运行及查看调用堆栈等。

**1. 创建测试脚本**

根据测试程序单元的内容,有两种方式创建测试脚本:

(1)创建指定的程序单元测试脚本。

这种方法针对性强,简单、快捷。在左侧浏览器中找到要测试的函数、存储过程等程序单元,点击鼠标【右键】→【测试】,弹出具体的测试窗口。

【例3.2】 设有函数Func_dwmc(v_bmbm in varchar2)是根据给定的部门编码,查询对应的部门名称。

```
CREATE OR REPLACE FUNCTION func_bmmc(v_bmbm in varchar2) RETURN varchar2 IS
    RESULT varchar2(20);
BEGIN
    SELECT bmmc INTO result FROM t_bmml WHERE bmbm = v_bmbm;
    RETURN(result);
END func_bmmc;
```

在左侧浏览器函数(Function)中找到func_bmmc函数,点击鼠标【右键】→【测试】,弹出测试窗口,如图3.39所示。自动生成测试函数func_bmmc的脚本。

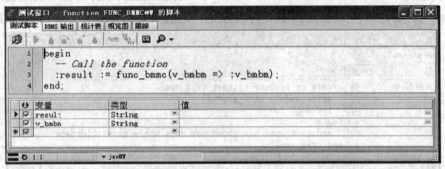

图3.39 测试窗口

(2)创建空的程序单元测试脚本。

创建空的程序单元,可以编制新的SQL脚本,直接在该窗口编译运行调试,没有必要测试窗口与源程序窗口来回转换,操作起来比较方便。点击左上部【发光白纸】→【测试窗口】,弹出图3.40所示对话框。

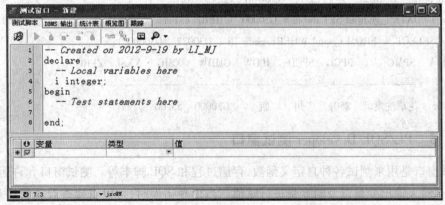

图3.40 创建空的程序单元测试脚本

前面两个减号的斜体字行为注释。这里给出了声明部分（Declare）和程序体（Begin – end）的主体框架，方便创建测试函数、存储过程等程序单元的脚本或者直接编写脚本进行测试。

在测试窗口中，无需定义变量，直接在脚本中前面加上":"号使用就可以了。所用到的变量通过点击窗口下边的向下箭头"↓"按钮，排列在变量表格中，需要输入变量值时，在表格变量后边输入值就可以了，如图 3.41 所示。在测试窗口编写简单脚本时，不要忘记在变量前面加上":"号，除非在声明 Declare 部分对变量已经做了定义。

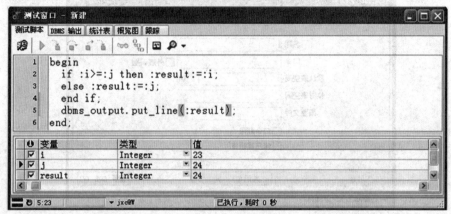

图 3.41　变量的值

## 3.3　PL/SQL Developor 浏览器

对象浏览器可配置的树形浏览，能够显示同 PL/SQL 开发相关的全部信息。使用该浏览器可以获取对象描述、浏览对象定义、创建编译程序单元、创建测试脚本、查询或编辑表格、浏览数据等操作。对象浏览器如图 3.42 所示。

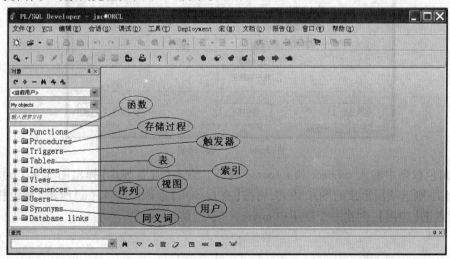

图 3.42　对象浏览器

### 3.3.1 浏览器——用户 DDL

通过浏览器的【Users】对象可以创建、修改、删除一个用户。下面分别介绍操作方法。

**1. 创建用户**

创建新用户需要以 DBA 权限用户登入,可以登入 SYS 或 SYSTEM 用户。登入后右键点击浏览器中【Users】→【新建】,弹出图 3.43 所示对话框。

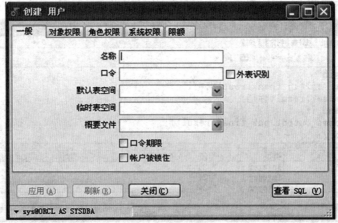

图 3.43 创建用户

创建新用户窗口有如下五个选项:一般、对象权限、角色权限、系统权限和限额。

(1)一般选项中分别输入:名称 myjxc、口令 myjxc、默认表空间 USERS、临时表空间 TEMP、概要文件 DEFAULT,如图 3.44 所示。

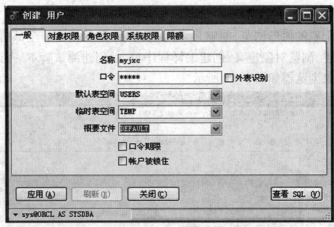

图 3.44 "一般"标签

(2)角色权限中输入 connect 和 resource 两行。点击【查看 SQL】弹出图 3.45(b)所示窗口,显示出刚刚选项所形成的 SQL 语句,再按【查看 SQL】返回图 3.45(a)所示"角色权限"窗口。最后点击【应用】,创建一个新用户 myjxc,口令也是 myjxc。

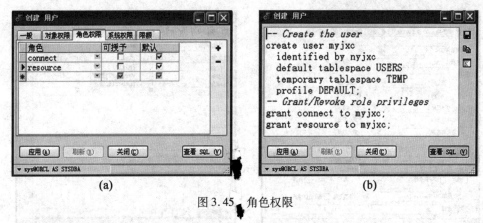

图 3.45 角色权限

## 2. 修改用户

修改用户需要以 DBA 权限用户登入,可以登入 SYS 或 SYSTEM 用户。登入后浏览器中展开【Users】选项,找到需要修改的用户(例:myjxc),右键点击【myjxc】→【编辑】,弹出图 3.46 所示对话框。在这个窗口可以修改五个选项中的任意内容。

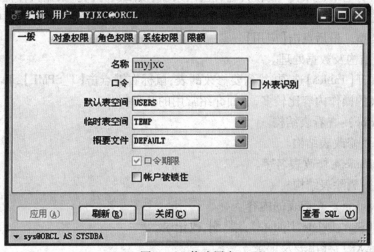

图 3.46 修改用户

## 3. 删除用户

删除用户需要以 DBA 权限用户登入,可以登入 SYS 或 SYSTEM 用户。登入后浏览器中展开【Users】选项,找到需要删除的用户(例:myjxc),右键点击【myjxc】→【删除】,点击【是】,即可删除用户 myjxc。

### 3.3.2 浏览器——表 DDL、DML、DQL

在浏览器中对表的操作内容比较多,下面介绍几种常用的操作内容。

**1. 表的创建、修改和删除**

(1)创建表。

先登入刚刚创建的 myjxc 用户,在浏览器中点击鼠标右键,选择【Tables】→【新建】,弹出创建表窗口,如图 3.47 所示。

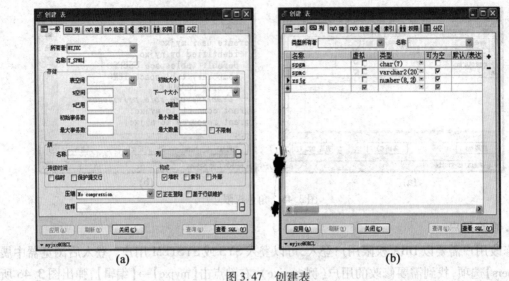

图 3.47 创建表

创建表窗口有七个选项：一般、列、键、检查、索引、权限及分区。根据具体需要选择其中的各项。最基本的要求是选择一般和列两项。在一般选项中输入表名，在列选项中输入表的基本结构：列名、类型。最后点击【应用】。

（2）修改表结构及数据处理。

浏览器中展开【Tables】选项，找到要修改的表，鼠标右键点击【T_SPML】，弹出图 3.47（b）所示窗口。对表的操作内容比较多，下面介绍常用的几种操作。

查看（Describe）：查看表结构。

编辑（Alter）：修改表结构。

重命名（Rename）：修改表名字。

删掉（Drop）：删除表结构。

查询数据（Select）：查询表的内容。

编辑数据（Insert、Delete、Update）：增、删、改记录。

导出数据（EXP）：导出表及记录。

表结构的修改结束后点击【应用】退出。

（3）删除表结构。

浏览器中展开【Tables】选项，找到要删除的表，鼠标右键点击【T_SPML】，弹出图 3.47（b）所示窗口，点击【是】即可删除表。

**2. 表数据查、删、改处理**

首先登入 jxc 用户，利用 SQL 导出方式导出部门目录（t_bmml），再用 SQL 导入方式导入到 myjxc 用户中。

（1）查询数据。

浏览器中展开【Tables】选项，找到要操作的表（t_bmml），鼠标右键点击【T_BMML】→【查询数据】，弹出图 3.48 所示的 SQL 和表格窗口。

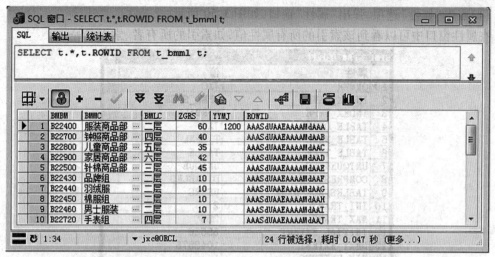

图 3.48 "SQL 窗口"对话框

SQL 窗口上部分的三个标签分别是：【SQL】为 SQL 语句编辑；【输出】为 DBMS_OUTPUT 输出；【统计表】为数据库资源利用统计。

下部分表格窗口的功能分别是：⊞为设置表格对齐方式；🔒为记录不允许增、删、改；▽为查询下一页；▼为查询全部记录；▦为录入查询条件；◉为单记录显示模式；⇆为连接查询；💾为导出记录；📊为图表显示模式。另外，为每个列名右边立体方框是排序按钮。

在查询数据状态下，除了对记录的增、删、改以外，可以进其他何操作。

（2）编辑数据。

从图 3.48 中看到，锁🔓是开着的，这时可以通过 +、-、⌫、✓来对记录进行增、删、清空、提交等操作。修改记录直接在行列字段上进行。其中，✓为确认进行的增、删、改操作；💾为提交（Commit）；↩为回滚（Rollback）。

### 3.3.3 浏览器——索引 DDL

通过浏览器可以创建、查询、修改和删除用户权限内的所有索引。先登入 jxc 用户，在浏览器中展开"Indexes"选项找到要操作的索引（SPML_SPBM），点击鼠标右键弹出如图 3.49 所示对话框。

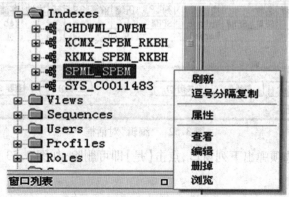

图 3.49 浏览器中展开 Indexes

(1)点击"属性"选项,弹出"属性"窗口,如图3.50所示。

在属性窗口中可以看到该索引的所有属性值,如索引的所有者、索引名等。

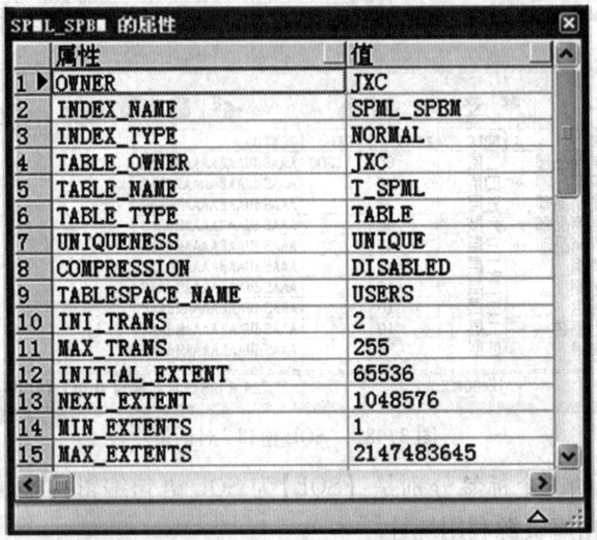

图3.50 "属性"对话框

(2)点击【查看】弹出如图3.51所示窗口,可以查看创建索引语句的相关信息。

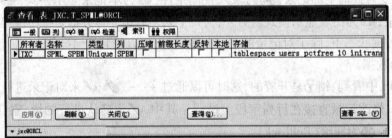

图3.51 "查看"对话框

(3)点击【编辑】弹出与【查看】相同的窗口,不过在这个窗口中多了编辑行,可以修改和创建索引,如图3.52所示。

图3.52 "编辑"对话框

(4)点击【删掉】选项弹出下列窗口,点击【是】即可删除,如图3.53所示。

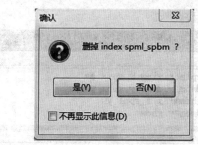

图 3.53 "删掉"对话框

### 3.3.4 浏览器——视图 DDL、DQL

视图类似于表的操作,主要区别在于创建部分。视图是通过基表来创建的。登入到 jxc 用户,在浏览器中找到视图选项【Views】点击右键,再点击【新建】进入创建视图窗口,如图 3.54 所示。

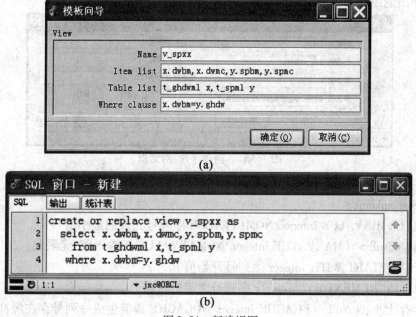

(a)

(b)

图 3.54 新建视图

**1. 创建视图**

在创建视图模板向导对话框中,各文本框中分别填写,Name 为 v_spxx;Item list 为 x.dwbm,x.dwmc,y.spbm,y.spmc;Table list 为 t_ghdwml x,t_spml y;Where clause 为 x.dwbm = y.ghdw。然后点击【确定】,确认无误后点击运行图标 ,视图被创建。

**2. 视图查、删、改处理**

展开浏览器【Views】选项,查找要处理的视图【V_SPXX】,点击鼠标右键,在菜单中的【重命名】、【删掉】、【查询数据】及【编辑数据】与表的操作一样,只有【查看】和【编辑】与表完全不同。

(1) 编辑。

在菜单中点击【编辑】后进入编辑视图窗口,如图 3.55 所示。在视图编辑窗口修改结束后,点击运行按钮❀才能编译存盘。

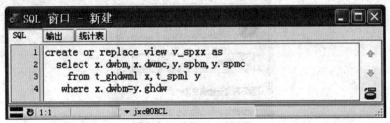

图 3.55 编辑视图

(2) 查看。

在菜单中点击【查看】,弹出与编辑一样的窗口,但是不能编辑修改,只能查看。

### 3.3.5 浏览器——序列 DDL

通过浏览器创建序列生成器相对直接写脚本简单一些。在浏览器中点击选项【Sequences】,弹出创建序列生成器的窗口,如图 3.56 所示。

图 3.56 "创建序列"对话框

创建序列对话框中的选项分别输入:

名称:Seq_spkcmx。

最小值:1(MINVALUE integer/NOMINVALUE 序列号允许的最小值)。

最大值:< Null >(MAXVALUE integer/NOMAXVALUE 不输入值,无限制)。

开始于:1(START WITH integer 序列号开始值)。

增量:1(INCREMENT BY? integer 序列号之间的间隔)。

高速缓存大小:< Null >(CACHE integer/NOCACHE 提前生成序列号存在缓冲区中)。

循环:< Null >(CYCLE/NOCYCLE 序列号到达最大值后是否回到最小值重新开始)。

排序:< Null >(ORDER/NOORDER 序列号是否连续生成)。

对于序列生成器的【查看】、【编辑】、【重命名】、【删掉】与视图操作类同。

### 3.3.6 浏览器——同义词 DDL

同义词创建与修改操作类似于视图的操作。登入到 jxc 用户,在浏览器中找到视图选项【Synonyms】,点击右键,再点击【新建】进入创建视图窗口,如图 3.57 所示。

图 3.57  创建同义词

**1. 创建、修改同义词**

在图 3.56 中输入，[公共]选择是创建公有同义词，否则创建私有同义词；名称：s_bmml（同义词名称）；所有者：jxc（基表的所有者）；对象名称：t_bmml（基表名称）；数据库连接：<Null>（对于同服务器没有必要）。然后点击【应用】，弹出错误信息窗口，如图 3.58 所示。

图 3.58  错误信息窗口

出现图 3.57 的原因是权限不足。现在我们来授予创建同义词的权限。登入 SYS 用户，展开浏览器【Users】的内容，找到 jxc 用户，点击鼠标右键，选择【编辑】项，弹出编辑用户的窗口，如图 3.59 所示。

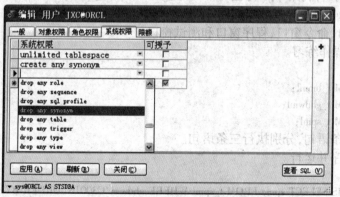

图 3.59  "编辑用户"对话框

在系统权限选项栏中增加了两行记录：

①create any synonym；

②drop any synonym。

点击【关闭】回到 jxc 用户，重新创建同义词，打开创建同义词窗口后，输入所需的各选择项，再点击【应用】出现创建同义词结束的窗口，点击【关闭】按钮回到浏览器窗口。

修改同义词与创建操作一样，只是进入修改窗口的方法不同。

【Synonyms】选项找到同义词【S_BMML】,点击鼠标右键,在弹出的菜单中选择【编辑】,就可以进入编辑窗口。

**2. 重命名、删除同义词**

浏览器中的同义词也可以查看、重命名、删除等,方法与视图操作一致。需要注意的是,同义词不能在浏览器中查看其内容,也没有查询数据的功能,只能靠书写 SELECT 语句来查询。

## 3.4 上机实训

**1. 实训目的和要求**

PL/SQL Developer 是 Oracle 数据库 PL/SQL 程序开发用得最多的工具。本章是 Oracle 数据库上机实训的基础课,必须熟练掌握 PL/SQL Developer 的基本操作方法,为以后课程的上机实训打下坚固的基础。

(1) 了解和掌握 PL/SQL Developer 的基本功能。
(2) 掌握表的导出导入操作方法。
(3) 掌握创建用户、表、视图、索引、同义词等对象的操作方法。
(4) 熟练掌握 SQL 窗口、命令窗口、程序窗口、测试窗口的应用和操作方法。

**2. 实训内容任务**

(1) PL/SQL Developer 连接设置与登入练习。
① 无用户登入 PL/SQL Developer,并设置数据库连接。
② 以 SYS 用户登入 PL/SQL Developer。
③ 在不退出 SYS 用户的状态,再登入 jxc 用户。
(2) 表导出导入操作练习。
A. 登入 SYSTEM 用户,创建 myjxc 用户。
B. 登入 jxc 用户,利用 SQL 导出 t_bmml、t_ghdwml 及 t_spml,导出文件名为 d:\jxc。
C. 登入 myjxc 用户,导入导出文件 d:\jxc。
(3) SQL 窗口、命令窗口、程序窗口和测试窗口。
① SQL 窗口操作练习。
输入语句:
SELECT * FROM t_bmml;
SELECT * FROM t_ghdwml;
SELECT * FROM t_spml;
同时执行三条语句,分别执行三条语句。
输入下面程序并运行。
DECLARE
  CURSOR c1 IS SELECT spmc FROM t_spml WHERE ghdw = 'G30016' ORDER BY spbm;
  v c1%rowtype;
BEGIN
  OPEN c1;
  LOOP
    ETCH c1 INTO v;
    EXIT WHEN c1%notfound;
    fdbms_output.put_line(v.spmc);
  END LOOP;

END;

②命令窗口操作练习。

在命令窗口的【编辑器】中输入下列程序,如图 3.60 所示,练习单步运行操作。

图 3.60 "编辑器"对话框

③程序窗口操作练习。
DECLARE
  CURSOR c1 IS SELECT spmc FROM t_spml WHERE ghdw = 'G30016' ORDER BY spbm;
  v c1% rowtype;
BEGIN
  OPEN c1;
  LOOP
    FETCH c1 INTO v;
  EXIT WHEN c1% notfound;
  dbms_output. put_line( v. spmc);
END LOOP;
END;

④测试窗口操作练习。

输入列程序,练习测试窗口。
BEGIN
  IF :i > :j THEN :k: = :i;
  ELSE :k: = :j;
  END IF;
  dbms_output. put_line(:k);
END;

刷新变量、输入变量值 i 和 j、运行程序得到结果 k 值。

(4)浏览器窗口操作练习。

①表 ADD、DQL 及 DML 操作练习。

登入 myjxc 用户,练习建立、修改删除表 t_spml。

练习增删查改表 t_bmml。

②视图 ADD、DQL 操作练习。

创建视图 v_spxx,基表是 t_ghdwml、t_spml。

③索引 ADD 操作练习。

创建索引 i_spml_ghdw,基表是 t_spml,关键字是 ghdw。

④同义词 ADD 操作练习。

创建私有同义词 s_bmml。

# 第4章 Oracle数据库的SQL

SQL 语言对不同的关系数据库有一定的差异。本章将主要介绍 Oracle 数据库的 SQL 语言基础知识。SQL 的全称是结构化查询语言,是关系数据库国际标准语言,也是所有关系数据库均要支持的语言。因此,想要操作数据库,就一定要掌握 SQL。

本章通过大量的相关示例,介绍 SQL 语言的语法规范和相关知识,可以使读者全面了解 SQL 语言,能够掌握 Oracle 数据库中常用的 SQL 语句。

## 4.1 SQL 语言概述

SQL 语言是在 1974 年由美国 IBM 公司的 San Jose 研究所的科研人员 Boyce 和 Chamberlin 提出的,1975～1979 年,在关系数据库的管理系统原型 System R 上实现了这种语言。1986 年 10 月,美国国家标准局(American National Standards Institute,ANSI)的数据库委员会批准了 SQL 作为关系数据库语言的美国标准。同年,公布了 SQL 标准文本 SQL 86。1987 年国际标准化组织(International Standards Organization,ISO)将其采纳为国际标准。1989 年公布了 SQL_89,1992 年又公布了 SQL_92(也称为 SQL2)。1999 年颁布了反映最新数据库理论和技术的标准 SQL_99(也称为 SQL3)。

由于 SQL 语言具有功能丰富、简洁易学、使用方式灵活等突出优点,因此备受计算机工业界和计算机用户的欢迎。尤其 SQL 成为国际标准后,各数据库管理系统厂商纷纷推出各自的支持 SQL 的软件或与 SQL 接口的软件,使得关系数据库均采用了 SQL 作为共同的数据存取语言和标准接口,SQL 成为一个数据库是否是关系型数据库的衡量标准。但是,不同的数据库管理系统厂商开发的 SQL 并不完全相同,在遵循标准 SQL 语言规定的基本操作的基础上进行了扩展,增强了一些功能。而且不同的 SQL 类型有不同的名称,例如,Oracle 数据库产品中的 SQL 称为 PL/SQL,Microsoft SQL Server 产品中的 SQL 称为 Transact – SQL。

### 4.1.1 SQL 语言的分类

按照 SQL 语言的功能划分,SQL 语言可以分为数据定义语言、数据操纵语言、数据查询语言、事务控制语言和数据控制语言。下面逐一说明每种 SQL 语言的作用。

**1. 数据定义语言**

SQL 的数据定义功能通过数据定义语言(Data Definition language,DDL)来实现,它用来定义数据库的逻辑结构,包括定义基表、视图和索引等。基本的 DDL 包括三类,即定义、修改和删除,分别对应 CREATE、ALTER 和 DROP 三条语句。

**2. 数据操纵语言**

SQL 的数据操纵功能通过数据操纵语言(Data Manipulation Language,DML)来实现,它用于改变数据库中的数据,数据操纵包括插入、删除和修改三种操作,分别对应 INSERT、DELETE 和 UPDATE 三条语句。

**3. 数据查询语言**

SQL 的数据查询功能通过数据查询语言(Data Query Language,DQL)来实现,它用来对数据库中的各种对象进行查询。虽然仅有一种查询操作(SELECT 语句),但在 SQL 语言中,它是使用频率最高的语句。该语句可以由许多从句组成,使用不同的从句便可以进行查询、统计、分组、排序等操作,从而实现选择、投影和连接等运算功能,以获得用户所需的信息。

**4. 事务控制语言**

事务控制语言(Transaction Control Language,TCL)用于确保数据的一致性和完整性。Oracle 数据库中一个事务是同生共灭的,不存在一部分成功而另一部分失败的情况。事务控制语言主要有三条语句:SAVEPOINT、COMMIT 和 ROLLBACK,通过这三条事务控制语句决定一个事务的起点、事务成功与否。

**5. 数据控制语言**

数据控制语言(Data Control Language,DCL)是控制数据库的安全性语言,用来设置或者更改数据库用户或角色权限的语句。SQL 通过对数据库用户的授权和收回授权命令来实现相关数据的存取控制,以保证数据库的安全性。数据控制功能对应的语句有 GRANT、REVOKE 等,分别代表授予权限、收回权限等操作。

### 4.1.2 SQL 语言的特点及语句编写规则

**1. SQL 语言的主要特点**

SQL 作为关系数据库的标准语言,具有如下特点:

(1) 综合统一、功能强大。

SQL 语言集数据查询、数据操纵、数据定义和数据控制功能于一体,且具有统一的语言风格,使用 SQL 语句就可以独立完成数据管理的核心操作,包括定义关系模式,录入数据以建立数据库,数据的增、删、查、改、维护,数据库重构,数据库安全性控制等一系列操作。

(2) 连接查询、集合操作。

SQL 采用集合操作方式,对数据的处理是成组进行的,而不是逐条处理的。通过使用集合操作方式,可以加快数据的处理速度;具有强大的多个表或视图连接查询功能,使得多个表综合到一起,查询结果直观、友好。

(3) 非过程化、独立性强。

SQL 具有高度的非过程化特点,执行 SQL 语句时,用户只需要知道其逻辑含义,而不需要知道 SQL 语句的具体执行步骤。这使得在对数据库进行存取操作时,无需了解存取路径,大大减轻了用户的负担,并且有利于提高数据的独立性。

(4) 语言简洁、方便操作。

虽然 SQL 语言的功能极强,但其语言十分简洁,仅用 11 个动词就完成了核心功能。SQL

的命令动词及其功能见表4.1。

表4.1 SQL的命令动词及其功能

| SQL的功能 | 命令动词 | SQL的功能 | 命令动词 |
|---|---|---|---|
| 数据定义 | CREATE、ALTER、DROP | 事务控制 | COMMIT、ROLLBACK |
| 数据操纵 | INSERT、DELETE、UPDATE | 数据控制 | GRANT、REVOKE |
| 数据操纵 | SELECT | | |

(5) 交互式及嵌入式。

交互式SQL能够独立地用于联机交互,直接键入SQL命令就可以对数据库进行操作。而嵌入式SQL能够嵌入到高级语言(如C++、Pro*C.NET、Java)程序中,以实现对数据库的存取操作。无论哪种使用方式,SQL语言的语法结构基本一致。这种统一的语法结构特点为使用SQL提供了极大的灵活性和方便性。

**2. SQL语句的编写规则**

SQL语言的语法比较简单,类似于英文语法,具体说明如下:

(1) SQL语句一般由主句和从句组成,主句表示主要功能,从句表示条件和限定;

(2) 在关键字、变量名、字段名、表名等之间用一个以上的空格或逗号分隔;

(3) 语句不分大小写(查询的数据内容除外);

(4) 一条语句可写在一行或多行上;

(5) 每条语句以分号(;)结束。

### 4.1.3 SQL的基本数据类型及运算符

**1. SQL的基本数据类型**

数据类型是在向数据库中存储数据前必须设定好的,要使用数据库来存储数据,首先就要知道这个数据库都能存储什么类型的数据。下面介绍常用的数据类型,并把数据类型分为字符型、数字型、日期型和其他数据类型进行讲解。

(1) 字符型。

字符型在Oracle 11g中有varchar2、char和long三种,它们在数据库中是以ASCII码的格式存储的。表4.2说明了字符型数据的作用。

表4.2 字符型

| 数据类型 | 取值范围(字节) | 说明 |
|---|---|---|
| varchar2 | 0~32 767 | 可变长度的字符串 |
| char | 0~32 767 | 用于描述定长的字符型数据 |
| long | 0~2 GB | 用来存储变长的字符串 |

注:在Oracle 11g中long类型很少使用,最常使用的字符数据类型就是varchar2。

(2) 数字型。

数字型在Oracle 11g中有number和float类型两种,可以用它们来表示整数和小数。具体取值范围见表4.3。

表4.3 数字型

| 数据类型 | 取值范围 | 说明 |
| --- | --- | --- |
| number(p,s) | p最大精度是38位（十进制） | p代表的是精度，s代表的是保留的小数位数，可以用来存储定长的整数和小数 |
| integer | 存储整型数据（十进制） | 可以存储32位有符号整数 |
| float | 用来存储126位数据（二进制） | 存储的精度是按二进制计算的，精度范围为二进制的1～126，在转化为十进制时需要乘以0.301 03 |

（3）日期类型。

日期类型在Oracle 11g中常用的有date和timestamp两种类型，可以用它们来存放日期和时间。详细说明见表4.4。

表4.4 日期类型

| 数据类型 | 说明 |
| --- | --- |
| date | 用来存储日期和时间，从公元前4712年1月1日到公元9999年12月31日 |
| timestamp | 用来存储日期和时间，与date类型的区别就是在显示日期和时间时更精确，date类型的时间精确到秒，而timestamp的数据类型可以精确到秒小数后6位。此外，使用timestamp存放日期和时间还能显示当前是上午还是下午 |

（4）其他数据类型。

除了字符型、数字型、日期类型之外，在Oracle 11g中还有存放大数据的数据类型以及存放二进制文件的数据类型。表4.5是对这些数据类型的详细说明。

表4.5 其他数据类型

| 数据类型 | 取值范围(字节) | 说明 |
| --- | --- | --- |
| blob | 最多可以存放4 GB | 存储二进制数据 |
| clob | 最多可以存放4 GB | 存储字符串数据 |
| bfile | 大小与操作系统有关 | 存放数据库外操作系统文件的路径和文件名 |

**2. SQL 基本运算符**

常用运算符分为算术运算符、关系运算符、逻辑运算符和其他常用符号，见表4.6。

表4.6 基本运算符

| 种类 | 运算符 | 含义 | 种类 | 运算符 | 含义 |
| --- | --- | --- | --- | --- | --- |
| 算术运算符 | ** | 指数 | 逻辑运算符 | NOT | 相反逻辑 |
| | *、/ | 乘、除 | | AND | 与 |
| | +、-、\|\| | 加、减、连接 | | OR | 或 |

续表 4.6

| 种类 | 运算符 | 含 义 | 种类 | 运算符 | 含 义 |
| --- | --- | --- | --- | --- | --- |
| 关系运算符 | <> 或 != | 不等于 | 其他常用符号 | /* 与 */ | 块注释 |
| | >、< | 大于、小于 | | -- | 行注释 |
| | >=、<= | 大于等于、小于等于 | | := | 赋值 |
| | in | 匹配列表 | | '与' | 字符串界 |
| | like | 部分匹配 | | . | 项分隔 |
| | is Null | 空 | | ; | 语句结束 |
| | between 下限 and 上限 | | | ( ) | 分隔包含 |

## 4.2 数据库对象及 DDL 语言

SQL 的数据定义功能,是针对数据库三级模式结构所对应的各种数据对象进行的,在标准 SQL 语言中,这些数据对象主要包括表、视图、索引、触发器、游标、过程、包等。本节对数据库的主要对象进行说明。

### 4.2.1 表

表是数据库最基本和最重要的模式对象,数据库的所有数据都存储在表中,数据库的所有应用都是以表为基础展开的。

**1. 表的特点**

表具有以下特点:
(1) 一个表是由行(记录,Record)和列(字段,Column)组成。
(2) 表中行(记录)是无序的。
(3) 一个表对应一个关系。
(4) 一个或多个表对应一个存储文件。
(5) 一个表可带若干索引。

**2. 创建表**

在数据库中,对所有数据对象的创建均由 CREATE 语句来完成,建立数据库最重要的一项内容就是定义表。SQL 语言使用 CREATE TABLE 语句定义表,其语法格式为:

CREATE TABLE table_name
( column_name data_type [DEFAULT expression] [constraint]
[, column_name data_type [DEFAULT expression] [constraint]][,…]
[, table_constraint] [TABLESPACE tablespace_name]) | AS subquery ;

在上述语法中,各选项意义如下:table_name 为所要创建的表的名称;column_name 为列的名称,列名在一个表中必须具有唯一性;data_type 为列的数据类型;DEFAULT expression 为列的默认值;constraint 为列级添加的约束条件;table_constraint 为表级添加的约束条件;TABLESPACE tablespace_name 为指定创建的表所属表空间;AS subquery 为子查询。

在创建表的同时通常还可以定义与该表有关的完整性约束条件,有关完整性内容后面章节将详细介绍。

**【例 4.1】** 在 jxc 用户中创建一个客户表名为 t_khml,属性分别是:客户编码 khbm、客户名称 khmc、性别 khxb、出生日期 csrq、家庭地址 jtdz、联系电话 lxdh。其中主键为 khbm。

```
SQL > CREATE TABLE t_khml(khbm number(8) PRIMARY KEY,  khmc varchar2(8),
                          khxb char(2),                 csrq char(8),
                          jtdz varchar2(30),            lxdh varchar2(12));
SQL > DESC t_khml
```

| Name | Type | Nullable | Default | Comments |
|------|------|----------|---------|----------|
| KHBM | NUMBER(8) | | | |
| KHMC | VARCHAR2(8) | Y | | |
| KHXB | CHAR(2) | Y | | |
| CSRQ | CHAR(8) | Y | | |
| JTDZ | VARCHAR2(30) | Y | | |
| LXDH | VARCHAR2(12) | Y | | |

执行例语句后,就在 jxc 用户中建立了一个新的空表 t_khml,并将有关表的定义及相关字段及类型存放在数据字典中了。

**【例 4.2】** 根据 jxc 用户中已有的部门目录表(t_bmml),复制一个新表 tt_bmml。

```
SQL > CREATE TABLE tt_bmml AS SELECT * FROM t_bmml WHERE bmbm LIKE 'B21%';
Table created
SQL > SELECT * FROM tt_bmml;
```

| BMBM | BMMC | BMLC | ZGRS | YYMJ |
|------|------|------|------|------|
| B21100 | 总经办 | 六层 | 3 | |
| B21200 | 商管部 | 六层 | 5 | |
| B21300 | 人力部 | 六层 | 5 | |

**3. 删除表**

当不再需要某个数据对象时,可以将它删除,SQL 语言用来删除数据对象的语句是 DROP。删除表可以使用 DROP TABLE 语句。常用语法格式为:

DROP TABLE table_name [CASCADE CONSTRAINTS];

其中,table_name 为所要删除表的名称;CASCADE CONSTRAINTS 为当要删除的表与其他表有约束条件时,同时删除约束条件。

**【例 4.3】** 删除部门目录的复制表 tt_bmml。

```
SQL > DROP TABLE tt_bmml;
Table dropped
```

删除表定义后,表中的数据及在该表上建立的索引都将自动被删除掉,但在此表上的视图定义仍然保留在数据字典中。因此执行删除表操作时一定要谨慎。

**4. 修改表结构**

随着应用环境和应用需求的变化,有时需要修改已建立好的表,SQL 语言用 ALTER TABLE 语句修改表。常用语法格式为:

ALTER TABLE［user.］table_name［@ db_link］
　　［ADD｛＜新列名＞　＜数据类型＞［列级完整性约束］|CONSTRAINTS 表级完整性约束｝］
　　［MODIFY ＜列名＞　＜数据类型＞［列级完整性约束］］
　　［RENAME COLUMN ＜列名＞ TO ＜列名＞］
　　［DROP｛COLUMN ＜列名＞［列级完整性约束］|CONSTRAINTS 表级完整性约束｝；

其中，［user.］table_name［@ db_link］为用户名.表名.链路名；ADD 为选项，用于增加新列或新的表级完整性约束条件；MODIFY 为选项，用于修改原有的列定义，如修改列名、数据类型和完整性约束条件；RENAME 为选项，用于修改列名；DROP 为选项，用于删除指定的列名或表级完整性约束条件。

【例4.4】 在供货单位目录 t_ghdwml 表中增加列税务代码（swdm），数据类型为可变长字符20。
SQL＞ALTER TABLE t_ghdwml ADD swdm varchar2(20)；
Table altered

说明：无论基表中原来是否有数据，增加的列一律为空值。

【例4.5】 将供货单位目录表 t_ghdwml 的 swdm 字段改为字符25位。
SQL＞ALTER TABLE t_ghdwml MODIFY swdm char(25)；
Table altered

【例4.6】 把供货单位目录表 t_ghdwml 的 swdm 字段改为 sw。
SQL＞ALTER TABLE t_ghdwml RENAME COLUMN swdm TO sw；
Table altered

【例4.7】 删除供货单位目录表 t_ghdwml 的 sw 字段。
SQL＞ALTER TABLE t_ghdwml DROP COLUMN sw；
Table altered

### 4.2.2 视图

视图是原始数据库数据的一种变换，是查看表中数据的另外一种方式。视图是一种虚表，可将视图看成是一个移动的窗口，视图的定义存放在系统的数据字典中。视图同基表一样，它也由一组命名字段和记录行组成，但其中的数据在视图被引用时才动态生成。

**1. 视图的特点**
（1）视图定义的查询语句可以引用当前数据库或其他数据库中的一个或多个表和视图。
（2）视图是从一个或几个基表（或视图）中获得数据的。
（3）对视图数据的更新最终要转换为对基本表的更新。
（4）如果视图的数据来自单个基表中的主码和所有非空项，则可执行更新操作。
（5）不提倡更新视图，容易破坏数据完整性。

**2. 创建视图**
视图是从一个或几个基表（或视图）导出的表，它与基表不同，是一个虚表。数据库中只存放视图的定义，而不存放视图对应的数据，这些数据仍存放在原来的基表中。所以基表中的数据发生变化，从视图中查询出的数据也将发生变化。从这个意义上讲，视图就像一个窗口，透过它可以看到数据库中用户感兴趣的数据。

SQL 语言用 CREATE VIEW 命令建立视图,其一般格式为:

CREATE OR REPLACE VIEW ＜视图名＞[(＜列名＞[,＜列名]…)]
AS 子查询 [WITH CHECK OPTION];

其中,CREATE OR REPLACE 为新建或覆盖原有的视图;子查询可以是不包含 ORDER BY 从句和 DISTINCT 短语的任意复杂的 SELECT 语句;WITH CHECK OPTION 为表示对视图进行 UPDATE、INSERT 和 DELETE 操作时,要保证更新、插入或删除的行满足视图定义中的谓词条件(即子查询中的条件表达式)。

在输入组成视图的属性列名时,要么全部省略,要么全部指定,没有其他选择。当省略了视图的各个属性列名时,各个属性列名称隐含在该视图子查询中的 SELECT 语句目标列中,但在下列三种情况下必须明确指定组成视图的所有列名:

(1)目标列存在组函数或列表达式时,需要指定列名;
(2)多表连接时存在几个同名列作为视图的字段,需要指定不同的列名;
(3)某个列需要重命名。

【例 4.8】 建立产地(spcd)是天津的商品目录视图 v_spcd,其中隐含了视图的列名。

SQL > CREATE VIEW v_spcd AS SELECT spbm,spmc,spgg,jldw,xsjg FROM t_spml WHERE spcd = ′天津′;
View created

SQL > SELECT * FROM v_spcd;

| SPBM | SPMC | SPGG | JLDW | XSJG |
| --- | --- | --- | --- | --- |
| 3240886 | 白银植物护肤水 | 90g | 瓶 | 60.00 |
| 3240887 | 活性金护肤水 | 90g | 瓶 | 129.00 |
| 3240915 | 葡萄活肤眼霜 | 28g | 瓶 | 86.00 |
| 3240916 | 葡萄紧肤精华露 | 60g | 瓶 | 96.00 |
| 3240919 | 丝茸护肤水 | 90g | 瓶 | 37.00 |

执行 CREATE VIEW 语句的结果只是将视图的定义存入数据字典,而并不执行其中的 SELECT 语句。只有在对视图查询时,才会按照视图的定义从基表中将数据查出。

【例 4.9】 创建联合查询供货单位与商品目录的视图 v_spxx。

SQL > CREATE VIEW v_spxx AS SELECT x.dwbm,x.dwmc,y.spbm,y.spmc,y.xsjg
FROM t_ghdwml x,t_spml y WHERE x.dwbm = y.ghdw;
View created

查询视图 v_spxx,供货单位是′G30021′的记录。

SQL > SELECT * FROM v_spxx WHERE dwbm = ′G30021′;

| DWBM | DWMC | SPBM | SPMC | XSJG |
| --- | --- | --- | --- | --- |
| G30021 | 哈尔滨隆美人商贸有限公司 | 3541742 | 娅妃润发洗发露 | 19.80 |
| G30021 | 哈尔滨隆美人商贸有限公司 | 3541743 | 娅妃草本洗发露 | 19.80 |
| G30021 | 哈尔滨隆美人商贸有限公司 | 3541744 | 娅妃去屑洗发露 | 19.80 |
| G30021 | 哈尔滨隆美人商贸有限公司 | 3541745 | 娅妃焗油洗发露 | 19.80 |
| G30021 | 哈尔滨隆美人商贸有限公司 | 3541746 | 娅妃清爽洗发露 | 19.80 |

**3. 删除视图**

删除视图语句的语法格式为：

drop view <视图名>;

视图删除后，视图的定义将从数据字典中删除。但是要注意，该视图上的其他视图定义仍在数据字典中，不会被删除。这将导致用户在使用相关视图时会发生错误，所以删除视图时要注意视图之间的关系，需要使用 DROP VIEW 语句将这些视图全部删除。

【例 4.10】 将前文创建的视图 v_spxx 删除。

SQL > DROP VIEW v_spxx;

view dropped

执行此语句后，v_spxx 视图的定义将从数据字典中删除。

注意：在标准的 SQL 语言中，由于视图是基于表的虚表，因此视图不提供修改定义的操作。用户若想修改，则只能通过删除再创建的方法。

### 4.2.3 索引

索引是数据库存储的物理实体，存放于存储文件中。它提供的数据顺序不同于数据在磁盘上的物理存储顺序。索引的主要目的是加快数据的读取速度和完整性检查，应用系统的性能直接与索引相关。

**1. 索引的分类及功能**

（1）按功能分类。

唯一索引：关键字的值不能重复出现，但可以是空值。

一般索引：关键字的值没有限制，但可以是空值。

主关键字索引：主关键字不能重复，同时也不能是空值。

（2）按索引对象分类。

单列索引：关键字由表的单个字段组成。

多列索引：关键字由表的多个字段组成。

函数索引：关键字由表的字段函数组成。

建立索引后，将由系统对其进行维护，不需要用户干预。如果数据被频繁地增加、删除和修改，系统就会花许多时间来维护该索引。

**2. 创建索引**

在 SQL 语言中，建立索引使用 CREATE INDEX 语句，其一般格式为：

CREATE [UNIQUE] [CLUSTER] INDEX <索引名>

　　ON <表名>(<列名>[<次序>][,<列名>[<次序>]]…);

其中，UNIQUE 为选项表示此索引的每一个索引值不能重复，对应唯一的数据记录；CLUSTER 为选项表示要建立的索引是聚簇索引；<表名> 为所要创建索引的表的名称，索引可以建立在对应表的一列或多列上；<次序> 为索引值的排列顺序，ASC 表示升序，DESC 表示降序，默认值为 ASC。

提示：聚簇索引是表中记录的物理地址顺序按索引项重新排序存储的组织形式。

【例 4.11】 为 jxc 用户中商品目录表（t_spml）商品产地（spcd）创建一般索引 i_spml_

spcd。
SQL > CREATE INDEX i_spml_spcd ON t_spml(spcd);
Index created

【例4.12】 为 jxc 用户中商品入库明细表(t_sprkmx)商品编码(spbm)、入库编号(rkbh)创建唯一索引 i_rkmx_spbm_rkbh。
SQL > CREATE UNIQUE INDEX i_rkmx_spbm_rkbh ON t_sprkmx(spbm,rkbh);
Index created
若出现"Ora01408：此列表已索引"错误信息,则先删除原有的(spbm,rkbh)索引。

**3. 删除索引**

在 SQL 语言中,删除索引使用 DROP INDEX 语句,常用的语法格式为：
DROP INDEX <索引名>;
【例4.13】 删除 jxc 用户中表商品目录 t_spml 的索引 i_spml_spcd。
DROP INDEX i_spml_spcd;
删除索引后,系统也会从数据字典中将有关该索引的描述进行清除。
注意：在标准的 SQL 语言中,索引是依附在基表上的,因此索引不提供修改定义的操作。用户若想修改,则只能通过删除再创建的方法。

### 4.2.4 同义词

同义词是 Oracle 数据库中模式对象的一个别名,通过别名映射到实际数据库用户的具体对象。同义词与视图一样,并不占用实际存储空间,只是在数据字典中保存了同义词的定义。与视图不同的是,同义词不但可以应用在表的命名中,同样也可以应用在视图、序列、存储过程和函数以及包中,因此它的应用范围更广泛。

**1. 同义词的特点**

同义词有如下特点：
(1)同义词省略了方案前缀和数据库链路后缀,从而简化了操作。
(2)同义词隐含了前缀和后面的数据库连接,提高了对象访问的安全性。
(3)同义词可以是基表、视图、序列、过程、存储函数、存储包和其他同义词的别名。

**2. 同义词的分类**

同义词分为公有同义词和私有同义词两种。
(1)公有同义词。
公有同义词由一个特殊的用户组 Public 所拥有。数据库中所有的用户都可以访问公有同义词。在实际应用中频繁地需要共享的对象,为其创建一个同义词,简化对象的访问,提高对象的安全性。
(2)私有同义词。
它是一个专用型同义词,由创建它的用户所拥有,其他用户是不能随便访问的。在实际应用中需要经常访问特定数据库用户的某个表,为其创建一个同义词,简化对象的访问,提高对象的安全性。

**3. 同义词创建**

创建同义词的语法格式为：

CREATE [PUBLIC] SYNONYM 同义词名 FOR [用户名.]表名[@database_link];

其中,PUBLIC 代表公有同义词,所有数据库用户都可以引用。若省略此关键字不写,则默认是私有同义词,它只能为某一用户使用。

【例4.14】 为商品目录表 t_spml 创建同义词 s_spml。登入 DBA 权限的用户创建公有同义词。

SQL > CREATE PUBLIC SYNONYM s_spml FOR jxc.t_spml;

Synonym created

再登入 jxc 用户,为表 t_spml 授予 SELECT 公有权限。

SQL > GRANT SELECT ON t_spml TO PUBLIC;

Grant succeeded

经过例 4.14 的处理,数据库中的任何一个用户都可以通过 s_spml 访问 t_spml 表。但由于只授予了 SELECT 权限,因此,jxc 及 DBA 权限用户以外的所有用户对 t_spml 表只能查询,不能进行其他任何操作。

【例4.15】 登入 scott 用户,为供货单位目录表 t_ghdwml 创建私有同义词 s_ghdwml。

首先登入 jxc 用户,为 scott 用户授予对 T_ghdwml 的 SELECT 权限。

SQL > GRANT SELECT ON t_ghdwml TO scott;

Grant succeeded

再登入 scott 用户,创建自己的私有同义词。

SQL > CREATE SYNONYM s_ghdwml FOR jxc.t_ghdwml;

Synonym created

**4. 使用同义词**

创建完同义词之后,可以在其他地方引用它,以此来代替表的应用。

【例4.16】 登入 scott 用户查询同义词 s_bmml。

SQL > SELECT * FROM s_bmml WHERE bmbm LIKE 'B2233%';

| BMBM | BMMC | BMLC | ZGRS | YYMJ |
| --- | --- | --- | --- | --- |
| B22330 | 洗化商品部 | 一层 | 50 | 1000 |
| B22331 | 洗化部洗发组 | 一层 | 8 | 160 |
| B22332 | 洗化部护肤组 | 一层 | 7 | 120 |
| B22333 | 洗化部儿童组 | 一层 | 5 | 100 |
| B22334 | 洗化部香水组 | 一层 | 5 | 100 |
| B22335 | 洗化部专柜组 | 一层 | 10 | 200 |

同义词创建不支持 ALTER 和 REPLACE 语句,因此修改同义词必须将其删除重新创建。

**5. 删除同义词**

若一个对象(如表)被删除,则同时也要将相应的同义词删除,因为此时再引用同义词将产生错误,另外也为了清理数据字典。删除同义词的语法格式如下:

DROP [PUBLIC] SYNONYM 同义词名;

其中 PUBLIC 在删除公有同义词的情况下使用。

【例4.17】 删除 scott 用户的私有同义词 s_ghdwml。

SQL > DROP SYNONYM s_ghdwml;

Synonym dropped

在分布式数据库系统中,同义词意义更大。因为在分布式环境中,既可以使用本地的数据库对象,也可以引用其他服务器的数据库对象,而且不同服务器的对象可能同名。这样在引用对象时,必须指明服务器所在的位置。但若引用了同义词,则可以将位置隐藏起来,使所有对象透明使用,这样便可以适应各种变化而简化应用。

### 4.2.5 序列生成器

序列是个可以为表中的行自动生成序列号的数据库对象,利用它可生成唯一的整数,产生一组等间隔的数值(类型为数字),主要用于生成唯一、连续的序号。一个序列的值是由特殊的 Oracle 程序自动生成,因此序列可以避免在应用层实现序列而引起的性能瓶颈。

序列的主要用途是生成表的主键值,可以在插入语句中引用,也可以通过查询检查当前值,或使序列增至下一个值,因此可以使用序列实现记录的唯一性。

**1. 序列生成器创建、修改及删除语法**

(1)创建序列生成器的语法格式。

```
CREATE SEQUENCE sequence_name
    [INCREMENT BY n]
    [START WITH n]
    [MAXVALUE n | NOMAXVALUE]
    [MINVALUE n | NOMINVALUE]
    [CYCLE | NOCYCLE]
    [CACHE n | NOCACHE]
    [ORDER | NOORDER];
```

其中:

INCREMENT BY:定义序列的步长,若省略,则默认值为 1。

START WITH:定义序列的初始值,默认值为 1。

MAXVALUE n:定义序列生成器能产生的最大值,n 的最大值是 9.<27 个 9>:1027。

NOMAXVALUE:为默认值,等于最大值。

MINVALUE n:定义序列生成器能产生的最小值,n 的最小值是 -9.<26 个 9>:1026。

NOMINVALUE:为默认选项,等于 1。

CYCLE/NOCYCLE:当序列生成器的值达到限制值后,CYCLE 循环,NOCYCLE 不循环。

CACHE n:定义存放序列号的内存块大小,默认值为 20。

NOCACHE:表示不设内存缓冲。对序列进行内存缓冲,可以改善序列的性能。

ORDER:确保按照请求次序递增生成序列数字,建议在 RAC 环境中使用该选项。

NOORDER:为默认值,不保证按请求次序生成。

(2)修改序列生成器的语法格式。

```
ALTER SEQUENCE sequence_name
    [INCREMENT BY n]
    [MAXVALUE n | NOMAXVALUE]
    [MINVALUE n | NOMINVALUE]
```

```
        [CYCLE | NOCYCLE]
        [CACHE n | NOCACHE]
        [ORDER | NOORDER];
```

序列的某些部分可以在使用中进行修改,但不能修改 START WITH 选项。对序列的修改只影响随后产生的序号,已经产生的序号不变。

(3)删除序列的语法格式。

```
DROP SEQUENCE sequence_name;
```

**2. 序列数生成器应用**

下面将对序列的创建、修改、删除、使用和查看操作进行详细介绍。

(1)创建、修改及删除序列生成器。

**【例 4.18】** 创建一个无选项序列生成器 Seq_ID,并查看生成的结果。

```
SQL > CREATE SEQUENCE Seq_ID;
Sequence created
SQL > SELECT * FROM user_sequences;
```

| SEQ_NAME | MIN_VAL | MAX_VAL | INCR_BY | CYCLE_FLAG | ORDER_FLAG | CACHE_SIZE | LAST_NUM |
|---|---|---|---|---|---|---|---|
| SEQ_ID | 1 | 1E28 | 1 | N | N | 20 | 1 |

**【例 4.19】** 修改序列生成器 Seq_ID 的增量为 10,高速缓冲为 5。

```
SQL > ALTER SEQUENCE Seq_ID INCREMENT BY 10 cache 5;
Sequence created
SQL > SELECT * FROM user_sequences;
```

| SEQ_NAME | MIN_VAL | MAX_VAL | INCR_BY | CYCLE_FLAG | ORDER_FLAG | CACHE_SIZE | LAST_NUM |
|---|---|---|---|---|---|---|---|
| SEQ_ID | 1 | 1E28 | 10 | N | N | 5 | 1 |

**【例 4.20】** 删除序列生成器 Seq_ID。

```
SQL > DROP SEQUENCE Seq_ID;
Sequence dropped
```

(2)序列应用。

创建序列之后,可以使用 CURRVAL 和 NEXTVAL 来引用序列的值。序列生成器读取方法:

Sequence_name.CURRVAL:读取当前序列号,序列号不增加。

Sequence_name.NEXTVAL:序列号增加一个增量,返回增加后的序列号。

序列生成器产生的序列号可以应用在以下地方:

① 不包含子查询的 SELECT 语句。
② INSERT 语句的 VALUES 和子查询中。
③ UPDATE 的 SET 表达式和子查询中。

注意:每次登入后必须要用 NEXTVAL 进行初始化才能使用 CURRVAL 读取序列号。

**【例 4.21】** 登入 scott 用户创建序列生成器 Seq_dept,开始值为 40,其他值缺省。当增加表 dept 记录时,把序列号作为 deptno 的值。

```
SQL > CREATE SEQUENCE Seq_dept INCREMENT BY 10 START WITH 40;
```

Sequence created
SQL > INSERT INTO dept VALUES(Seq_dept.NEXTVAL,'COMPUTER','HRB','');

若出现 ORA-00001：违反唯一约束条件（scott.pk_dept）错误，表 dept 中 deptno 字段已经有一个 40 值，而刚才创建的序列是从 40 开始的，因此，提示违反唯一性错误。我们让序列增加 10 变为 50，然后再执行插入语句。

```
SQL > SELECT Seq_dept.NEXTVAL FROM DUAL;
NEXTVAL
----------
     50                                  ----开始值 40+增量 10=50
SQL > INSERT INTO dept VALUES(Seq_dept.NEXTVAL,'COMPUTER','HRB','');
1 row inserted                           ----插入的序列号是 50
SQL > SELECT * FROM dept;
DEPTNO  DNAME           LOC            SAL
------  --------------  -------------  -----
    50  COMPUTER        HRB                   --刚刚插入的记录
    10  ACCOUNTING      NEW YORK
    20  RESEARCH        DALLAS
    30  SALES           CHICAGO
    40  OPERATIONS      BOSTON
```

（3）查看序列。

通过数据字典 user_sequences 可以查看序列生成器的属性，而数据字典 user_objects 可以查看用户拥有的所有对象的创建信息，包括序列生成器。

**【例 4.22】** 查看用户序列生成器数据字典视图 user_sequences。

```
SQL > SELECT * FROM user_sequences;
SEQ_NAME  MIN_VAL  MAX_VAL  INCR_BY  CYCLE_FLAG  ORDER_FLAG  CACHE_SIZE  LAST_NUM
--------  -------  -------  -------  ----------  ----------  ----------  --------
SEQ_ID          1    1E28       10           N           N           50         1
```

### 4.2.6 数据完整性约束条件

数据完整性是关系型数据库模型的基本原则，包含实体完整性、参考完整性及用户自定义完整性三种。其中，实体完整性和参考完整性是关系数据模型必须满足的约束条件，称为关系的两个不变性。

Oracle 数据库的三个完整性是通过五个约束条件来实现的。这些约束条件被设置在表结构上，并存入系统的数据字典中。当执行了数据操纵 DML(Insert、Update、Delete)语句和执行事务控制 TCL(Commit)语句时，由 DBMS 自动检查是否符合完整性约束条件。

**1. 约束条件及级别**

三个完整性的五个约束条件分别是：
Primary Key：设定为主键，值不允许重复和空。
Check：检验取值的正确性。
Not Null：不允许取空值。
Unique：值不允许重复。

Foreign Key:设定为外键,建立表的主从关系,外键的值必须存在主表的主键中。

约束条件可分为列级约束和表级约束。如果完整性约束条件仅涉及一个属性列,则约束条件可以定义在列级上;如果约束条件涉及该表的多个属性列,则必须定义在表级上。

约束条件的语法格式为:

列级格式:CREATE TABLE 表名 (列名1 类型 约束条件,列名2 类型 约束条件,…);

表级格式:CREATE TABLE 表名 (列名1 类型,列名2 类型,…,约束条件);

**2. 约束条件的应用**

下面以学生选课系统为例,分别介绍五个约束条件的应用。

其中,学生表 t_stu(学号 s_id,姓名 s_name,性别 s_xb,身份证号 s_sfz);

课程表 t_course(课程编号 c_id,课程名称 c_name,学时 c_xs,学分 c_xf);

成绩表 t_grade(学号 s_id,课程编码 c_id,平时成绩 g_ps、考试成绩 g_ks)。

(1) 主键(Primary Key)。

功能:①能够唯一表示每一行,相当于 Unique;

②不能是空值,相当于 Not Null。

规则:①每个表只能有一个主键;

②主键可以是一列或多列组合。

主键自动创建唯一索引。

主键约束条件的格式:[CONSTRAINT 主键名] PRIMARY KEY (列名[,列名]…)

【例 4.23】 创建学生表,并把学号设为主键。

```
CREATE TABLE t_stu(                                   --学生表
    s_id number(8)PRIMARY KEY,                        --列级主键
    s_name varchar2(8),                               --姓名
    s_xb char(1),                                     --性别
    s_sfz char(18));                                  --身份证号
```

【例 4.24】 创建成绩表 t_grade,并把学号 s_id + 课程编号 c_id 设为复合主键。

```
CREATE TABLE t_grade(                                 --学生成绩表
    s_id number(8),                                   --学生编号
    c_id number(4),                                   --课程编码
    g_ps varchar2(6),                                 --平时成绩
    g_ks varchar2(6),                                 --考试成绩
    CONSTRAINT grade_pk PRIMARY KEY (s_id,c_in));     --复合主键
```

(2) 检查约束(Check)。

功能:设置列取值范围并检查正确性,可以有多个取值限定。

【例 4.25】 创建学生表,学号为主键,性别取值范围"M"和"W"。

```
DROP TABLE t_stu;
CREATE TABLE t_stu(
    s_id number(8)Primary Key,
    s_name varchar2(8),
    s_xb char(1)Check (s_xb in ('M','W')),
```

```
    s_sfz char(18));
```

(3) 非空约束(Not Null)。

功能：设置列值不允许是空值，可以是空格或 0。

**【例 4.26】** 创建学生表，学号为主键，性别取值范围"M"和"W"，身份证号非空。

```
DROP TABLE t_stu;
CREATE TABLE t_stu(
    s_id number(8) PRIMARY KEY,
    s_name varchar2(8),
    s_xb char(1) CHECK (s_xb IN ('M','W')),
    s_sfz char(18) NOT NULL);
```

(4) 唯一约束(UNIQUE)。

功能：表中所有的行被限定唯一的列(列组)不能重复。

**【例 4.27】** 创建学生表，学号为主键，性别取值范围"M"和"W"，身份证号非空且唯一。

```
DROP TABLE t_stu;
CREATE TABLE t_stu(
    s_id number(8) PRIMARY KEY,
    s_name varchar2(8),
    s_xb char(1) CHECK (s_xb in ('M','W')),
    s_sfz char(18) NOT NULL UNIQUE);
```

(5) 外键约束(Foreign Key)。

功能：限定主从表之间的数据关系。

规则：①从表的外键是主表的主键或唯一列；
　　　②外键可以由一列或多列组成。

**【例 4.28】** 课程表 t_course(主表)和成绩表 t_grade(从表)建立数据关系。

```
CREATE TABLE t_course(                              --课程表
    c_id number(4) PRIMARY KEY,                     --课程编号
    c_name varchar2(20),                            --课程名称
    c_xs number(3),                                 --学时
    c_xf number(1));                                --学分
CREATE TABLE t_grade(                               --学生成绩表
    s_id number(8) REFERENCES t_stu,                --与学生表关联
    c_id number(4) REFERENCES t_course,             --与课程表关联
    g_ps varchar2(6),                               --平时成绩
    g_ks varchar2(6),                               --考试成绩
    CONSTRAINT grade_pk PRIMARY KEY (s_id,c_id));   --复合主键
```

## 4.3 数据查询

在 SQL 语句中，数据查询语句 SELECT 是使用频率最高、用途最广的语句。它由许多从句组成，通过这些从句可以完成选择、投影和连接等各种运算功能，得到用户所需的最终数据结果。其中，选择运算是使用 SELECT 语句的 WHERE 从句来完成的，投影运算是通过在 SELECT 关键字中指定列名来完成的。

SELECT 语句完整格式非常复杂，在这里列出了常用语法描述：

SELECT〔ALL|DISTINCT〕 *|{column|expr}〔〔AS〕alias〕
                〔,*|{column|expr}〔〔AS〕alias〕…
FROM {〔schema.〕table_name|view_name|(subquery)}〔alias〕
〔,{〔schema.〕table_name|view_name|(subquery)}〔alias〕〕…
〔WHERE condition〕
〔GROUP BY expr〕
〔HAVING condition〕
〔UNION|UNION ALL|INTERSECT|MINUS〕
〔ORDER BY expr〕；

其中，expr 为含有列名、变量、常量等运算表达式；alias 为别名；schema. 为方案与用户名相同，当查询其他用户的表或视图时必须加上该用户名；subquery 为子查询；condition 为条件表达式。

### 4.3.1 简单查询

仅含有 SELECT 关键字和 FROM 关键字的查询是简单查询，关键字 SELECT 和 FROM 是 SELECT 语句的必选项。其中，SELECT 用于标识用户想要显示哪些列，通过指定列名、表达式或是用"*"号代表对应表的所有列，FROM 则告诉数据库管理系统从哪里寻找这些要查询的内容，通过指定表名或视图名来描述。

下面通过具体例子分别介绍几种简单查询。

**1. 无条件查询**

（1）无指定列查询。

【例 4.29】 查询供货单位目录表 t_ghdwml 中所有的列和行。

SQL > SELECT * FROM t_ghdwml;

| DWBM | DWMC | DWJC | LXR | LXDH |
| --- | --- | --- | --- | --- |
| G30008 | 哈赛时商贸有限公司 | 赛时商贸 | 钟秋雁 | 13313615901 |
| G30011 | 哈市诗嘉经贸有限公司 | 诗嘉经贸 | 邵春 | 88306116 |
| G30015 | 哈市昱鑫化妆品公司 | 昱鑫化妆品 | 周忠雪 | 13766801080 |
| G30016 | 哈尔滨乾宝商贸有限公司 | 乾宝商贸 | 马春来 | 13313665778 |
| … | … | … | … | … |

其中，SELECT 语句中的"*"表示表中所有的列，FROM 后面的 t_ghdwml 是表名。

(2) 有指定列查询。

用户可以指定查询表中的某些列而不是全部,也就是投影操作。这些列名的顺序可按需要重新排定,列名之间用逗号隔开。

【例 4.30】 查询供货单位目录表中单位编码 dwbm 和单位名称 dwmc 所有的行。

SQL > SELECT dwbm,dwmc FROM t_ghdwml;

| DWBM | DWMC |
|---|---|
| G30008 | 哈赛时商贸有限公司 |
| G30011 | 哈市诗嘉经贸有限公司 |
| G30015 | 哈市昱鑫化妆品公司 |
| …… | |

**2. 条件查询**

条件查询是通过 WHERE 从句从 FROM 指定的数据源中筛选出满足条件的记录。常用条件表达式包括:=、>、<、!=或<>、IN、NOT IN、LIKE、BETWEEN AND 等。

【例 4.31】 (=、>、<、!=)查询商品目录 t_spml 中销售价格≥100.00 的所有记录。

SQL > SELECT * FROM t_spml WHERE xsjg > =100;

| SPBM | SPMC | SPGG | SPCD | JLDW | GHDW | XSJG | XXSL | ZFRQ |
|---|---|---|---|---|---|---|---|---|
| 3440449 | 兰西绿毒香水 | 50 ml | 北京 | 瓶 | G30008 | 116.00 | 17 | |
| 3240887 | 活性金护肤水 | 90 g | 天津 | 瓶 | G30011 | 129.00 | 17 | |

【例 4.32】 (LIKE)查询供货单位目录 t_ghdwml 中,单位名称带有"哈尔滨"的所有记录。

SQL > SELECT * FROM t_ghdwml WHERE dwmc like '%哈尔滨%';

| DWBM | DWMC | DWJC | LXR | LXDH |
|---|---|---|---|---|
| G30016 | 哈尔滨乾宝商贸有限公司 | 乾宝商贸 | 马春来 | 13313665778 |
| G30018 | 哈尔滨市龙姿商贸有限公司 | 龙姿商贸 | 邵爽 | 13704803234 |
| G30021 | 哈尔滨隆美人商贸有限公司 | 隆美人商贸 | 徐亚峰 | 89151196 |

关系运算符 LIKE 配合通配符"%"或"_"使用,能够完成模糊查询。其中,"%"代表任意一个任意字符;"_"代表一个任意字符。

【例 4.33】 (IN)查询职工目录 t_zgml 中,职工编码是"10007"和"10033"的姓名、性别、关系电话及家庭地址。

SQL > SELECT zgmc,zgxb,lxdh,jtdz FROM t_zgml WHERE zgbm IN ('10007','10033');

| ZGMC | ZGXB | LXDH | JTDZ |
|---|---|---|---|
| 杨娜丽 | W | 13796520126 | 道里区安升街 21 号 4 - 302 |
| 赵睿春 | W | 13714844696 | 南岗区自兴街盛世桃园小区 3 号 1 单元 301 |

【例 4.34】 (BETWEEN…AND)查询商品目录 t_spml 中,销售价格在 60 到 80 的商品编码、商品名称、商品规格、产地及销售价格。

SQL > SELECT spbm,spmc,spgg,spcd,xsjg FROM t_spml where xsjg BETWEEN 60 AND 80;

| SPBM | SPMC | SPGG | SPCD | XSJG |
|---|---|---|---|---|
| 3440433 | 兰西毒液香水 | 28ml | 北京 | 78.00 |
| 3440434 | 兰西诗琪香水 | 28ml | 北京 | 78.00 |
| 3440435 | 兰西夜香水 | 30ml | 北京 | 68.00 |
| 3240886 | 白银植物护肤水 | 90g | 天津 | 60.00 |

在条件查询中,利用逻辑运算符与(AND)和或(OR)组成复合条件查询。

【例4.35】 (NULL、AND及OR)查询商品库存明细 t_spkcmx 中,供货单位是"G30016"、销售数量是空值的商品编码、入库日期、进货价格及库存数量。

```
SQL > SELECT spbm,rkrq,jhjg,yysl FROM t_spkcmx WHERE ghdw = 'G30016' AND xssl IS NULL;
SPBM      RKRQ       JHJG        YYSL

3141111   20110801   11.3675     50.000
3140986   20110801   13.4188     50.000
```

3. 查询结果排序

【例4.36】 (ORDER BY)查询商品库存明细 t_spkcmx 中,入库日期是2011年9月的商品编码、入库日期、进货价格、库存数量及销售数量,并按销售数量由大到小排序输出。

```
SQL > SELECT spbm,rkrq,jhjg,yysl,xssl
FROM t_spkcmx WHERE rkrq LIKE '201109%' ORDER BY xssl DESC;
SPBM      RKRQ       JHJG        YYSL      XSSL

3142589   20110921   21.1111     46.000    4.000
3530543   20110922   6.8376      48.000    2.000
3530541   20110920   7.0940      49.000    1.000
```

例4.36中,DESC代表降序,记录行由大到小排序输出,省略DESC或改为ASC,则代表升序,记录行按由小到大排序输出。

### 4.3.2 Oracle 常用函数

在SQL乃至SQL编程中,经常会使用到DBMS提供的函数来完成用户需要的功能。针对不同的DBMS系统,提供的函数都不尽相同,本小节将对Oracle中的一些常用函数进行介绍。

**1. 数字类函数**

数字类函数执行数学和算术运算。所有函数都有数字参数并返回数字值。数字类函数说明见表4.7。

表4.7 数字类函数说明

| 函 数 名 | 说　明 |
| --- | --- |
| ABS(n) | 用于返回n的绝对值 |
| CEIL(n) | 用于返回大于或等于n的最小整数 |
| FLOOR(n) | 用于返回小于等于n的最大整数 |
| MOD(n,m) | 用于返回以n除以m的余数 |
| ROUND(n,m) | 返回n舍入后的值,保留小数点后m位;m的默认值为0,返回整数;如果m为负数,就舍入到小数点左边m位。m必须是整数 |
| SIGN(n) | 若n为负数,则返回-1;若n为正数,则返回1;若n=0,则返回0 |
| TRUNC(n,m) | 返回n截尾后的值,m是保留小数点后的位数;m的默认值为0,返回整数;如果m为负数,就截止到小数点左边m位。 |

【例4.37】 显示数字函数的返回值。
SQL > SELECT ABS(8),ABS(-8),CEIL(2.1),CEIL(-2.9),FLOOR(5.9),FLOOR(-5.1) FROM dual;

| ABS(8) | ABS(-8) | CEIL(2.1) | CEIL(-2.9) | FLOOR(5.9) | FLOOR(-5.1) |
| --- | --- | --- | --- | --- | --- |
| 8 | 8 | 3 | -2 | 5 | -6 |

SQL > SELECT MOD(25,7),SIGN(12),SIGN(-12),ROUND(24.15,1) FROM dual;

| MOD(25,7) | SIGN(12) | SIGN(-12) | ROUND(24.15,1) |
| --- | --- | --- | --- |
| 4 | 1 | -1 | 24.2 |

SQL > SELECT ROUND(25.15,-1),TRUNC(19.28,1),TRUNC(19.28,-1) FROM dual;

| ROUND(25.15,-1) | TRUNC(19.28,1) | TRUNC(19.28,-1) |
| --- | --- | --- |
| 30 | 19.2 | 10 |

### 2. 字符类函数

字符类函数是专门用于字符处理的函数,处理的对象是字符串,但返回值不一定就是字符串。字符类函数说明见表 4.8。

表 4.8 字符类函数说明

| 函 数 名 | 返回类型 | 说 明 |
| --- | --- | --- |
| ASCII(s) | 数值 | 返回 s 首位字母的 ASCII 码 |
| CHR(i) | 字符 | 返回数值 i 的 ASCII 字符 |
| INSTR(s1,s2[,i[,j]]) | 数值 | 返回 s2 在 s1 中第 i 位开始第 j 次出现的位置 |
| INSTRB(s1,s2[,i[,j]]) | 数值 | 与 INSTR(s) 函数相同,但按字节计算 |
| LENGTH(s) | 数值 | 返回 s 的长度 |
| LENGTHb(s) | 数值 | 与 LENGTH(s) 相同,但按字节计算 |
| REPLACE(s1,s2[,s3]) | 字符 | 用 s3 替换出现在 s1 中的 s2 |
| SUBSTR(s,i[,j]) | 字符 | 从 s 的第 i 位开始截得长度为 j 的子字符串 |
| SUBSTRB(s,i[,j]) | 字符 | 与 SUBSTR 相同,但 i、j 按字节计算 |
| TRIM(s) | 字符 | 删除 s 的首部和尾部空格 |
| LOWER(s) | 字符 | 返回 s 的小写字符 |
| UPPER(s) | 字符 | 返回 s 的大写 |

【例 4.38】 显示字符函数的返回值。

SQL > SELECT ASCII('A'),ASCII(' '),CHR(97),CHR(39),LENGTH('MM 月') FROM dual;

| ASCII('A') | ASCII('') | CHR(97) | CHR(39) | LENGTH('MM 月') |
| --- | --- | --- | --- | --- |
| 65 | 32 | a | ' | 3 |

SQL > SELECT LENGTHB('MM 月'),TRIM('年')∥'年',LOWER('Te'),UPPER('XT') FROM dual;

| LENGTHB('MM 月') | TRIM('年')∥'年' | LOWER('TE') | UPPER('XT') |
| --- | --- | --- | --- |
| 4 | 年年 | te | XT |

SQL > SELECT REPLACE('ab2ab3','ab'),REPLACE('ab2ab3','ab','x') FROM dual;

| ('AB2AB3','AB') | ('AB2AB3','AB','X') |
|---|---|
| 23 | x2x3 |

SQL > SELECT SUBSTR('PL 语言',1,4),SUBSTRB('PL 语言',1,4) FROM dual;

| SUBSTR('PL 语言',1,4) | SUBSTRB('PL 语言',1,4) |
|---|---|
| PL 语言 | PL 语 |

SQL > SELECT INSTR('C 计 C 计','C'),INSTR('C 计 C 计','C',3) FROM dual;

| INSTR('C 计 C 计','C') | INSTR('C 计 C 计','C',3) |
|---|---|
| 1 | 3 |

SQL > SELECT INSTR('C 计 C 计','计',1,2),INSTRB('C 计 C 计','C') FROM dual;

| INSTR('C 计 C 计','计',1,2) | INSTRB('C 计 C 计','C') |
|---|---|
| 4 | 1 |

SQL > SELECT INSTRB('C 计 C 计','C',3),INSTRB('C 计 C 计','计',1,2) FROM dual;

| INSTRB('C 计 C 计','C',3) | INSTRB('C 计 C 计','计',1,2) |
|---|---|
| 4 | 5 |

**3. 日期类函数**

日期函数都有 DATE 数据类型的参数,且其返回值也大都为 DATE 数据类型。日期类函数说明见表 4.9。

表 4.9  日期类函数说明

| 函 数 名 | 返回类型 | 说 明 |
|---|---|---|
| SYSDATE | 日期 | 无参数,返回当前系统日期和时间。 |
| ADD_MONTHS(d,i) | 日期 | 返回日期,i 正数 d+i 个月,i 负数 d-i 个月 |
| LAST_DAY(d) | 日期 | 返回日期 d 月份的最后一天 |
| MONTHS_BETWEEN(d,t) | 数值 | 返回日期 d 和 t 之间月的个数,不到一天以小数表示 |
| NEXT_DAY(d,w) | 日期 | 返回日期 d 后第一个星期的星期 w,w = 1 - 7(周日 - 周六) |
| ROUND(d,fmt) | 日期 | fmt ='YYYY\|MM\|DD\|D',返回舍入 d 后 fmt 格式的第一天<br>YYYY—年、MM—月、DD—日、D—星期 |
| TRUNC(d,fmt) | 日期 | fmt ='YYYY\|MM\|DD\|D',返回截去 d 后 fmt 格式的第一天 |

【例 4.39】 显示日期字符函数的返回值。

SQL > SELECT SYSDATE "当前日期", ADD_MONTHS(sysdate,2)"当前日期+2 个月",
             LAST_DAY(SYSDATE)"当月最后一天",
             MONTHS_BETWEEN(SYSDATE,SYSDATE - 1)"两个日期之间月个数" FROM DUAL;

| 当前日期 | 当前日期+2 个月 | 当月最后一天 | 两个日期之间月个数 |
|---|---|---|---|
| 2012 - 9 - 28 | 2012 - 11 - 28 15:57:24 | 2012 - 9 - 30 15:57:2 | 0.032258064516129 |

SQL > SELECT NEXT_DAY(SYSDATE,6),ROUND(SYSDATE,'mm'),
             TRUNC(SYSDATE,'yy'),ROUND(SYSDATE,'d')FROM DUAL;

| NEXT_DAY(SYSDATE,6) | ROUND(SYSDATE,'MM') | TRUNC(SYSDATE,'YY') | ROUND(SYSDATE,'D') |
|---|---|---|---|
| 2012-10-5 16:40:16 | 2012-10-1 | 2012-1-1 | 2012-9-30 |

### 4. 转换类函数

转换函数用于字符类型、数据类型和日期类型之间进行转换。转换类函数说明见表4.10。

表4.10 转换类函数说明

| 函 数 名 | 返回类型 | 说 明 |
|---|---|---|
| TO_CHAR(d,fmt) | 字符 | 将 fmt 指定格式的日期 d 转换成 char 类型 |
| TO_CHAR(n) | 字符 | 将数值 n 转换成 char 类型 |
| TO_DATE(sn,fmt) | 日期 | 将字符串或数值 sn 转换成 fmt 格式的日期类型 |
| TO_NUMBER(s) | 数值 | 将字符串 s 转换成数值 |

【例4.40】 显示转换函数的返回值。

```
SQL> SELECT TO_CHAR(12345678),TO_CHAR(SYSDATE,'yyyymmdd'),TO_NUMBER('1234')
     FROM DUAL;
TO_CHAR(12345678)   TO_CHAR(SYSDATE,'YYYYMMDD')   TO_NUMBER('1234')
-----------------   ---------------------------   -----------------
12345678            20120928                      1234
SQL> SELECT TO_DATE(20120928,'YYYYMMDD'),TO_DATE('20120928','yyyymmdd') FROM DUAL;
TO_DATE(20120928,'YYYYMMDD')   TO_DATE('20120928','YYYYMMDD')
----------------------------   ------------------------------
2012-9-28                      2012-9-28
```

### 5. 组函数类

组函数也称为集合函数,返回基于多个行的单一结果,行的准确数量无法确定,依赖于查询语句的执行结果。与单行函数不同的是,在解析时所有的行都是已知的。

Oracle 提供了丰富的组函数。这些函数可以在 SELECT 或 SELECT 的 HAVING 从句中使用,当用于 SELECT 语句时,常常与 GROUP BY 一起使用。组函数说明见表4.11。

表4.11 组函数说明

| 函 数 名 | 返回类型 | 说 明 |
|---|---|---|
| AVG(col) | 数值 | 返回数值列 col 的平均值 |
| COUNT(col|*) | 数值 | 返回列 col 的行数目,* 表示返回所有的行 |
| MAX(col) | 不定 | 返回数值列 col 的最大值 |
| MIN(col) | 不定 | 返回数值列 col 的最小值 |
| SUM(col) | 数值 | 返回数值列 col 的总和 |

【例4.41】 显示组函数的返回值。求商品库存明细的平均进价、记录数、最大进价、最小进价和销售总数量。

```
SQL> SELECT AVG(jhjg),COUNT(*),MAX(jhjg),MIN(jhjg),SUM(xssl)  FROM t_spkcmx;
AVG(JHJG)   COUNT(*)   MAX(JHJG)   MIN(JHJG)   SUM(XSSL)
```

| 24.0615346 | | 75 | | 90.6838 | 2.735 | 233 |

### 6. 其他类函数

除了以上函数以外,还有一些比较常用的特殊函数,见表 4.12。

表 4.12 其他函数说明

| 函 数 名 | 说　明 |
|---|---|
| NVL(sp1,sp2) | 空值函数,如果 sp1 是空值,则返回 sp2 |
| DECODE(p,p1,p2,…) | If 函数。if p = p1 then p2;if p = p3 then p4…else pn |
| USER | 用户函数,返回当前用户的用户名 |
| ROWID | 记录字符型物理地址,格式:'AAAR3qAAEAAAACHAAA' |
| ROWNUM | 记录输出顺序 |

【例 4.42】 显示其他函数的返回值。
SQL > SELECT NVL('ab','CD'),NVL('','BC'),NVL('',0),NVL('',SYSDATE),USER FROM dual;
NVL('AB','CD')　NVL('','BC')　NVL('',0)　NVL('',SYSDATE)　USER

ab　　　　　BC　　　　0　　　　　29 - 9月 - 12　　　　JXC

Decode 函数:DECODE(cname,'A',8,'B',9,'D',12,0)　　　　当 c_name = 'A',则返回 8
　　　　　　　DECODE(cname,'A',8,'B','9','D','12',0)　　　当 c_name = 'B',则返回 9
　　　　　　　DECODE(cname,'A',8,'B',9,'D',12,0)　　　　当 c_name = 'D',则返回 12
　　　　　　　DECODE(cname,'A',8,'B','9','D','12',0)　　　当 c_name! = 'A|B|D',则返回 0

Rowid 及 Rownum:Rownum 的比较符只能用 <、< =、! = 和 < >,! = 和 < > 的效果与 < 一致。
SQL > SELECT x. * ,Rowid,Rownum FROM t_bmml x WHERE Rownum < 6;

| BMBM | BMMC | BMLC | ZGRS | YYMJ | ROWID | ROWNUM |
|---|---|---|---|---|---|---|
| B22330 | 洗化商品部 | 一层 | 50 | 1000 | AAASbFAAEAAAAPrAAA | 1 |
| B22331 | 洗化部洗发组 | 一层 | 8 | 160 | AAASbFAAEAAAAPrAAB | 2 |
| B22332 | 洗化部护肤组 | 一层 | 7 | 120 | AAASbFAAEAAAAPrAAC | 3 |
| B22333 | 洗化部儿童组 | 一层 | 5 | 100 | AAASbFAAEAAAAPrAAD | 4 |
| B22334 | 洗化部香水组 | 一层 | 5 | 100 | AAASbFAAEAAAAPrAAE | 5 |

### 4.3.3 分组查询

分组查询主要用于在查询结果集中对记录进行分组,并进行汇总统计后输出,或者再把汇总结果进行比较限定,得到最终结果集进行输出。

**1. GROUP BY 从句**

使用 GROUP BY 从句和统计函数,可以实现对查询结果中每一组数据进行分类统计,所以,在结果中每组数据都有一个与之对应的统计值。在 Oracle 系统中,经常使用的统计函数有 AVG、COUNT、SUM、MIN 和 MAX。

【例 4.43】 使用 GROUP BY 从句对 t_spkcmx 表按照供货单位代码进行分组,并统计各组的行数 COUNT(*)、平均进货价格 AVG(jhjg)、最高进货价格 MAX(jhjg)、最低进货价格 MIN(jhjg)、库存总数 SUM(yysl)等信息。

```
SQL> SELECT ghdw 供货单位,COUNT(*)记录数,ROUND(avg(jhjg),4)平均进价,
            MIN(jhjg)最低进价,MAX(jhjg)最高进价,SUM(yysl)库存总数
     FROM t_spkcmx GROUP BY ghdw ORDER BY ghdw;
```

| 供货单位 | 记录数 | 平均进价 | 最低进价 | 最高进价 | 库存总数 |
|---|---|---|---|---|---|
| G30008 | 14 | 52.1551 | 26.7521 | 80.1709 | 678 |
| G30011 | 16 | 26.8857 | 2.906 | 90.6838 | 742 |
| G30015 | 7 | 17.2772 | 10.4274 | 20.7692 | 331 |
| G30016 | 4 | 14.6154 | 11.1111 | 22.5641 | 197 |
| … | … | … | … | … | … |

在使用 GROUP BY 从句时,必须满足以下条件:

(1)在 SELECT 关键字后面只可以有两类表达式,即统计函数和进行分组的列名。

(2)如果使用了 WHERE 从句,那么所有参加分组计算的数据必须首先满足 WHERE 从句指定的条件。

(3)可以使用 ORDER BY 从句指定新的排列顺序。

(4)GROUP BY 从句可以对多个列进行分组。在这种情况下,GROUP BY 从句将在主分组范围内进行二次分组。

**2. HAVING 从句**

HAVING 从句与 GROUP BY 从句一起使用,在完成对分组结果统计后,可以使用 HAVING 从句对分组的结果作进一步的筛选。WHERE 从句与 HAVING 从句不同的是:HAVING 从句与组有关,而 WHERE 从句与单个的行有关。

**【例4.44】** 在商品销售明细 t_spxsmx 表中,查找合计销量大于 50 的供货单位及销售数量。

```
SQL> SELECT ghdw,SUM(xssl) FROM t_spxsmx GROUP BY ghdw HAVING SUM(xssl)>50;
```

| GHDW | SUM(XSSL) |
|---|---|
| G30011 | 58 |
| G30018 | 69 |

查重复记录:查找名称相同的商品。

```
SQL> SELECT spmc,COUNT(*) FROM t_spml GROUP BY spmc HAVING COUNT(*)>1;
```

| SPMC | COUNT(*) |
|---|---|
| 碧然露洗发水 | 2 |
| 兰西诗琪香水 | 2 |

### 4.3.4 多表连接查询

连接运算表示把两个或两个以上的表中的数据连接起来,形成一个结果集合。由于在设计数据库时,考虑关系规范化和数据存储的需要,会将许多信息分散地存储在数据库不同的表中,这样可消除数据冗余、插入异常和删除异常。但是当需要显示一个完整的信息时,这些数

据需要被同时显示出来,这时就需要执行连接运算。

为了显示一个完整的信息,就要将多个表连接起来,从多个表中查询数据。例如,在查询商品库存时,为了获知商品编码对应的商品名称,要连接 t_spml 表,从中获取商品名称;又如,为了得到供货单位的名称,需要查询供货单位目录 t_ghdwml 表等。

多表连接分为笛卡尔连接、等值连接、自然连接、外连接和自连接,而每种连接又分为 WHERE 连接和 JOIN 连接。下面将对实现多表连接查询的方法逐一进行介绍。

**1. 笛卡尔连接**

笛卡尔连接也就是无条件连接,其实与集合运算的笛卡尔乘积是一样的。在这里把表看作一个集合,把表中的记录看作集合的元素。一个 1 行记录、一个 2 行记录、一个 3 行记录的三个表,它们的笛卡尔连接得到的记录是 $1 \times 2 \times 3 = 6$ 行。

WHERE 连接:在 WHERE 从句中无连接条件等式就是无条件连接。

JOIN 连接:表1 [INNER] JOIN 表2 ON 1 = 1,1 = 1 无意义,只是为格式要求。

【例 4.45】 把 scott 用户下的表 dept 和 emp 作笛卡尔连接,并显示前 3 行。

```
SQL > SELECT * FROM dept,emp WHERE rownum < 4;
```

| DEPTNO | DNAME | LOC | EMPNO | ENAME | JOB | MGR | HIREDATE | SAL | COMM | DEPTNO |
|---|---|---|---|---|---|---|---|---|---|---|
| 10 | ACCOUNTING | NEW YORK | 7369 | SMITH | CLERK | 7902 | 1980-12-17 | 800.00 | | 20 |
| 10 | ACCOUNTING | NEW YORK | 7499 | ALLEN | SALESMAN | 7698 | 1981-2-20 | 1600.00 | 300.00 | 30 |
| 10 | ACCOUNTING | NEW YORK | 7521 | WARD | SALESMAN | 7698 | 1981-2-22 | 1250.00 | 500.00 | 30 |

```
SQL > SELECT emp.deptno,dname,loc,empno,ename,job,emp.sal
       FROM dept JOIN emp ON 1 = 1 WHERE rownum < 4;
```

| DEPTNO | DNAME | LOC | EMPNO | ENAME | JOB | SAL |
|---|---|---|---|---|---|---|
| 20 | ACCOUNTING | NEW YORK | 7369 | SMITH | CLERK | 800.00 |
| 30 | ACCOUNTING | NEW YORK | 7499 | ALLEN | SALESMAN | 1600.00 |
| 30 | ACCOUNTING | NEW YORK | 7521 | WARD | SALESMAN | 1250.00 |

**2. 等值连接**

等值连接是通过各表的相同属性列之间建立相等关系而连接在一起的。其查询的结果是由一个表中每一行的各列与另一个表中每一行的各列连接在一起所生成的。

WHERE 连接:连接条件是等号:WHERE 表1.列 = 表2.列。只选中匹配部分记录。

JOIN 连接:表1 [inner] JOIN 表2 on 表1.列 = 表2.列。其中[inner]可以省略。

【例 4.46】 把 jxc 用户下的供货单位目录与商品目录通过供货单位编码进行连接。

```
SQL > SELECT dwbm,dwmc,spbm,spmc,spgg,jldw,xsjg
       FROM t_ghdwml,t_spml WHERE dwbm = ghdw AND rownum < 4;
```

| DWBM | DWMC | SPBM | SPMC | SPGG | JLDW | XSJG |
|---|---|---|---|---|---|---|
| G30008 | 哈赛时商贸有限公司 | 3440429 | 兰西绿色毒液香水 | 15ml | 瓶 | 58.00 |
| G30008 | 哈赛时商贸有限公司 | 3440430 | 兰西诗琪香水 | 15ml | 瓶 | 58.00 |
| G30008 | 哈赛时商贸有限公司 | 3440431 | 兰西生命之水香水 | 15ml | 瓶 | 58.00 |

SQL > SELECT dwbm,dwmc,x.spbm,spmc,xsjg,yysl,xssl FROM t_spkcmx x
JOIN t_ghdwml y on x.ghdw = y.dwbm JOIN t_spml z ON x.spbm = z.spbm WHERE rownum <4;

| DWBM | DWMC | SPBM | SPMC | XSJG | YYSL | XSSL |
|---|---|---|---|---|---|---|
| G30008 | 哈赛时商贸有限公司 | 3440429 | 兰西绿色毒液香水 | 58.00 | 50.000 | |
| G30008 | 哈赛时商贸有限公司 | 3440430 | 兰西诗琪香水 | 58.00 | 49.000 | 1.000 |
| G30008 | 哈赛时商贸有限公司 | 3440431 | 兰西生命之水香水 | 58.00 | 45.000 | 5.000 |

在例 4.46 中,使用了 x、y、z 三个字母分别代表 t_spkcmx、t_ghdwml、t_spml,这里 x、y、z 称为别名。如果多个表之间存在同名的列,则必须使用表名来限定列,但是随着查询变得越来越复杂,语句会因为每次限定列时输入表名而变得冗长乏味。因此,SQL 语言提供了表别名机制,它们可以唯一地标识表数据源。

**3. 自然连接**

自然连接与等值连接的功能相似。在使用自然连接查询多个表时,Oracle 会将第一个表中的那些列与第二个表中具有相同名称的列进行连接。在自然连接中,用户不需要明确指定进行连接的列,系统会自动完成这一任务。

WHERE 没有自然连接。JOIN 的自然连接格式:

表 1 NATURAL JOIN 表 2

**【例 4.47】** 将商品库存明细 t_spkcmx 与商品目录 t_spml 进行自然连接。

SQL > SELECT spbm,spmc,xsjg,hsjg,jhjg,yysl,xssl FROM t_spkcmx NATURAL JOIN t_spml WHERE rownum <4

| SPBM | SPMC | XSJG | HSJG | JHJG | YYSL | XSSL |
|---|---|---|---|---|---|---|
| 3541742 | 娅妃润发洗发露 | 19.80 | 16.40 | 14.0171 | 45.000 | 5.000 |
| 3541743 | 娅妃草本洗发露 | 19.80 | 16.40 | 14.0171 | 48.000 | 2.000 |
| 3541744 | 娅妃去屑洗发露 | 19.80 | 16.30 | 13.9316 | 36.000 | 14.000 |

在自然连接中,不能使用别名来限定列,而且没有 ON 关键字。

**4. 外连接**

使用等值连接进行多表查询时,返回的查询结果集中,仅包含满足连接条件和查询条件(WHERE 或 HAVING 条件)的行。等值连接消除了两个表中的任何不匹配的行,而外连接扩展了等值连接的结果集,除返回所有匹配的行外,还会返回其中一个表的不匹配的行,或者两个表不匹配的行都能返回。至于取哪些表的不匹配行,主要取决于外连接的种类。

外连接分为左外连接(LEFT OUTER JOIN 或 LEFT JOIN)、右外连接(RIGHT OUTER JOIN 或 RIGHT JOIN)和全外连接(FULL OUTER JOIN 或 FULL JOIN)三种。与内连接不同的是,外连接不只列出与连接条件相匹配的行,还列出左表(左外连接时)、右表(右外连接时)或两个表(全外连接时)中所有符合搜索条件的数据行。

(1)WHERE 连接。

左外连接:WHERE 表 1.列 = 表 2.列( + )。表 1 内容全选中,表 2 只选匹配部分。

右外连接:WHERE 表 1.列( + ) = 表 2.列。表 2 内容全选中,表 1 只选匹配部分。

(2) JOIN 连接。

左外连接：表1 LEFT JOIN 表2 ON 表1.列 = 表2.列。

右外连接：表1 RIGHT JOIN 表2 ON 表1.列 = 表2.列。

全外连接：表1 FULL JOIN 表2 ON 表1.列 = 表2.列。只需匹配一行，全表内容都选中。

【例4.48】 三个外连接查询例子。

①供货单位目录与商品目录进行 WHERE 外连接查询，显示前3行。

```
SQL > SELECT dwbm,dwmc,y.spbm,spmc,xsjg FROM t_ghdwml x,t_spml y
       WHERE y.ghdw( + ) = x.dwbm ORDER BY dwbm desc;
```

| DWBM | DWMC | SPBM | SPMC | XSJG |
| --- | --- | --- | --- | --- |
| G31001 | 北京保利有限公司 | | | |
| G30028 | 上海丽梅有限公司 | | | |
| G30023 | 广州市美然化妆品厂 | 3530549 | 碧然露 BB 洗发水 | 38.00 |

②部门目录与商品目录进行 LEFT JOIN 外连接查询，显示前3行。

```
SQL > SELECT bmbm,bmmc,y.spbm,spmc,xsjg FROM t_bmml x
       LEFT JOIN t_spml y ON x.bmbm = 'B223'||substr(y.spbm,1,2) ORDER BY bmbm desc;
```

| BMBM | BMMC | SPBM | SPMC | XSJG |
| --- | --- | --- | --- | --- |
| B22350 | 男服商品部 | | | |
| B22340 | 女服商品部 | | | |
| B22335 | 洗化部专柜组 | 3542331 | 雅芳洗发乳 | 9.90 |

③部门目录、供货单位目录及商品目录进行 FULL JOIN 全外连接查询，显示前5行。

```
SQL > SELECT bmbm,bmmc,y.spbm,spmc,dwbm,dwmc FROM t_bmml x
       FULL JOIN t_spml y ON x.bmbm = 'B223'||substr(y.spbm,1,2)
       FULL JOIN t_ghdwml z ON y.ghdw = z.dwbm
       WHERE (bmbm > 'B22330' or bmbm is null) ORDER BY dwbm desc;
```

| BMBM | BMMC | SPBM | SPMC | DWBM | DWMC |
| --- | --- | --- | --- | --- | --- |
| B22340 | 女服商品部 | | | | |
| B22350 | 男服商品部 | | | | |
| | | | | G31001 | 北京保利有限公司 |
| | | | | G30028 | 上海丽梅有限公司 |
| B22335 | 洗化部专柜组 | 3530390 | 碧然露洗发水 | G30023 | 广州市美然化妆品厂 |

## 5. 自连接

自连接是用一个表自己与自己连接。为了在整个语句中区分各列，分别为表指定了表别名。这样 Oracle 就可以将两个表看作是分离的两个数据源，并从中获取相应的数据。

(1) WHERE 连接。

FROM 表1 x,表1 y WHERE x.列名 = y.列名。

(2) JOIN 连接。

FROM 表1 x,表1 y WHERE x.列名 = y.列名。

【例4.49】 商品目录自己连接自己分离出柜组编码。两个查询结果一样，显示前3行。

```
SQL > SELECT substr(x.spbm,1,2)gz,y.spbm,y.spmc,y.spcd,y.xsjg
        FROM t_spml x,t_spml y WHERE x.spbm = y.spbm;
SQL > SELECT substr(x.spbm,1,2)gz,y.spbm,y.spmc,y.spcd,y.xsjg
        FROM t_spml x JOIN t_spml y ON x.spbm = y.spbm;
```

| GZ | SPBM | SPMC | SPCD | XSJG |
|---|---|---|---|---|
| 34 | 3440429 | 兰西绿色毒液香水 | 北京 | 58.00 |
| 34 | 3440430 | 兰西诗琪香水 | 北京 | 58.00 |
| 34 | 3440431 | 兰西生命之水香水 | 北京 | 58.00 |

### 4.3.5 集合查询

集合查询就是将两个或多个 SQL 查询结果合并,构成复合查询,以完成一些特殊的任务需求。集合查询主要由集合运算符实现,常用的集合运算符包括 UNION(并运算)、UNION ALL、INTERSECT(交运算)和 MINUS(差运算)。集合运算注意以下两点:

(1)参加集合运算的两个子查询都不能包含 ORDER BY 从句;
(2)两个子查询的列数和列的类型应相同(列名可以不同)。

**1. UNION(并运算)**

UNION 运算符可以将多个查询结果集相加,形成一个结果集,其结果等同于集合运算中的并运算,即 UNION 运算符可以将第一个查询中的所有行与第二个查询中的所有行相加,并消除其重复的行,形成一个合集。

语法格式为:

SELECT 语句 1 UNION [ALL] SELECT 语句 2
UNION [ALL] … [ORDER BY 列序号];

其中,ALL 表示包括重复行全部显示;列序号是列的顺序号。

【例 4.50】 用 UNION 运算符查询 t_spml 表中,销售价格大于 100.00 元的所有商品信息。

```
SQL > SELECT * FROM t_spml WHERE xsjg >100 UNION SELECT * FROM t_spml WHERE xsjg >100;
```

| SPBM | SPMC | SPGG | SPCD | JLDW | GHDW | XSJG | XXSL | ZFRQ |
|---|---|---|---|---|---|---|---|---|
| 3240887 | 活性金护肤水 | 90g | 天津 | 瓶 | G30011 | 129.00 | 17 | |
| 3440449 | 兰西绿毒香水 | 50ml | 北京 | 瓶 | G30008 | 116.00 | 17 | |

```
SQL > SELECT * FROM t_spml WHERE xsjg >100 union all SELECT * from t_spml WHERE xsjg >100;
```

| SPBM | SPMC | SPGG | SPCD | JLDW | GHDW | XSJG | XXSL | ZFRQ |
|---|---|---|---|---|---|---|---|---|
| 3440449 | 兰西绿毒香水 | 50ml | 北京 | 瓶 | G30008 | 116.00 | 17 | |
| 3240887 | 活性金护肤水 | 90g | 天津 | 瓶 | G30011 | 129.00 | 17 | |
| 3440449 | 兰西绿毒香水 | 50ml | 北京 | 瓶 | G30008 | 116.00 | 17 | |
| 3240887 | 活性金护肤水 | 90g | 天津 | 瓶 | G30011 | 129.00 | 17 | |

从例 4.50 看到,UNION ALL 与 UNION 的区别就在于所有重复行也一并显示出来了。

**2. INTERSECT(交运算)**

INTERSECT 运算符也用于对两个 SELECT 语句所产生的结果集进行处理。不同之处是

UNION 基本上是一个 OR 运算,而 INTERSECT 则比较像 AND 运算,在这里 INTERSECT 为交运算。结果集是两个表中同时存在的记录。

【例 4.51】 用 INTERSECT 运算符对比商品库存明细与商品入库明细中入库日期是 20110828 的入库商品完全一致的信息。

```
SQL > SELECT spbm,rkrq,jhjg,yysl FROM t_spkcmx intersect
      SELECT spbm,rkrq,jhjg,rksl FROM t_sprkmx WHERE rkrq = '20110828';
SPBM       RKRQ        JHJG       YYSL
————       ————        ————       ————
3542502    20110828    18.7179    50.000
3542509    20110828    18.7179    50.000
```

### 3. MINUS(差运算)

MINUS 集合运算符可以找到两个给定的集合之间的差集,也就是说,该集合运算符会返回从第一个查询中获得的而在第二个查询中未获得的记录。

【例 4.52】 用 MINUS 运算符修改例 4.51 的查询语句,找出商品入库明细中存在而商品库存明细中不存在的记录。

```
SQL > SELECT spbm,rkrq,jhjg,rksl FROM t_sprkmx MINUS
      SELECT spbm,rkrq,jhjg,yysl + nvl(xssl,0) FROM t_spkcmx;
SPBM       RKRQ        JHJG       RKSL
————       ————        ————       ————
3141634    20120101    12.8205    30
3240865    20120101    15.3846    40
3240882    20120101    2.9915     35
3541744    20120101    14.5299    45
```

### 4.3.6 子查询

子查询和连接查询一样,都提供了使用单个查询访问多个表中数据的方法。子查询是一个标准的 SELECT 语句,它可以在 SELECT、INSERT、UPDATE 或 DELETE 语句中使用,它提供父语句的 FROM、WHERE 或 HAVING 部分的数据,限制父查询的所选输出,产生某种中间结果集。

#### 1. 常用语法格式及关系运算符

子查询在 DQL 和 DML 语句中都有自己的语句格式及专用的关系运算符,具体说明如下。
语法格式:
SELECT 表达式 FROM {表|(子查询)} WHERE 表达式 operator {表达式|(子查询)};
INSERT INTO 表(列名[,列名]…){VALUES(表达式[,表达式]…)|(子查询)};
UPDATE 表 S 上 T 列 = {表达式|(子查询)} [WHERE 表达式 operator {表达式|(子查询)}];
DELETE [FROM] 表 [WHERE 表达式 operator {表达式|(子查询)}];
其中,operator 为比较运算符。比较运算符分为两种:
(1)单行运算符( > 、 > = 、 < 、 < = 、 = 、 < > )。

(2) 多行运算符(IN、>ANY、<ANY、>ALL、<ANY)。

其中,>ANY 为大于子查询结果中的某个值;>ALL 为大于子查询结果中的所有值;<ANY 为小于子查询结果中的某个值;<ALL 为小于子查询结果中的所有值。

### 2. 单行子查询

单行子查询是只返回一行值的子查询,在主查询执行以前,它先被执行,且只执行一次,返回的结果值用于限定主查询。

【例 4.53】 查询与商品编码"3530390"的商品供货单位相同的所有商品信息。

```
SQL> SELECT * FROM t_spml
            WHERE ghdw = (SELECT ghdw FROM t_spml WHERE spbm = '3530390');
```

| SPBM | SPMC | SPGG | SPCD | JLDW | GHDW | XSJG | XXSL | ZFRQ |
|---|---|---|---|---|---|---|---|---|
| 3530390 | 碧然露洗发水 | 200ml | 广州 | 瓶 | G30023 | 34.00 | 17 | |
| 3530541 | 碧然露洗发乳 | 75ml | 广州 | 瓶 | G30023 | 10.00 | 17 | |
| 3530543 | 碧然露洗发水 | 75ml | 广州 | 瓶 | G30023 | 10.00 | 17 | |
| 3530549 | 碧然露 BB 洗发水 | 250ml | 广州 | 瓶 | G30023 | 38.00 | 17 | |

### 3. 多行子查询

查询结果返回多行记录的子查询称为多行子查询。切记:在多行子查询中,一定要使用多行运算符。

【例 4.54】 查询产地为"北京"的商品所有供货单位信息。

```
SQL> SELECT * FROM t_ghdwml
            WHERE dwbm IN (SELECT ghdw FROM t_spml WHERE spcd = '北京');
```

| DWBM | DWMC | DWJC | LXR | LXDH |
|---|---|---|---|---|
| G30008 | 哈赛时商贸有限公司 | 赛时商贸 | 钟秋雁 | 13313615901 |
| G30016 | 哈尔滨乾宝商贸有限公司 | 乾宝商贸 | 马春来 | 13313665778 |

【例 4.55】 在商品目录中,查询三个销售价格最高的商品信息。

```
SQL> SELECT * FROM (SELECT * FROM t_spml x ORDER BY xsjg desc) WHERE rownum < 4;
```

| SPBM | SPMC | SPGG | SPCD | JLDW | GHDW | XSJG | XXSL | ZFRQ |
|---|---|---|---|---|---|---|---|---|
| 3240887 | 活性金护肤水 | 90g | 天津 | 瓶 | G30011 | 129.00 | 17 | |
| 3440449 | 兰西绿毒香水 | 50ml | 北京 | 瓶 | G30008 | 116.00 | 17 | |
| 3240916 | 葡萄紧肤精华露 | 60g | 天津 | 瓶 | G30011 | 96.00 | 17 | |

### 4. 相关子查询

执行查询时,有时只需要考虑是否满足判断条件,而数据本身并不重要,这时就可以使用相关子查询 EXISTS 来确认真假。若 EXISTS 子查询有行返回,则为 TRUE,否则为 FALSE。

【例 4.56】 查看商品入库明细中是否存在没有处理的数据(即处理标志 clbz 为空)。

```
SQL> SELECT '存在没有处理的商品入库数据!' ts FROM dual
            WHERE EXISTS (SELECT * FROM t_sprkmx WHERE clbz IS NULL);
```

TS
----
存在没有处理的商品入库数据!

## 4.4 数据库对象的 DML 语言

SQL 的数据操纵功能通过数据操纵语言(Data Manipulation Language,DML)来实现,用于改变数据库中的数据。数据库中数据的改变包括插入、删除和修改三种操作,分别对应 INSERT、DELETE 和 UPDATE 三条语句。在 Oracle 11g 中,DML 除了包括 Insert、Update 和 Delete 语句之外,还包括 Truncate、Call、Explain Plan、Lock Table 和 Marge 等语句。在本节中将对 Insert、Update、Delete、Truncate 常用语句进行介绍。为了列举 DML 操作的例子,再创建两个空表:商品目录 tt_spml 和供货单位目录 tt_ghdwml。

GREATE TABLE tt_spml AS SELECT * FROM t_spml WHERE 1 = 2;
GREATE TABLE tt_ghdwml AS SELECT * FROM t_ghdwml WHERE 1 = 2;

### 4.4.1 INSERT 语句

INSERT 语句用于完成向数据表中插入各种数据。该语句既可以通过对列赋值,一次插入一条记录,也可以根据 SELECT 查询语句获得的结果记录集,批量插入数据。

**1. INSERT…VALUES 语句**

语法格式为:
INSERT INTO [ schema. ]table[ (columnl[ ,column2]…) ] VALUES (exprl[ ,expr2]…);

其中,schema. 表示数据库方案(用户名);table 表示要插入的表名;column1,column2,…表示表的列名;exprl,expr2,…表示表的列名;VALUES 表示给出要插入的值列表。

【例 4.57】 用 INSERT 语句向 tt_spml 表中添加一条记录。
SQL > INSERT INTO tt_spml(spbm,spmc,spgg,spcd,jldw,ghdw,xsjg,xxsl)
           VALUES('3100001','雪花香皂','80ml','哈尔滨','块','G31001',20.30,10);
1 row inserted

在向表的所有列添加数据时,也可以省略 INSERT INTO 语句后的列表清单,但必须根据表中定义的列的顺序,为所有的列提供数据。

【例 4.58】 在供货单位目录表 tt_ghdwml 添加一条记录。
SQL > INSERT INTO tt_ghdwml VALUES('G31002','哈尔滨天鹅日化公司','哈天鹅日化','冯刚','13936656789');
1 row inserted

**2. INSERT INTO … SELECT 语句**

SQL 提供了一种成批添加数据的方法,即使用 SELECT 语句替换 VALUES 语句,由 SELECT 语句提供添加的数据。语法格式如下:
INSERT INTO [ schema. ]table [ (column1[ ,column2]…) ] SUBQUERY;

其中 SUBQUERY 是子查询语句,可以是任何合法的 SELECT 语句,其所选列的个数和类型应该与前边的 COLUNM 相对应。

【例 4.59】 从 t_spml 表中提取产地为"广州"的商品信息添加到 tt_spml 中。
SQL > INSERT INTO tt_spml SELECT * FROM t_spml WHERE spcd = '广州';

23 rows inserted

注意:在使用 INSERT 和 SELECT 的组合语句成批添加数据时,INSERT INTO 指定的列名可以与 SELECT 指定的列名不同,但是其数据类型必须相匹配,即 SELECT 返回的数据必须满足表中列的约束。

### 4.4.2 UPDATE 语句

当需要修改表中一列或多列的值时,可以使用 UPDATE 语句。使用 UPDATE 语句可以指定要修改的列和修改后的新值,使用 WHERE 从句可以限定被修改的行。语法格式如下:

UPDATE table_name SET {col1 = expr1[ ,col2 = expr2]
|(col1[ ,col2]) = (select query)} [WHERE condition];

【例 4.60】 使用 UPDATE 语句将所有商品产地为"哈尔滨"的商品的销售价格提高 10%。

SQL > UPDATE tt_spml set xsjg = xsjg * 1.1 WHERE spcd = '哈尔滨';
1 rows updated

如果在使用 UPDATE 语句修改表时,未使用 WHERE 从句限定修改的行,则会更新整个表。

【例 4.61】 将 tt_spml 中的销项税率改为与编码 3100001 的商品税率一致。

SQL > UPDATE tt_spml SET xxsl = (SELECT xxsl FROM tt_spml WHERE spbm = '3100001');
24 row updated

注意:在使用 SELECT 语句提供新值时,必须保证 SELECT 语句返回单行的值,否则将会出现错误。

### 4.4.3 DELETE 与 TRUNCATE 语句

数据库向用户提供了添加数据的功能,那么一定也会向用户提供删除数据的功能。从数据库中删除记录可以使用 DELETE 或 TRUNCATE 语句来完成。

**1. DELETE 语句**

语法格式为:

DALETE [FROM] table_name [WHERE condition]

【例 4.62】 从 tt_spml 表中删除一条记录。

SQL > DELETE FROM tt_spml WHERE spcd = '哈尔滨';
1 row deleted

提示:

(1)建议使用 DELETE 语句一定要带上 WHERE 子句,否则将会把表中所有数据全部删除。

(2)若发现删错了,则可以通过事务控制语句 ROLLBACK 撤销删除处理。

(3)DELETE 语句的 FROM 关键字可以省略。

**2. TRUNCATE 语句**

TRUNCATE 语句与 DELETE 语句一样都能删除表中记录,但它们有很大的区别。TRUNCATE 语句的特点如下:

(1)TRUNCATE 不能带上 WHERE 从句,只能把表中所有数据全部删除。

(2) TRUNCATE 是截断数据，不可用 Rollback 来撤销删除，要特别小心处理。
(3) TRUNCATE 后面不是 FROM 而是 TABLE 关键字，且 TABLE 不可省略。
语法格式为：
TRUNCATE TABLE table_name;

**【例 4.63】** 利用 TRUNCATE 语句删除 tt_spml 表中所有记录。
SQL > TRUNCATE TABLE tt_spml;
Table truncated

## 4.5 事务控制

事务是数据库的逻辑工作单元。一个事务是由一个或多个完成一组相关功能的 SQL 语句组成。通过事务控制机制确保每一组 SQL 语句所做操作的完整性。

### 4.5.1 事务的概念

**1. 事务的组成**

事务是由一系列 SQL 语句组成，其中以下几部分可视为一个完整的事务：
① 若干条 DML 语句。
② 一条 DDL 语句。
③ 一条 DCL 语句。

**2. 事务的特点**

事务作为数据库的逻辑工作单元，在管理和操作过程中有以下主要特点：

(1) 原子性(Atomicity)。

事务是不可分割的数据库处理单元，事务的原子性体现了一个事务中包含的所有操作要全部完成，或者全部不完成，必须作为一个整体提交或回滚，以保证数据库的完整性。

(2) 一致性(Consistency)。

在一个事务的处理过程中，要满足三个完整性的五个约束条件检查。为了维护一致性，所有的规则、约束、检查都会逐一进行检验，最终要保证事务的开始前和结束后保持一致。

(3) 隔离性(Isolation)。

在多用户、多任务处理系统中，会经常出现并发操作。隔离性是指数据库在多个事务并发时，对相同的数据保证读一致性，一个事务改变不至于影响到其他事务，事务之间相互独立。

(4) 持久性(Durability)。

事务的持久性是指在事务被提交后，所做的工作被永久保存下来，即使硬软件系统发生故障，也能保证对数据所做的修改不受影响。

**3. 事务的开始和结束**

一个事务从第一个可执行语句开始，遇到下列情况结束事务：
(1) 遇到 COMMIT 或 ROLLBACK 语句。
(2) 遇到 DDL 或 DCL 语句自动提交事务。

(3)用户会话结束退出 SQL。
(4)由于各种原因导致系统崩溃。

### 4.5.2 事务的提交和回滚

显式地提交和回滚语句 COMMITT 和 ROLLBACK,能更好地保证数据的一致性。语法格式为:
提交:COMMIT;
回滚:ROLLBACK;

**1. 事务处理中的数据状态**

在事务处理过程中,当前事务的数据是可以通过 DML 语句随意更改和恢复的。此时,当前用户会话通过 SELECT 进行查看更新后的数据,但其他用户看不到当前事务中数据状态的改变。当前事务中 DML 语句处理的行在处于提交状态前是被锁定的,其他用户不能对其进行修改、删除操作。

**2. 事务提交后数据状态**

事务提交后,数据的修改永久生效,无法恢复以前的数据。释放被锁的记录,所有的用户都将看到操作后的结果,还可对这些进行更新操作。

**3. 事务回滚后数据状态**

事务回滚后,该事务所做的数据处理全部被撤销,数据状态恢复到该事务处理之前。

### 4.5.3 设置保存点

在一个事务中的任何地方都可以设置一个保存点(Savepoint),这样可以将修改回滚到保存点处。如果有一个很大的事务,这将是非常有用的,因为如果在保存点后进行了误操作,不需要将整个事务一直回滚到最开头。语法格式为:
SAVEPOINT 标号;
下面举例说明保存点的功能。

【例 4.64】 分别执行 DML 操作,中间设置两个保存点进行分层次回滚。
SQL > INSERT INTO tt_ghdwml VALUES('G31003','哈尔滨自然公司','哈自然','郑毅','13936656561');
SQL > SAVEPOINT A;
SQL > UPDATE tt_ghdwml SET lxr = '陈宇' WHERE dwbm = 'G31003';
SQL > SAVEPOINT B;
SQL > DELETE FROM tt_ghdwml WHERE dwbm = 'G31003';
SQL > ROLLBACK;
SQL > ROLLBACK;
SQL > ROLLBACK;

从图 4.1 中看到,第一次 Rollback,事务回到了 Update 语句之后的状态;第二次 Rollback,事务回到了 Insert 语句之后状态;第三次 Rollback 整个事务完全被撤销。

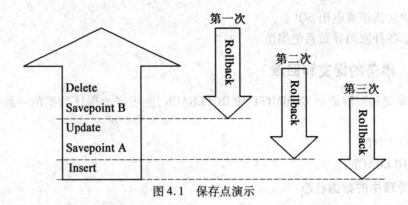

图 4.1 保存点演示

## 4.6 习题与上机实训

### 4.6.1 习题

1. 写出 SQL 语言的五大分类和英文缩写。
2. 在 SQL 语言五大类中，写出每个大类的主要语句。
3. SQL 语言的五大特点是什么？简述各特点的内容。
4. 简述表的五个特点。
5. 简述创建表的语法格式中各选项的功能。
6. 简述视图的五个特点。
7. 简述索引的分类及功能。
8. 什么是关系数据库的三个完整性？有哪五个约束条件？
9. 哪些语句可以组成一个事务？都在什么情况下结束一个事务？
10. 事务有哪四个特点？简述各特点的作用。

### 4.6.2 上机实训

**1. 实训目的**

本章是 Oracle 数据库最基本的应用基础部分，必须熟练掌握 Oracle 数据库的基本操作。通过实际操作增加感性认识，进一步牢固掌握所学的理论知识。

掌握 Oracle 数据库对象的 DDL 操作。

熟练掌握对表的增、删、改操作。

熟练掌握 SELECT 查询语言，简单查询、函数、分组、多表连接及子查询等。

掌握事务的提交与回滚机制。

**2. 实训任务**

（1）简单查询练习。

①查询商品目录 t_spml 的商品名称第三位是"香"的所有记录。

②查询商品库存明细中供货单位 = "G30018" 和入库编号 = "20110010" 的所有信息。

③查询销售价格在 30.00~60.00 元之间的商品编码、商品名称、销售价格的所有商品信息。
④查询销售日期年、月、日的日是 1、11、21、31 号的所有销售信息。
(2) 完整性约束条件练习。
①PRIMARY KEY 练习,参考例 4.23、4.24。
②CHECK 练习,参考例 4.25。
③NOT NULL 练习,参考例 4.26。
④UNIQUE 练习,参考例 4.27。
⑤FOREIGN 练习,参考例 4.28。
(3) 序列生成器练习,参考例 4.21。
(4) 分组查询练习,参考例 4.43、4.44。
(5) 多表连接查询。
①等值连接练习,参考例 4.46。
②自连接练习,参考例 4.47。
③外连接练习,参考例 4.48。
④相关连接练习,参考例 4.49。
(6) 子查询练习。
①单行子查询练习,参考例 4.53、4.54。
②多行子查询练习,参考例 4.55。
③相关子查询练习,参考例 4.56。
(7) DML 语句练习。
①DELETE 语句练习,参考例 4.62。
②UPDATE 语句练习,参考例 4.61。
③INSERT 语句练习,参考例 4.58。

# 第 5 章 PL/SQL 基础编程

前面讲述的标准 SQL 语言可以对数据库进行各种操作,但标准 SQL 语言是非过程化的,是作为独立语言使用的,语句之间也是相互独立的。而在实际应用中,许多事务处理应用都是过程性的,前后语句之间是有关联的。为了克服这个缺点,Oracle 公司在标准 SQL 语言的基础上发展了自己的 PL/SQL 语言。

本章主要介绍 PL/SQL 语言的块结构,PL/SQL 语言的处理流程,PL/SQL 语言的异常处理,PL/SQL 语言中的过程、函数、触发器以及游标的定义与使用等。

## 5.1 PL/SQL 概述

PL/SQL 语言是(Procedual Language /Structured Query Language)Oracle 对关系型数据语言 SQL 的过程化扩充,它将数据库技术和过程化程序设计语言关系起来,将变量、控制结构、过程和函数等结构化程序设计的要素引入 SQL 语言中,以提高结构化编程语言对数据的支持能力,提高程序的执行效率。

### 5.1.1 PL/SQL 语言

结构化查询语言是用来访问和操作关系型数据库的一种标准通用语言,它属于第四代语言,简单易学,使用它可以方便地调用相应语句来取得结果。该语言的特点就是非过程化,也就是说,使用时不用指明执行的具体方法和途径,即不用关注任何的实现细节。但这种语言也有一个问题,就是在某些情况下满足不了复杂业务流程的需求,这就是第四代语言的不足之处。为了解决这个问题,Oracle 公司研制开发了 PL/SQL 语言。PL/SQL 语言是第三代语言,也是过程化的语言,可以关注细节,可以实现复杂的业务逻辑,是数据库开发人员的有力工具。

PL/SQL 是 Oracle 公司在标准 SQL 语言基础上进行扩展而形成的一种可以在数据库上进行设计编程的语言,通过 Oracle 的 PL/SQL 引擎执行。PL/SQL 完全可以实现逻辑判断、条件循环以及异常处理等,这是标准 SQL 难以实现的。由于 PL/SQL 的基础是标准的 SQL 语句,使得数据库开发人员能快速地掌握并运用,这也是 Oracle 开发人员喜爱它的重要原因之一。

### 5.1.2 PL/SQL 的主要特性

PL/SQL 有以下几个特点:
(1)支持事务控制和 SQL 数据操作命令。
(2)支持 SQL 的所有数据类型,并且在此基础上扩展了新的数据类型,也支持 SQL 的函数和运算符。

(3) PL/SQL 可以存储在 Oracle 服务器中。

(4) 服务器上的 PL/SQL 程序可以使用权限进行控制。

(5) Oracle 有自己的 DBMS 包,可以处理数据的控制和定义命令。

除上述特点外,同传统的 SQL 语言相比,PL/SQL 还具有以下优势:

(1) 可以提高程序的运行性能。

(2) 可以使程序模块化集成在数据库中,调用更快。

(3) 可以采用逻辑控制语句来控制程序结构。

(4) 利用处理运行时的错误信息。

(5) 具有良好的可移植性。

(6) 减少网络的交互,有助于提高程序性能。

### 5.1.3 PL/SQL 的开发和运行环境

PL/SQL 程序的开发和运行既可以在 SQL * Plus 环境下进行,也可以在 PL/SQL Developer 集成环境下进行。在 SQL * Plus 环境中写 PL/SQL 程序,只要在最后加上"/"即可,在 PL/SQL Developer 环境中的 SQL 窗口下编写程序结束,要按 F8 或运行按钮。具体可以参看后面的实例。

## 5.2 PL/SQL 语言的基本语法要素

PL/SQL 是结构化的编程语言,包含有基本的语法要素,主要有块结构、常量和变量、数据类型和表达式等,本节分别予以介绍。

### 5.2.1 基本语言块

利用 PL/SQL 语言编写的程序也称为 PL/SQL 程序块,PL/SQL 程序块的基本单位是块。PL/SQL 程序都是由块组成的。完整的 PL/SQL 程序块包含三个基本部分:声明部分、执行部分和异常处理部分。其基本结构如下:

[ DECLARE
定义语句段 ]            ——————声明部分
BEGIN
执行语句段             ——————执行部分
[ EXCEPTION
异常处理语句段 ]         ——————异常处理部分
END;

其中:

(1) 声明部分。

以 DECLARE 为标志,声明部分主要是定义程序中要使用的常量、变量、游标等,PL/SQL 程序块中使用的所有变量、常量等需要声明的内容必须在声明部分中集中定义。

(2) 执行部分。

以 BEGIN 为开始标志,以 END 为结束标志,执行部分包含对数据库的数据操纵语句和各种流程控制语句。PL/SQL 执行部分可以把一个或多个 SQL 语句有效地组织起来,以提高程序的执行效率。

(3) 异常处理部分。

这部分包含在执行部分里,以 EXCEPTION 为标志,异常处理部分包含对程序执行中产生的异常情况的处理程序。

三个部分中只有执行部分是必需的,其他两个部分可以省略。PL/SQL 块可以相互嵌套。

【例 5.1】 只有执行部分的程序块。
```
BEGIN
    DBMS_OUTPUT.PUT_LINE('只有执行部分……');
END;
```
程序运行结果:

只有执行部分……

【例 5.2】 有声明部分和执行部分的程序块。
```
DECLARE
v_result number(8,2);
BEGIN
    v_result: = 100/6;
    DBMS_OUTPUT.PUT_LINE('最后结果是:'||v_result);
END;
```
程序运行结果:

最后结果是:16.67

【例 5.3】 包含声明部分、执行部分和异常处理的程序块。
```
DECLARE
v_spbm varchar2(12);
BEGIN
    SELECT spbm into v_spbm from T_SPML WHERE spmc ='喜来达透气包';
    DBMS_OUTPUT.PUT_LINE('喜来达透气包的编码是:'||v_spbm);
    EXCEPTION
        WHEN NO_DATA_FOUND THEN
            DBMS_OUTPUT.PUT_LINE('没有对应的编码');
        WHEN TOO_MANY_ROWS THEN
            DBMS_OUTPUT.PUT_LINE('对应数据过多,请确认');
END;
```
程序运行结果:

喜来达透气包的编码是:9650002

### 5.2.2 字符集和语法注释

PL/SQL 中有一些基本的规范,包括允许使用的字符集和注释的格式等。

**1. PL/SQL 中允许出现的字符集**

PL/SQL 规定在所写的程序块中允许出现以下字符:

(1) 字母,包括大写和小写。
(2) 数字,即 0~9。
(3) 空格、回车符以及制表符。
(4) 符号,包括: +、-、*、/、<、>、=、!、~、^、;、:、.、'、@、%、,、"、#、$、&、_、|、(、)、[、]、{、}、?。

**2. PL/SQL 中的注释**

提高代码可读性的最有效的方法就是添加注释。在通常情况下,程序的注释要求不能低于代码量的 20%,注释也是程序的一部分,所以开发人员要养成添加注释的好习惯。Oracle 为使用者提供了两种注释方式,分别是:

(1) 单行注释:使用"--"两个短划线,可以注释后面的语句。
(2) 多行注释:使用"/*…*/",可以注释所包含的部分。

【例 5.4】 注释使用示例。

```
DECLARE
  v_pjjg number(8,2);              --平均价格
BEGIN
/* 利用 AVG 函数得到价格为 30 元以上的产品的平均价格 */
  SELECT AVG(xsjg) INTO v_pjjg FROM t_spml WHERE xsjg>30;
  DBMS_OUTPUT.PUT_LINE('平均价格是:'||v_pjjg);
END;
```

程序运行结果:

平均价格是:356.6

注释对程序的正确执行没有任何影响,只是提高了程序的可读性。所以,在开发程序时应该添加适当的注释,以方便自己或他人阅读。

### 5.2.3 数据类型和数据转换

PL/SQL 语言中的数据类型常用的有标量类型和复合类型。

**1. 标量类型**

标量类型是系统定义的,合法的标量类型和数据库字段的类型相同,还有些扩展,见表5.1。

表 5.1 常用的标量数据类型

| 类型标志符 | 描 述 | 类型标志符 | 描 述 |
| --- | --- | --- | --- |
| Number | 数字型 | Varchar2 | 变长字符型 |
| Int | 整数型 | Long | 变长字符型 |
| Pls_Integer | 整数型,产生溢出时出现错误 | Date | 日期型 |
| Binary_Integer | 整数型,表示带符号的整数 | Boolean | 布尔型(TRUE、FALSE、NULL) |
| Char | 定长字符型 | | |

除表 5.1 外,还有一种常用的类型定义方法,就是用%TYPE 定义变量类型。%TYPE 是利用已经存在的数据类型来定义新数据的数据类型,最常见的就是把表中字段类型作为变量或常量的数据类型。这样做可以保证变量的数据类型与表中的字段类型同步,当表字段类型发

生变化时,PL/SQL 块变量和类型不需要修改,避免了逐句修改的麻烦,也不至于出现数据溢出或不符的情况。

**2. 增加 %TYPE 类型**

在许多情况下,PL/SQL 变量可以用来存储数据库表中的数据。此时,变量应该拥有与表列相同的类型。使用 <列名>%TYPE 作为数据类型来定义变量,即可使变量拥有与 <列名> 相同的数据类型。

**3. 复合类型**

复合类型是用户定义的内部包含有组件的类型,复合类型的变量包含一个或多个标量变量。PL/SQL 语言中可以使用三种复合类型,即记录、表和数组。

(1) 使用 %ROWTYPE。

使用 %ROWTYPE 可以获得数据库表中所有字段的数据类型,即可得一个完整记录。当数据库表的结构发生变化时,记录变量也随之改变。

**【例 5.5】** %ROWTYPE 使用示例。

```
DECLARE
    v_spml t_spml%ROWTYPE;
BEGIN
    SELECT * INTO v_spml FROM t_spml WHERE spbm = &no;
    DBMS_OUTPUT.PUT_LINE('商品名称:'||v_spml.spmc);
    DBMS_OUTPUT.PUT_LINE('商品产地:'||v_spml.spcd);
    DBMS_OUTPUT.PUT_LINE('供货单位:'||v_spml.ghdw);
    DBMS_OUTPUT.PUT_LINE('销售价格:'||v_spml.xsjg);
END;
```

程序运行结果:
输入 no 的值:9640002
商品名称:喜来达透气包
商品产地:上海
供货单位:G90008
销售价格:8.2

(2) 表。

表是一种比较复杂的数据结构,与数据库中的表是有区别的。数据库表是一种二维表,是以数据库表的形式存储的。这里的表是一种复合数据类型,是保存在数据缓冲区中的没有特别存储次序的、可以离散存储的数据结构,它可以是一维的,也可以是二维的。

表类型的使用需要经过类型定义、声明变量与引用三个步骤。

① 定义表类型。

TYPE <类型名> IS TABLE OF <数据类型> INDEX BY BINARY_INTEGER;

其中:类型名是用户定义的;数据类型是表中元素的数据类型,表中所有元素的数据类型是相同的;索引变量默认为 BINARY_INTEGER 类型的变量,其值只是一个标记,没有大小、先后之分。

② 声明表类型的变量。

<表变量名> <表类型名>;

③表的引用。

一旦声明了表变量,就可以引用表元素。

<表变量名>(<索引变量>);

【例5.6】 表类型使用示例。

```
DECLARE
    TYPE table_type IS TABLE Of varchar2(20) INDEX BY BINARY_INTEGER;
    v_spmc table_type;
BEGIN
    SELECT spmc INTO v_spmc(1) FROM t_spml WHERE spbm = &no;
    DBMS_OUTPUT.PUT_LINE('商品名称:'||v_spmc(1));
END;
```

程序运行结果:

输入 no 的值:9440012

商品名称:思高抗菌-拖净拖把

### 4. 数据类型转换

PL/SQL 语言支持显式和隐式两种数据类型的转换。显式转换使用转换函数,如 TO_CHAR()和 TO_NUMBER()等;隐式转换由 PL/SQL 自动完成,将一组变量赋值给数据库表中的一列时,PL/SQL 会自动将变量的数据类型转换成数据库表中列的数据类型。

### 5.2.4 变量和常量

常量和变量是由用户定义的,使用前需在 PL/SQL 程序块的声明部分对其进行声明,目的是为其分配内存空间。定义格式如下:

<变量名|常量名>[CONSTANT]<数据类型>[NOT NULL][:=|DEFAULT<初始值>];

其中:

(1)变量名和常量名必须以字母开头,不区分大小写,后面跟可选的一个或多个字母、数字(0~9)、特殊字符($、#或_),长度不超过30个字符,名字中不能有空格。

(2)CONSTANT 是声明常量的关键字,只在声明常量时使用。

(3)每一个变量或常量都有一个特定的数据类型。

(4)每个变量或常量声明占一行,行尾使用";"结束。

(5)常量必须在声明时赋值,变量在声明时可以不赋值。如果变量在声明时没有赋初值,PL/SQL 语言自动为其赋值 NULL。若变量声明中使用了 NOT NULL,则表示该变量是非空变量,即必须在声明时给该变量赋初值,否则会出现编译错误。在 PL/SQL 程序中,变量的值是可以改变的,而常量的值是不能改变的。变量的作用域是从声明开始到 PL/SQL 程序块结束。

### 5.2.5 表达式和运算符

PL/SQL 语言常见的表达式分为算术表达式、字符表达式、关系表达式和逻辑表达式。

**1. 算术表达式**

算术表达式是由数值型常量、变量、函数和算术运算符组成的。算术表达式的计算结果是数值型数据,它使用的运算符主要包括:( )、*、*、/、+、-等,运算的优先次序为括号、乘方、乘除、加减。

**2. 字符表达式**

字符表达式是由字符或字符串常量、变量、函数和字符运算符组成的。字符表达式的计算结果仍然是字符型。唯一的字符运算符是"||",将两个或多个字符串连接在一起。如果表达式中的所有操作数是 char 类型的,那么表达式的结果也是 char 类型的;如果所有操作数都为 varchar2 类型,那么表达式的结果也为 varchar2 类型。

**3. 关系表达式**

关系表达式是由字符表达式或者算术与关系运算符组成的。关系表达式的格式为:

＜表达式＞ ＜关系运算符＞ ＜表达式＞

关系运算符两边表达式的数据类型必须一致,因为只有相同类型的数据才能比较。关系表达式的运算结果为逻辑值,若关系表达式成立,结果为真,否则为假。

关系运算符主要有如下几种:

＜、＞、=、＜=、＞=、!=、LIKE、BETWEEN…AND、IN

**4. 逻辑表达式**

逻辑表达式是由关系表达式和逻辑运算符组成的,逻辑表达式的运算结果为逻辑值。逻辑运算符包括:NOT、OR、AND,优先次序为:NOT、AND、OR。逻辑表达式的一般格式为:

＜关系表达式＞ ＜逻辑运算符＞ ＜关系表达式＞

关系表达式和逻辑表达式实际上都是布尔表达式,其值为布尔值 TRUE、FALSE 或者 NULL。

## 5.3 PL/SQL 处理流程

PL/SQL 既然是面向过程的编程语言,它必然要有针对逻辑的控制语句,这些语句在日常的编程中起着很重要的作用,可以完成业务逻辑的框架部分。本节介绍 PL/SQL 的逻辑控制语句。

### 5.3.1 赋值语句

在 PL/SQL 语言中的给变量赋值有以下两种方式:

(1)直接给变量赋值。

如同其他程序设计语言,PL/SQL 中也有给变量直接赋值的语句,格式如下:

变量名:=值;

如:X:=200;Y:=Y*(X+20);

(2)通过 SELECT INTO 或 FETCH INTO 给变量赋值。

在 PL/SQL 中,用 SELECT 查询或用 FETCH 语句操作游标时,可以将结果赋值给相应的变量,格式如下:

SELECT ＜查询列表＞ INTO ＜变量名表＞ FROM ＜表名＞ [WHERE 等从句];

或

FETCH <游标名> INTO <变量名>;

### 5.3.2 条件分支语句

条件控制语句就是根据当前某个参数的值来判断进入哪个流程。IF 条件语句是编程语言中最常见的结构形式,这种结构有着一个或多个布尔表达式,一旦给出的数据使得布尔表达式成立,那么将执行该表达式对应的语句,而后继续往下执行。当布尔表达式不成立时,程序会跳过该表达式对应的语句继续执行下面的语句。

IF 语句有三种使用方式:IF…、IF…ELSE…、IF…ELSIF…,这三种方式可以根据实际业务灵活选择。下面分别介绍这三种结构的具体使用方式。

**1. IF…结构**

这是 IF 语句中最简单的结构方式,它只有一个 IF 语句,如果给定的表达式不成立,那么将继续向下执行。其语法形式为:

IF condition THEN
  statements;
END IF;

当 condition 为 TRUE 时,程序执行 IF 语句所包含的 statements。

【例 5.7】 IF 结构示例。
```
DECLARE
    v_result number(10,4);
BEGIN
    v_result:= SQRT(68+34*7+(11-1)**2);
    IF v_result > 10 THEN
        DBMS_OUTPUT.PUT_LINE('v_result 大于 10,结果是:'||v_result);
    END IF;
    DBMS_OUTPUT.OUT_LINE('if 语句执行完毕');
END;
```
程序运行结果:
v_result 大于 10,结果是:20.1494
if 语句执行完毕

**2. IF…ELSE…结构**

该类型的结构表示不是选 A 就是选 B,要么执行 IF 后面的语句,要么执行 ELSE 后面的语句,是二选一的模式。该结构执行完成后,程序会继续向后执行。其语法形式如下:

IF condition THEN
  statements;
ELSE
  statements;
END IF;

当 condition 为 TRUE 时,程序执行 IF 所对应的 statements,否则执行 ELSE 对应的 statements。

【例 5.8】 IF…ELSE 结构示例。

```
DECLARE
    v_if_con number(10);
BEGIN
    v_if_con := 10;
    IF v_if_con > 20 THEN
        DBMS_OUTPUT.PUT_LINE('v_if_con > 20');
    ELSE
        DBMS_OUTPUT.PUT_LINE('v_if_con < 20');
    END IF;
    DBMS_OUT.PUT_LINE('if…else 执行完毕');
END;
```

程序运行结果：

v_if_con < 20
IF…ELSE 执行完毕

**3. IF…ELSIF…结构**

该结构是前面两种使用方式的结合，它可以提供多个 IF 条件选择，当程序执行到该结构部分时，会对每一个条件进行判断，一旦条件为 TRUE，程序会执行对应的语句，而后继续判断下一个条件，直到所有条件判断完成。其语法形式如下：

```
IF condition1 THEN
    statements1;
ELSIF condition2 THEN
    statements2;
……
[ELSE statements;]
END IF;
```

【例 5.9】 IF…ELSIF 结构示例。

```
DECLARE
    v_if_con number(10);
BEGIN
    v_if_con := dbms_random.value(100,200);
    IF v_if_con > 100 AND v_if_con < 150 THEN
        DBMS_OUTPUT.PUT_LINE('v_if_con 的值在 100 - 150 之间');
    ELSIF v_if_con > 150 AND v_if_con < 180 THEN
        DBMS_OUTPUT.PUT_LINE('v_if_con 的值在 150 - 180 之间');
    ELSIF v_if_con > 180 AND v_if_con < 200 THEN
        DBMS_OUTPUT.PUT_LINE('v_if_con 的值在 180 - 200 之间');
    ELSE
        DBMS_OUT.PUT_LINE('v_if_con 的值是一个边缘值');
    END IF;
    DBMS_OUTPUT.PUT_LINE('if…elsif 执行完毕');
    DBMS_OUTPUT.PUT_LINE('v_if_con 的值是：'||v_if_con);
```

END；

程序运行结果：

v_if_con 的值在 100 – 150 之间
IF…ELSIF 执行完毕
v_if_con 的值是：123

上述三种 IF 语句的结构形式可以单独使用，也可以相互嵌套使用，在编程时可以根据具体的业务流程决定选择什么形式的条件语句。

### 5.3.3 CASE 语句

CASE 语句同 IF 语句类似，也是根据条件选择对应的语句执行。CASE 语句分为以下两种类型：一种是简单的 CASE 语句，给出一个表达式，并把表达式的结果同提供的几个可预见的结果作比较，如果比较结果是"真"，则执行对应的语句序列；另一种是搜索式的 CASE 语句，提供多个布尔表达式，然后选择第一个为"真"的表达式，执行对应的语句。下面分别介绍这两种 CASE 语句的使用方式。

**1. 简单的 CASE 语句**

该类型 CASE 语句的语法形式如下：

```
CASE operand1
WHEN operand2 THEN
     statements2；
[WHEN operand3 THEN
     statements3；
]
……
[ELSE statements]……
END CASE；
```

其中 operand1 通常是一个变量，operand2 等都是值，与 operand1 的结果比较，执行与其相同的那个 WHEN 下面的语句。当所有的值都和 operand1 的值不同时，执行 ELSE 后面的语句。

【例 5.10】 简单 CASE 语句示例。

```
DECLARE
    v_categoryid varchab2(12)；
BEGIN
  SELECT spbm INTO v_categoryid FROM t_spml WHERE spbm = '9530046'；
  CASE v_categoryid
  WHEN '9530046' THEN
      DBMS_OUTPUT.PUT_LINE(v_categoryid||'思高多用途小号手套')；
  WHEN '9530047' THEN
      DBMS_OUTPUT.PUT_LINE(v_categoryid||'思高多用途中号手套')；
  WHEN '9540009' THEN
      DBMS_OUTPUT.PUT_LINE(v_categoryid||'思高棉线一拖净拖把')；
  WHEN '9540012' THEN
```

        DBMS_OUTPUT. PUT_LINE(v_categoryid||'思高抗菌一拖净拖把');
    ELSE
        DBMS_OUTPUT. PUT_LINE('没有对应的产品类型');
    END CASE;
    DBMS_OUTPUT. PUT_LINE('CASE 结构执行完毕');
END;

程序运行结果：
9530046 思高多用途小号手套
CASE 结构执行完毕

**2. 搜索式的 CASE 语句**

搜索式的 CASE 语句会依次检查布尔值是否为 TRUE，一旦为 TRUE，它所在的 WHEN 子句将被执行，其后的布尔表达式将不再被考虑。如果所有的布尔表达式都不为 TRUE，程序将转到 ELSE 子句。如果没有 ELSE 子句，系统将给出 CASE_NOT_FOUND 异常。语法形式如下：

CASE
WHEN expression1 THEN
        statements1；
［WHEN expression2 THEN
statements2；
］
……
［ELSE statements］……
END CASE;

【例 5.11】 搜索式 CASE 语句示例。

```
DECLARE
    v_price number(8,2);
BEGIN
    SELECT xsjg INTO v_price FROM t_spml WHEN spbm = '9540009';
    CASE
    WHEN v_price < = 10 THEN
        DBMS_OUTPUT. PUT_LINE('低价产品,价格是:'||v_price);
    WHEN v_price >10 AND v_price < = 30 THEN
        DBMS_OUTPUT. PUT_LINE('中价产品,价格是:'||v_price);
    WHEN v_price >30 THEN
        DBMS_OUTPUT. OUT_LINE('高价产品,价格是:'||v_price);
    ELSE
        DBMS_OUTPUT. PUT_LINE('错误价格,价格是:'||v_price);
    END CASE;
    DBMS_OUTPUT. PUT_LINE('CASE 结构执行完毕');
END;
```

程序运行结果：
中价产品,价格是:26.3

CASE 结构执行完毕

### 5.3.4 循环语句

循环语句的作用是可以重复地执行指定的语句块。PL/SQL 语言有三种形式的循环语句：LOOP、WHILE…LOOP 和 FOR…LOOP。本节介绍这三种循环语句的使用方法。

**1. LOOP 循环控制语句**

该形式的语句属于循环控制语句中最基本的结构，它会重复不断地执行 LOOP 和 END LOOP 之间的语句序列。由于基本的 LOOP 语句本身没有包含中断循环的条件，所以通常情况下都是和其他的条件控制语句一起使用，利用 EXIT 等中断循环的执行。如果出现异常也能使 LOOP 语句中止。LOOP 语句的语法形式如下：

```
LOOP
    statements;
    EXIT WHEN…
    …
END LOOP;
```

LOOP 语句需要和条件控制语句一起使用，否则会出现死循环的情况。在通常情况下，会在循环体中加入语句 EXIT…WHEN 来结束循环。它所代表的含义是：当 WHEN 后面的条件为 TRUE 时，EXIT 会被触发，终止并退出指定的循环。

【例 5.12】 LOOP 语句示例。

```
DECLARE
    v_num number(8):=1;
BEGIN
    LOOP
        DBMS_OUTPUT.PUT_LINE('当前 v_num 的值是:'||v_num);
        v_num:=v_num+1;
        EXIT WHEN v_num>5;
    END LOOP;
    DBMS_OUTPUT.PUT_LINE('退出,当前 v_num 的值是:'||v_num);
    DBMS_OUTPUT.PUT_LINE('LOOP 循环已经结束');
END;
```

程序运行结果：

当前 v_num 的值是:1
当前 v_num 的值是:2
当前 v_num 的值是:3
当前 v_num 的值是:4
当前 v_num 的值是:5
退出,当前 v_num 的值是:6
LOOP 循环已经结束

**2. WHILE…LOOP 语句**

该语句的语法形式如下：

```
WHILE expression LOOP
    statements;
END LOOP;
```

WHILE…LOOP 语句本身可以终止 LOOP 循环,当 WHILE 后面的表达式为 TRUE 时,LOOP 和 END LOOP 之间的语句集将执行一次,而后会重新判断 WHILE 后面的表达式是否为 TRUE,如果为真,则再执行一次循环体语句,直至 WHILE 后面的表达式的值为 FALSE。

【例 5.13】 WHILE…LOOP 语句示例。

```
DECLARE
    v_num number(8) := 1;
BEGIN
    DBMS_OUTPUT.PUT_LINE('当前 v_num 的值是:');
    WHILE v_num < 20 LOOP
      IF mod(v_num,3) = 0 THEN
        DBMS_OUTPUT.PUT_LINE(v_num||' ');
      END IF;
      v_num := v_num + 1;
    END LOOP;
    DBMS_OUTPUT.PUT_LINE('退出,当前 v_num 的值是:'||v_num);
    DBMS_OUTPUT.PUT_LINE('LOOP 循环已经结束');
END;
```

程序运行结果:
当前 v_num 的值是:
3
6
9
12
15
18
退出,当前 v_num 的值是:20
LOOP 循环已经结束

### 3. FOR…LOOP 语句

该语句结构的语法形式如下:
```
FOR index_name IN [reverse] lower…upper LOOP
    statements;
END LOOP;
```

其中 index_name 是循环计数器,可以得到当前的循环次数,但是不能为其赋值;lower 和 upper 是循环变量的下界和上界,reverse 指定循环变量的变化从上界到下界;默认的方式是从下界到上界。

【例 5.14】 FOR…LOOP 语句示例。
```
DECLARE
    v_num number(8) := 0;
```

```
BEGIN
    DBMS_OUTPUT.PUT_LINE('1-20 之间整数和:');
    FOR inx IN 1..20 LOOP
        v_num: = v_num + inx;
    END LOOP;
    DBMS_OUTPUT.PUT_LINE(v_num);
    DBMS_OUTPUT.PUT_LINE('LOOP 循环已经结束');
END;
```
程序运行结果：
1-20 之间整数和:
210
LOOP 循环已经结束

## 5.4 过程、函数与触发器

存储过程是为了完成特定功能而编写的 PL/SQL 命名程序块,它不能被数据库自动执行,但可以在 SQL * Plus 环境中,或在与 Oracle 数据库连接的前台数据库应用程序中,通过引用存储过程名来调用。存储函数和存储过程非常相似,也是 Oracle 数据库命名的 PL/SQL 程序块,所不同的是,存储函数除了完成一定的功能外,还必须返回一个值。

### 5.4.1 过程

前面提到 PL/SQL 程序块均为未命名的 PL/SQL 程序块,在其他程序中无法调用这些没有名字的程序块。PL/SQL 中的存储过程可以解决这个问题。存储过程是为了完成特定功能而编写的 PL/SQL 命名程序块,它不能被数据库自动执行,但可以在 SQL * Plus 环境中,或在与 Oracle 数据库连接的前台数据库应用程序中,通过引用存储过程名来调用。PL/SQL 存储过程允许使用参数,且分为传入参数、传出参数和传入传出参数三种。这样可以在应用程序中通过赋予不同的参数值来多次调用同一存储过程,以实现程序的规范化,提高程序块的使用效率。

**1. 创建存储过程**

在第 4 章介绍了过程、函数的操作方法,在这里简单地介绍创建窗口、保存地点等。

创建存储过程的语句格式如下：

CREATE [OR REPLACE] PROCEDURE [方案名.]存储过程名
[(参数名 {IN|OUT|IN OUT} 参数类型[,参数名 {IN|OUT|IN OUT} 参数类型]…)]
IS|AS
    存储过程体；

其中:PROCEDURE 表示 PL/SQL 存储过程关键字;IN|OUT|IN OUT 分别表示传入、传出和传入传出三种参数类型。

【例 5.15】 创建存储过程 pro_sum,该存储过程带一个字符型传入参数 v_jldw,实现统计计量单位为 v_jldw 的商品数并输出。

CREATE PROCEDURE pro_sum (v_jldw IN VARCHAR2)

```
AS
    num NUMBER;
BEGIN
    SELECT COUNT(*) INTO num FROM t_spml WHERE jldw = v_jldw;
    DBMS_OUTPUT.PUT_LINE(num);
END;
```
程序运行结果：
CALL pro_sum('块');
6

### 2. 执行存储过程

在创建了 PL/SQL 存储过程后，可以在 SQL*Plus 环境中或在与 Oracle 数据库连接的前台数据库应用程序中，通过引用存储过程名来调用它。语法格式如下：

<过程名>(<参数1>,<参数2>,……);

在调用存储过程时，如果有参数，要求形参与实参的类型、个数必须一致。例如，调用上述 pro_sum 过程的语句为：

```
BEGIN
    Pro_sum('男');
END;
```

### 3. 维护存储过程

（1）查看存储过程。

存储过程信息在数据字典视图 DBA_Source、All_Source 和 User_Source 中，使用查询语句 Select 可以得到存储在其中的存储过程信息。例如：

SELECT * FROM User_Source;

（2）修改存储过程。

使用创建过程命令中的 OR REPLACE 选项可以实现修改存储过程的功能，当存储过程创建完成后，只允许修改存储过程体及参数。

（3）删除存储过程。

删除存储过程的命令如下：

DROP PROCEDURE [<方案名>.]<存储过程名>;

例如：删除上述过程的语句为：

DROP PROCEDURE pro_sexsum;

## 5.4.2 函数

PL/SQL 存储函数和存储过程非常相似，都是 Oracle 数据库命名的程序块。与存储过程不同的是，函数除了完成一定的功能外，还必须返回一个值。

### 1. 创建 PL/SQL 函数

创建函数的语法格式如下：

CREATE [OR REPLACE] FUNCTION [方案名.]函数名
[(参数名 {IN|OUT|IN OUT} 参数类型[,参数名 {IN|OUT|IN OUT} 参数类型]…)]

RETURN 返回值类型 IS|AS
函数体;

其中:FUNCTION 表示 PL/SQL 函数关键字;IN|OUT|IN OUT 分别表示传入、传出和传入传出三种参数类型;RETURN 表示返回值关键字。

【例5.16】 创建函数 func_sum,该函数与存储过程 pro_sum 很相似,只不过函数将统计结果作为返回值。

```
CREATE OR REPLACE FUNCTION func_sum (v_jldw IN VARCHAR2) RETURN NUMBER AS
    NUM NUMBER;
BEGIN
    SELECT COUNT(v_jldw) INTO num FROM t_spml WHERE jldw = v_jldw;
    RETURN NUM;
END;
```

**2. 调用函数**

在创建了 PL/SQL 函数后,可以在 SQL＊Plus 环境中,或在与 Oracle 数据库连接的前台数据库应用程序中,通过引用函数名来调用它。语法格式如下:

函数名(参数1,参数2,……);

在调用函数时,如果有参数,则要求形参与实参的类型、个数必须一致。

【例5.17】 调用上述 func_sum 函数。

```
DECLARE
    N1 NUMBER;
BEGIN
    N1: = func_sum('男');
    DBMS_OUTPUT.PUT_LINE(N1);
END;
```

**3. 维护函数**

(1)查看函数。

自定义的函数信息在数据字典视图 DBA_Source、All_Source 和 User_Source 中,使用查询语句 SELECT 可以得到存储在其中的函数存储过程信息。例如:

SELECT ＊ FROM User_Source;

(2)修改函数。

使用创建函数命令中的 OR REPLACE 选项可以实现修改函数的功能,当函数创建完成后,只允许修改函数体及参数。

(3)删除函数。

删除函数的命令如下:

DROP FUNCTION 方案名.函数名;

例如:删除上述函数的语句为:

DROP FUNCTION func_sexsum;

### 5.4.3 触发器

触发器是为了完成特定功能而编写的 PL/SQL 命名程序块,是存储在数据库中的由特定事件触发的过程块。触发器与存储过程的不同之处在于,触发器由数据库系统在满足触发条件时自动运行,而无须编程调用它。当创建了触发器后,可以利用触发器来实现数据库的完整性约束。

**1. 创建触发器**

创建触发器的语法格式如下:

CREATE [OR REPLACE] TRIGGER [方案名.]触发器名
{BEFORE|AFTER} 触发事件 [OF 字段列表] ON 表名
[FOR EACH ROW [WHEN 触发条件]]
触发体;

其中:TRIGGER 表示触发器关键字;BEFORE|AFTER 分别表示之前或之后触发;FOR EACH ROW 表示逐行触发。

【例5.18】 创建触发器 tri_sum,该触发器将在删除商品信息表中数据行之后触发。

```
CREATE TRIGGER tri_sum
AFTER DELETE ON t_spml
BEGIN
    DBMS_OUTPUT.PUT_LINE('触发器已被触发');
END;
```

触发器的执行是当触发条件发生时自动执行。例如,对上述触发器,当执行如下 SQL 语句时会触发 tri_sum 的执行。

```
DELETE FROM t_spml WHERE spbm = '9650002';
```

触发器已被触发

**2. 维护触发器**

(1)查看触发器。

触发器信息存储在数据字典视图 DBA_Triggers 中,使用查询语句 SELECT 可以得到存储在其中的触发器信息。

(2)修改触发器。

使用创建触发器命令中的 OR REPLACE 选项可以实现修改触发器的功能,当触发器创建完成后,只允许修改触发体。

(3)删除触发器。

删除触发器的命令如下:

DROP TRIGGER [方案名.]触发器名;

例如,删除上述函数的语句为:

DROP TRIGGER tri_sum;

【例5.19】 编制触发器,使供货单位为"G30008"的商品销售价格只能涨价,不能降价。

```
CREATE OR REPLACE TRIGGER trig_spml_upd
    BEFORE UPDATE OF xsjg ON t_spml FOR EACH ROW WHEN (OLD.ghdw = 'G30008')
BEGIN
  IF (:NEW.xsjg < :OLD.xsjg) THEN
      raise_application_error( -20001,'供货单位 G30008 的商品不能降价!');
  END IF;
```

END;

对表 t_spml 供货单位是 G30008 的商品销售价格都减 3。
SQL > UPDATE t_spml set xsjg = xsjg - 3 WHERE ghdw = 'G30008';
ORA - 20001：供货单位 G30008 的商品不能降价！
ORA - 06512：在"JXC. TRIG_SPML_UPD"，line 3
ORA - 04088：触发器'JXC. TRIG_SPML_UPD'执行过程中出错

在例 5.19 中，raise_application_error 是用来提供自定义消息的。该语句只能在数据库端的过程、函数、包及触发器中使用，而无法在客户端中使用。语法格式为：

raise_application_error( error_number, message );

其中，error_number 用于定义错误码，该码必须在 - 20 000 ~ - 20 999 之间的负整数；message 用于指定错误消息，并且该消息的长度无法超过 2 048 字节。

## 5.5 异常处理

### 5.5.1 异常概述

PL/SQL 在运行过程中有可能会出现错误，这些错误有的来自程序本身，有的来自开发人员自定义的数据，而所有的这些错误称为异常。

为了使程序有更好的阅读性和健壮性，PL/SQL 采用了捕获并统一处理异常的方式。当异常发生时，程序会无条件地跳转到异常块处，将控制权限交给异常处理程序。异常处理程序将进行异常匹配，如果当前的块内没有对应的异常名称，则异常会传至当前程序的上一层程序中查找，如果一直向上查找却依然没有找到对应的处理方式，则该异常会被传至当前的主机调用中，而运行的程序也会中断。

【例 5.20】 异常演示示例。
DECLARE
　　v_rslt number(10) : = 10;
BEGIN
　　v_rslt : = 100/0;
　　DBMS_OUTPUT. PUT_LINE('结果是：'||v_rslt);
END;

程序运行结果：
错误提示：ORA - 01476：除数为 0
　　　　　ORA - 06512：在 LINE 4

程序在编译时会正常通过，但执行程序会出现错误提示，也就是有异常抛出。

**1. 处理异常的语法**

前面在介绍 PL/SQL 块结构时解释过，PL/SQL 块有声明部分、执行部分和异常部分。异常通常都发生在执行体部分，异常处理部分在 PL/SQL 块的最下方。其语法格式如下：
EXCEPTION
　　WHEN exception1［OR exception2..］THEN　　- - 异常列表

```
            statement [statement]…                    --语句序列
    WHEN exception3 [OR exception4..] THEN           --异常列表
            statement [statement]…
  [ WHEN OTHERS THEN
            statement [statement]…]
```

其中:EXCEPTION 表示声明异常块部分,是异常处理部分开始的标志;异常列表与相应的语句序列表示发生的异常与异常列表里的异常相匹配时,可以执行指定的语句序列,以完成后续操作;WHEN OTHERS THEN 语句通常是异常处理的最后部分,表示如果抛出的异常在前面没有被捕获,那么将在这个地方被捕获。该语句可以不用,但不被捕获的异常会传到主机环境。

Oracle 中的异常可以分为三类:预定义异常、非预定义异常和自定义异常。

### 5.5.3 预定义异常

Oracle 中为每个错误提供一个错误号,而捕获异常则需要异常有名称。Oracle 提供了一些已经定义好名称的常用异常,这就是预定义异常。表 5.2 列出了一些常用的预定义异常。

表 5.2 常用的预定义异常

| 异常名称 | 错误序号 | 异常码 | 发生异常情况 |
| --- | --- | --- | --- |
| CASE_NOT_FOUND | ORA-06592 | -6592 | CASE 语句中,WHEN 子句没有相匹配的条件,而且没有 ELSE 语句,会触发该异常 |
| NO_DATA_FOUND | ORA-01403 | +100 | SELECT…INTO 语句没有返回记录,触发该异常 |
| TOO_MANY_ROWS | ORA-01422 | -1422 | SELECT…INTO 语句返回记录多于一条,触发该异常 |
| DUP_VAL_ON_INDEX | ORA-00001 | -1 | 唯一索引所对应的列上出现重复值时,引发该异常 |
| VALUE_ERROR | ORA-06502 | -06502 | 赋值时,如果变量长度不够,则将引发该异常 |
| ZERO_DIVIDE | ORA-01476 | -1476 | 除数为 0 时,引发该异常 |
| STORAGE_ERROR | ORA-06500 | -6500 | 内存溢出或破坏,引发该异常 |
| TIMEOUT_ON_RESOURCE | ORA-00051 | -51 | 等待资源超时,引发该异常 |
| CURSOR_ALREADY_OPEN | ORA-06511 | -6511 | 打开一个已经打开的游标,引发该异常 |

预定义的异常不止表 5.2 列出的这些,Oracle 一共提供了 25 种预定义异常,利用如下查询语句可以查看 Oracle 的预定义异常:

SELECT * FROM DBA_SOURCE WHERE name = 'STANDARD' AND text LIKE '%EXCEPTION_INIT%';

【例 5.21】 预定义异常示例。
```
DECLARE
    v_rslt number(10) := 10;
BEGIN
    v_rslt := 100/0;
    DBMS_OUTPUT.PUT_LINE('结果是:'||v_rslt);
EXCEPTION WHEN ZERO_DIVIDE THEN
    DBMS_OUTPUT.PUT_LINE('除数是 0,默认用 1 代替,结果是:'||100/1);
```

end;

程序运行结果：

除数是0,默认用1代替,结果是100

执行过程中出现除数为0的情况时,程序会马上进入异常捕获部分,当发生的异常和异常列表中的异常名称匹配成功时,执行 WHEN…THEN 下的语句序列,这样就可以避免因程序中断而产生的问题。

异常的匹配顺序是从上到下,这一点需要注意。

**2. 非预定义异常**

Oracle 中的异常更多是非预定义异常,即这些异常只有错误编号和相关的错误描述,而没有名称。这样的异常是不能被捕捉的。为了解决该问题,Oracle 允许开发人员为其添加一个名称,使得它们能够被异常处理模块捕捉到。

为一个非预定义异常命名需要两步：

（1）声明一个异常的名称。

（2）将这个名称和异常的编号相互关联。

Oracle 处理预定义异常和非预定义异常并没有区别。

【例5.22】 关联非预定义异常示例。

```
DECLARE
    v_ctgy varchar2(10);
    my_exp EXCEPTION;
    PRAGMA EXCEPTION_INIT(my_exp, -2291);
BEGIN
    v_ctgy := '1111111111';
    UPDATE PRODUCTINFO SET PRODUCTINFO.CATEGORY = v_ctgy;
    EXCEPTION WHEN my_exp THEN
    DBMS_OUTPUT.PUT_LINE('违反完整约束条件,未找到父项关键字');
    DBMS_OUTPUT.PUT_LINE('SQLERRM:'||SQLERRM);
    DBMS_OUTPUT.PUT_LINE('SQLCODE:'||SQLCODE);
END;
```

### 5.5.5 自定义异常

如果开发中遇到与实际业务相关的错误,例如,产品数量不允许为负数,生产日期必须在保质期之前等,这些和业务相关的问题并不能归为系统错误,也不能使用预定义和非预定义异常来捕捉它们。如果要想用异常的方式处理这些问题,需要开发人员自己编写,而且在调用的时也需要显示地触发。

【例5.23】 自定义异常示例。

```
DECLARE
    v_prcid t_spml.spbm%type := '& 产品ID';
    v_qunty t_spml.xxsl%type;
    quantity_exp EXCEPTION;
    PRAGMA EXCEPTION_INIT(quantity_exp, -20001);
BEGIN
```

```
    SELECT xxsl INTO v_qunty FROM t_spml WHERE spbm = v_prcid;
    IF v_qunty < 0 THEN
        Raise quantity_exp;
    END IF;
    DBMS_OUTPUT.PUT_LINE('该产品的数量是:'||v_qunty);
    EXCEPTION
        WHEN quantity_exp THEN
            DBMS_OUTPUT.PUT_LINE('出现产品数量为空的数据,请核查');
        WHEN NO_DATA_FOUND THEN
            DBMS_OUTPUT.PUT_LINE('没有对应的数据');
        WHEN TOO_MANY_ROWS THEN
            DBMS_OUTPUT.PUT_LINE('对应数据太多,请确认');
END;
```
程序运行结果:
该产品的数量是:17

## 5.6 PL/SQL 游标

游标在操作数据时是经常用到的,可以让用户像操作数组一样操作查询出来的数据集,使得使用 PL/SQL 编程更加方便。实际上,游标提供了一种从集合性质的结果中提取单条记录的手段。

### 5.6.1 游标概述

游标可以看成是一个变动的光标,而实际上它是一个指针,在一段 Oracle 存放数据查询结果集或数据操作结果集的内存中,这个指针可以指向结果集中的任何一条记录。这样就可以得到它所指向的数据了,但初始时它指向首记录。这种模型很像编程语言中的数组。游标可以简单地理解为指向结果集记录的指针,利用游标可以返回它当前指向的行记录(只能返回一行记录)。如果要返回多行,那么需要不断地滚动游标,把想要数据查询一遍。用户可以操作游标所在位置行的记录。例如,把返回记录作为另一个查询的条件等。

Oracle 中的游标分为显式游标和隐式游标两种类型。

### 5.6.2 显式游标

显示游标是指在使用之前必须有着明确的游标声明和定义,这样的游标定义会关联数据查询语句,通常会返回一行或多行。打开游标后,用户可以利用游标的位置对结果集进行检索,使之读到单一的行记录,用户可以操作此记录。关闭游标后,就不能再对结果集进行任何操作。显示游标需要用户自己写代码完成,一切由用户控制。

显示游标在 PL/SQL 编程中有着重要的作用,通过显示游标用户可以操作返回的数据,使得一些在编程语言中复杂的功能变得更容易实现。

**1. 静态游标**

静态游标只能与指定的查询相连,固定的查询语句、固定的返回类型及游标指针指向固定的内存处理区域,一切都在声明部分定义。

(1) 游标语法。

创建游标的语法如下:

CURSOR cursor_name [(parameter_name datatype,……)] IS select_statement;

其中:

CURSOR cursor_name 声明游标;

parameter_name datatype 是参数的名称及类型;

select_statement 是游标关联的 SELECT 语句,但该语句不能是 SELECT…INTO…语句。

(2) 游标的使用步骤。

显示游标的使用顺序可以明确地分成声明游标、打开游标、读取数据和关闭游标四个步骤。声明游标的语句已经在前面介绍过。下面说明其他三个步骤。

① 打开游标。

游标中任何对数据的操作都是建立在游标被打开的前提下。打开游标初始化了游标指针,游标一旦打开,其结果集就都是静态的。也就是说,结果集此时不会反映出数据库中对数据进行的增加、删除、修改操作。具体语法格式如下:

OPEN cursor_name;

② 读取数据。

读取数据要利用 FETCH 语句完成,它可以把游标指向位置的记录放入到 PL/SQL 声明的变量当中。它只能取出指针当前行的记录。在正常情况下,FETCH 要和循环语句一起使用,这样指针会不断前进,直到某个条件不符合要求而退出。使用 FETCH 时,游标属性%ROW-COUNT 会不断累加。语句如下:

FETCH cursor_name INTO record_name;

其中:second_name 是行变量名。

③ 关闭游标。

使用结束要关闭游标。此时释放资源,结果集中的数据将不能做任何操作。语句如下:

CLOSE cursor_name;

【例 5.24】 利用 LOOP 循环显示商品编码以"353"开头的所有商品的编码及名称。

```
DECLARE
    CURSOR c1 IS SELECT spbm,spmc FROM t_spml WHERE spbm LIKE '353%';
    v_spml c1%rowtype;
BEGIN
    IF NOT c1%ISOPEN THEN
        OPEN c1;
    END IF;
    LOOP
        FETCH c1 INTO v_spml;
        EXIT WHEN c1%NOTFOUND;
        DBMS_OUTPUT.PUT_LINE(v_spml.spbm||','||v_spml.spmc);
    END LOOP;
    CLOSE c1;
END;
```

程序运行结果:
3530390,碧然露洗发水
3530541,碧然露洗发乳
3530543,碧然露洗发水
3530549,碧然露 BB 洗发水

【例 5.25】 利用 FOR 循环显示商品编码以"353"开头的所有商品的编码及名称。
```
DECLARE
    CURSOR c1 IS SELECT spbm,spmc FROM t_spml WHERE spbm LIKE '353%';
BEGIN
    FOR v_c1 IN c1 LOOP
        DBMS_OUTPUT.PUT_LINE(v_c1.spbm||','||v_c1.spmc);
    END LOOP;
END;
```

从例 5.25 可以看到,FOR 游标循环使用非常简单,没有打开,没有读取,也没有关闭。FOR 语句打开游标的同时进入循环,游标指针指向首行记录。游标指针是依据循环来移动的,游标所在行的数据不用读取可以直接使用,一直到循环结束自动关闭游标。

### 2. 动态游标

动态游标也称为游标变量,与静态游标一样,动态游标也是一个指向多行查询结果集中当前数据行的指针。但不同的是,静态游标只能与指定的查询相连,而动态游标则可与不同的查询语句相连,它可以指向不同查询语句的内存处理区域(不能同时),只要这些查询语句的返回类型兼容即可。

(1) 动态游标语法。

创建动态游标的语法如下:

定义动态游标类型:TYPE ref_type_name IS REF CURSOR [RETURN return_type];

其中,ref_type_name 为新定义的游标变量类型名称;return_type 为游标变量的返回值类型,它必须为记录变量。

定义游标变量:v_ref ref_cursor_type;

【例 5.26】 定义动态游标。
```
TYPE Bm_Rec IS RECORD(bmmc t_bmml.bmmc%type);      --定义记录类型
TYPE Ref_Type_C1 IS REF CURSOR RETURN Bm_Rec;      --定义游标类型
TYPE Ref_Type_C2 IS REF CURSOR RETURN t_ghdwml%rowtype;  --定义游标类型
TYPE Ref_Type_C3 IS REF CURSOR;                    --定义游标类型
v_ref1 Ref_Type_C1;                                --定义游标变量 v_ref1
v_ref2 Ref_Type_C2;                                --定义游标变量 v_ref2
v_ref3 Ref_Type_C3;                                --定义游标变量 v_ref3
```

(2) 动态游标的使用步骤。

动态游标的使用顺序可以明确地分为声明游标、打开游标、读取数据和关闭游标四个步骤。声明游标的语句已经在前面介绍过。下面说明其他三个步骤。

① 打开动态游标。

动态游标打开操作与静态游标基本相同。打开游标初始化了游标指针,游标一旦打开,其结果集就都是静态的。但数据的查询集是打开游标的同时通过 SELECT 语句来确定的。具体语法格式如下：

OPEN cursor_variable_name FOR select_statement；

②读取数据。

与静态游标一样，动态游标读取数据也要利用 FETCH 语句完成，只是读取时用不是游标而是游标变量。具体语句如下：

FETCH cursor_variable_name INTO record_name；

③关闭游标。

与静态游标一样，使用结束要关闭游标，但关闭的是游标变量。具体语句如下：

CLOSE cursor_variable _name；

【例 5.27】 根据输入的条件查询供货单位名称或商品名称。

```
DECLARE
  TYPE Ref_Type_C IS REF CURSOR；
  v_ref Ref_Type_C；
  v_mc varchar2(50)；
  i INT: = &key_i；
BEGIN
  IF i = 1 THEN
     OPEN v_ref FOR SELECT dwmc FROM t_ghdwml；
  ELSIF i = 2 THEN
     OPEN v_ref FOR SELECT spmc FROM t_spml；
  END IF；
  LOOP
    FETCH v_ref INTO v_mc；
    EXIT WHEN v_ref% NOTFOUND；
    DBMS_OUTPUT.PUT_LINE(v_mc)；
  END LOOP；
  CLOSE v_ref；
END；
```

### 5.6.3 隐式游标

隐式游标没有显式游标的可操作性，但在实际工作中也经常用到。每当运行 SELECT 或 DML 语句时，PL/SQL 会打开一个隐式游标。和显示游标不同，隐式游标被 PL/SQL 自动管理，也被称为 SQL 游标。该游标用户无法控制，但能得到它的属性信息。

隐式游标的属性和显示游标的属性具体表示含义有区别，但属性种类没有变。隐式游标主要有以下几个属性：

(1) SQL% ISOPEN：该属性永远返回 FALSE，它由 Oracle 自己控制。

(2) SQL% FOUND：此属性可以反映 DML 操作是否影响到了数据，当 DML 操作对数据有影响时，该属性值为 TRUE，否则为 FALSE。也可以反映出 SELECT INTO 语句是否返回了数据，当有数据返回时，该属性值为 TRUE。

(3) SQL% NOTFOUND：与% FOUND 属性相反，当 DML 操作没有影响数据以及 SELECT

INTO 没有返回数据时,该属性值为 TRUE,其他为 FALSE。

(4) SQL％ROWCOUNT：该属性可以反映出 DML 操作对数据影响的数量。

隐式游标属性与 DQL、DML 语句的关系见表5.3。

表5.3　隐式游标属性与 DQL、DML 语句的关系

| 属　　性 | 值 | SELECT | INSERT | UPDATE | DELETE |
| --- | --- | --- | --- | --- | --- |
| SQL％ISOPEN | FALSE | | | | |
| SQL％FOUND | TRUE | 有结果 | | 成功 | 成功 |
| | FALSE | 没结果 | | 失败 | 失败 |
| SQL％NOTFOUND | TRUE | 没结果 | | 失败 | 失败 |
| | FALSE | 有结果 | | 成功 | 成功 |
| SQL％ROWCOUNT | 数值 | 返回1行 | 插入的行数 | 修改的行数 | 删除的行数 |

### 5.6.4　游标应用举例

【例5.28】 设商品入库明细表 t_sprkmx 和商品库存明细表 t_spkcmx 的结构见表5.4。请根据商品入库表的内容修改商品库存明细表,如果存放地址 cfdz 的值为"Y",则修改 yysl；如果其值为"C",则修改 cksl。

表5.4　商品入库明细表和商品库存明细表的结构

| 商品入库明细表 t_sprkmx | | | 商品库存明细表 t_spkcmx | | |
| --- | --- | --- | --- | --- | --- |
| 名　称 | 类　型 | 是否为空 | 名　称 | 类　型 | 是否为空 |
| spbm | char(6) | NOT NULL | spbm | char(6) | NOT NULL |
| ghdw | char(6) | NOT NULL | ghdw | char(6) | NOT NULL |
| rkbh | number(8) | NOT NULL | rkbh | number(8) | NOT NULL |
| rkrq | char(8) | NOT NULL | rkrq | char(8) | NOT NULL |
| jhjg | number(8,2) | | jhig | number(8,2) | |
| rksl | number(6) | | yysl | number(6) | |
| cfdz | char(1) | NOT NULL | cksl | number(6) | |
| clbz | char(1) | | xssl | number(6) | |
| | | | zcsl | number(6) | |

具体程序为：
```
DECLARE
    CURSOR c1 IS SELECT spbm,ghdw,rkbh,rkrq,jhjg,rksl,cfdz FROM t_sprkmx
                 WHERE rkrq = '20100526' AND clbz IS NULL
                 ORDER BY spbm FOR UPDATE of clbz;
    v c1％rowtype;
BEGIN
    OPEN c1;
    LOOP
        FETCH c1 INTO v;
```

```
        EXIT WHEN c1% NOTFOUND;
        IF v. cfdz = 'Y' THEN
            INSERT INTO t_spkcmx(spbm,ghdw,rkbh,rkrq,jhjg,yysl)
                        VALUES(v. spbm, v. ghdw, v. rkbh, v. rkrq, v. jhjg, v. rksl);
        ELSE
            INSERT INTO t_spkcmx(spbm,ghdw,rkbh,rkrq,jhjg,cksl)
                        VALUES(v. spbm, v. ghdw, v. rkbh, v. rkrq, v. jhjg, v. rksl);
        END IF;
        UPDATE t_sprkmx SET clbz = 'C' WHERE CURRENT OF c1;
    END LOOP;
        CLOSE c1;
        COMMIT;
    EXCEPTION WHEN OTHERS THEN
        DBMS_OUTPUT. PUT_LINE('数据出现异常'||'SPBM = '||v. spbm||',RKBH = '||v. rkbh);
    END;
```

## 5.7 上机实训

用 PL/SQL 编程,实现以下各题:

1. 定义一个 PL/SQL 块,向屏幕输出 hello world!。
2. 定义一个 PL/SQL 块,用来转换字符串的大小写格式。
3. 创建一个用户表(编号,名字,年龄,身高,体重,爱好,专业,毕业学校),以该表为基表创建一个新的数据类型,该数据类型要包含该基表的(编号,姓名,爱好)三例。
4. 创建一个基于第 3 题的基表的数据类型,并将数据从表中取出赋给新的变量,并将其输出到屏幕。
5. 在 PL/SQL 中写入参数员工编号、员工姓名和部门编号到员工信息表 emp 中,并提交。
6. 在 PL/SQL 中根据员工编号参数删除员工表职工目录中的记录。
7. 定义一个函数,根据部门编号参数,查询出该部门的员工总数,并作为参数输出。
8. 定义一个存储过程,使用游标方式,根据员工编号参数,查询并打印 emp 表中该员工的下属的姓名、职业、工资等信息。

# 第 6 章 Oracle 数据库体系结构

Oracle 作为全球最领先的数据库系统，具有非常高的稳定性、安全性。Oracle 数据库是由数据库(DB)及数据库管理系统(DBMS)两部分组成。这两部分分别对应数据库的系统数据文件和系统管理软件。

本章主要从物理和逻辑上对数据库的体系结构进行探讨和分析，包括数据库的组织结构、存储结构、工作原理和过程。

本章中所讲述的内容都以 Oracle 11g 数据库为例，采用默认的安装方式，数据库被安装在 D 盘，目录名为 App，数据库名为 orcl。

## 6.1 Oracle 数据库总体结构

首先，我们来简单分析 Oracle 数据库的工作过程。Oracle 数据库接到客户端发出的 SQL 命令后，由 Oracle 服务器进程进行响应，在内存区域中进行语法分析、编译，再根据 SQL 语句中给出的模式对象从数据库中读取与之相对应的数据到内存，并根据解析结果去执行，将修改后的数据由后台写数据进程(DBWR)写入数据库文件，修改前后的信息由后台写日志进程(LGWR)写入日志文件，再将执行结果返回给客户端。

从数据库系统的工作过程可以总结出，Oracle 数据库的总体结构由逻辑结构、物理结构、内存结构和进程结构四个部分组成，如图 6.1 所示。

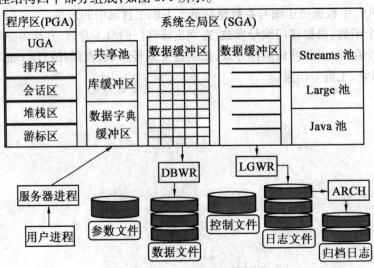

图 6.1 Oracle 11g 数据库总体结构图

**1. 逻辑结构**

Oracle 数据库的逻辑结构是该数据库的经典之作,特别是所采用的表空间概念,彻底解决了外模式与模式、模式与物理模式之间的独立性问题;保证了关系数据库的完整性、安全性的要求,对数据库的管理和维护带来了极大的方便。

逻辑结构是一个虚构的框架,在操作系统中是无法找到所对应的实体。要了解和掌握逻辑结构,必须通过查询 Oracle 数据库的数据字典,那里有对逻辑存储结构的详细描述。

**2. 物理结构**

数据库的物理结构由若干个操作系统文件构成,它们存放在磁盘中指定的文件夹中。这些文件误操作被删除或文件被破坏都意味着数据库物理结构的破坏。一旦这些文件被破坏,就有可能使数据库的数据丢失,严重的情况会导致数据库不能恢复。

**3. 内存结构**

在一个服务器中,每一个运行的 Oracle 数据库都以数据库实例形式被分配在内存中。而内存的结构、大小和管理方式是影响数据库性能的重要因素。Oracle 11g 的内存是以动态方式管理的,因此也称为动态内存管理。

**4. 进程结构**

Oracle 数据库启动后每个数据库实例在内存中开辟一组进程。如果一台服务器创建有两个 Oracle 数据库,则同时启动两组实例,而进程也是两组。一般来说,一台服务器安装一套数据库系统,只创建一个数据库,运行一组数据库实例,开辟一组后台进程。运行的实例数越多,占用的内存越大,会严重影响数据库的性能。主要进程有 DBWR、LGWR、CKPT、SMON、PMON、ARCH、Dnnn、RECO 等。

## 6.2　Oracle 数据库的数据字典

Oracle 数据库的数据字典通常是在创建和安装数据库时被创建的,Oracle 数据字典是 Oracle 数据库系统工作的基础,没有数据字典的支持,Oracle 数据库系统就不能进行任何工作。

### 6.2.1　数据字典概述

数据字典是 Oracle 数据库的重要组成部分,是用来存储数据库结构信息的地方,也是用来描述数据库数据的组织方式的。数据字典提供了数据库的磁盘存储信息和内存结构信息。

数据字典基表的所有者是 SYS 用户,其数据字典的基表和数据字典基表所对应的视图都被保存在 SYSTEM 表空间中。除了 SYS 用户以外的任何用户(包括 DBA 权限的用户)都不能直接去更改数据字典。当用户执行 DDL(Create、Alter、Drop)等语句时,由 Oracle 系统负责对数据字典更新。

数据字典都有对应的视图,而且是只读的。用户可以通过查询(SELECT)语句对数据字典的视图进行查询。

**1. 数据字典的主要内容**

①Oracle 用户的名字。

②每一个用户被授权的权限和角色。
③各种模式对象的定义信息,如表、视图、索引、同义词、序列等。
④约束信息的完整性以及列的缺省值。
⑤有关数据库中对象的空间分布及当前使用情况。
⑥用户访问或使用的审计信息。
⑦其他产生的数据库信息。

**2. 数据字典的用途**

①为了对 SQL 语句的语法、语义的解析,Oracle 通过查询数据字典视图来获取有关用户和模式对象的定义信息以及其他存储结构的信息。
②每次执行 DDL 语句修改方案对象后,Oracle 都在数据字典中记录所做的修改。
③用户可以从数据字典的只读视图中,获取各种与方案对象和对象有关的信息。
④DBA 可以从数据字典的动态性能视图监视例程的运行状态,为性能调整提供依据。

### 6.2.2 数据字典的组成

Oracle 数据库的数据字典是一组表和视图组成。如果用户在对数据库中的数据进行操作时遇到困难,就可以访问数据字典来查看详细的信息。用户可以用 SQL 语句访问数据库的数据字典。

**1. 数据字典基表**

Oracle 在创建数据库时,自动执行 SQL.bsq 脚本来创建数据库的同时创建数据字典 SQL.bsq 脚本是在 <ORACLE_HOME>\rdbms\admin 文件夹中。

SQL.bsq 脚本除了创建数据库的各种物理文件和逻辑结构之外,主要是创建数据字典表。创建的主要内容如下:

①创建系统(SYSTEM)表空间。
②创建用户(USERS)表空间、撤销(UNDO)表空间、临时(TEMP)表空间。
③创建 Oracle 系统文件、控制文件、日志文件、撤销文件、用户文件及临时文件等。
④创建数据字典表级索引。
⑤创建 CONNECT、RESOURCE、DBA 等角色。
⑥创建 SYSTEM 用户及其他缺省用户。
⑦创建 DUAL 虚拟表。

当用户执行 Create 语句时,Oracle 会在数据字典表中执行 Insert 操作;当用户执行 Alter 语句时,Oracle 会在数据字典表中执行 Update 操作;当用户执行 Drop 语句时,Oracle 会在数据字典表中执行 Delete 操作。

**2. 数据字典的视图和同义词**

数据字典的视图是由数据字典基表为基础通过 Catalog.sql 脚本创建的,视图的所有者是 SYS。Catalog.sql 脚本存放在 <ORACLE_HOME>\rdbms\admin 文件夹中。在创建数据库的同时,自动运行 Catalog.sql 脚本创建视图并随后创建公有同义词和授权。查询数据字典是查视图和同义词,不能直接去查数据字典的基表。

Oracle 中的数据字典有静态和动态之分。静态数据字典的特点是在用户访问数据字典时不会发生改变的,但动态数据字典依赖于数据库运行的状态,反映数据库运行的一些内在信息,所以在访问这类数据字典时往往不是一成不变的。以下分别就这两类数据字典来论述。

### 6.2.3 静态数据字典

静态数据字典主要是由表和视图组成。数据字典中的表是不能直接被访问的,但是可以访问数据字典中的视图。静态数据字典中的视图分为三类,它们分别由三个前缀构成:USER_*、ALL_*、DBA_*。每个前缀的含义如下:

①USER_*。该视图存储了关于当前用户所拥有的对象的信息。
②ALL_*。该视图存储了当前用户能够访问的对象的信息。
③DBA_*。该视图存储了数据库中所有对象的信息。

从上面的描述可以看出,三者之间存储的数据肯定会有重叠,其实它们除了访问范围的不同以外(因为权限不同,所以访问对象的范围也不同),其他均具有一致性。具体来说,由于数据字典视图是由SYS(系统用户)所拥有的,所以在缺省情况下,只有SYS和拥有DBA系统权限的用户可以看到所有的视图。没有DBA权限的用户只能看到USER_*和ALL_*视图。如果没有被授予相关的SELECT权限,用户是不能看到DBA_*视图的。

基本静态数据字典见表6.1,视图名几乎都是复数的。

表6.1 基本静态数据字典列表

| DBA权限用户 | 普通权限用户 | | 说　明 |
|---|---|---|---|
| DBA_字典名称 | ALL_字典名称 | USER_字典名称 | |
| DBA_TABLESPACES | | USER_TABLESPACES | 所有表空间的信息 |
| DBA_FREE_SPACE | | USER_FREE_SPACE | 所有空闲表空间的信息 |
| DBA_DATA_FILES | | | 所有数据文件的信息 |
| DBA_ROLES | | | 所有角色的信息 |
| DBA_USERS | ALL_USERS | USER_USERS | 所有用户的信息 |
| DBA_TABLES | ALL_TABLES | USER_TABLES | 所有表的信息 |
| DBA_TAB_COLUMNS | ALL_TAB_COLUMNS | USER_TAB_COLUMNS | 所有表列的信息 |
| DBA_CONSTRAINTS | ALL_CONSTRAINTS | USER_CONSTRAINTS | 所有表的约束信息 |
| DBA_TAB_PRIVS | ALL_TAB_PRIVS | USER_TAB_PRIVS | 所有对象的权限信息 |
| DBA_VIEWS | ALL_VIEWS | USER_VIEWS | 所有视图的信息 |
| DBA_SYNONYMS | ALL_SYNONYMS | USER_SYNONYMS | 所有同义词的信息 |
| DBA_INDEXES | ALL_INDEXES | USER_INDEXES | 所有索引的信息 |
| DBA_IND_CONUMNS | ALL_IND_COLUMNS | USER_IND_COLUMNS | 所有索引列的信息 |
| DBA_SEQUENCES | ALL_SEQUENCES | USER_SEQUENCES | 所有序列的信息 |
| DBA_TRIGGERS | ALL_TRIGGERS | USER_TRIGGERS | 所有触发器的信息 |
| DBA_SOURCE | ALL_SOURCE | USER_SOURCE | 所有对象的定义代码(源代码) |
| DBA_SEGMENTS | ALL_SEGMENTS | USER_SEGMENTS | 所有段的信息 |
| DBA_EXTENTS | ALL_EXTENTS | USER_EXTENTS | 所有区的信息 |
| DBA_OBJECTS | ALL_OBJECTS | USER_OBJECTS | 所有对象的信息 |
| CAT | | CAT | 所有表、视图的信息 |
| TAB | | TAB | 所有表、视图、同义词信息 |
| DICT | | DICT | 数据字典所有的信息 |

### 6.2.4 动态数据字典

Oracle 数据字典包含一些由系统管理员(SYS 用户)维护的表和视图。当数据库启动和运行时,它们会不断地进行更新,所以称它们为动态数据字典(或动态性能视图)。这些视图提供了关于内存和磁盘的运行情况,所以我们只能对其进行查询而不能修改它们。

在 Oracle 中,这些动态性能视图都以 V＄开头,而且它们的名字都是单数的,如 V＄Parameter。动态数据字典依赖于数据库运行的性能,反应数据库运行的内在信息。所以访问这类数据字典时,得到的结果往往是不同的。主要的动态数据字典视图见表 6.2。

表 6.2 数据库处于不同状态时可访问的动态数据字典

| 数据库状态 | 可访问的动态数据字典名称 | 说 明 |
| --- | --- | --- |
| NOMOUNT<br>启动实例(START)时,Oracle 打开初始化参数文件,根据参数文件指定数据分配 SGA 并启动后台进程。此时可以访问与内存信息相关的动态性能视图 | V＄PARAMETER | 数据库参数信息 |
| | V＄SGA | SGA 区的信息 |
| | V＄PROCESS | Oracle 进程信息 |
| | V＄SESSION | 当前会话信息 |
| | V＄VERSION | Oracle 版本信息 |
| | V＄INSTANCE | 实例的基本信息 |
| MOUNT<br>Oracle 根据初始化参数文件中 Control_File 指定的路径加载控制文件,并根据控制文件信息加载其他系统文件。此时可以访问内存和控制文件提供的动态性能视图 | V＄CONTROLFILE | 控制文件信息 |
| | V＄DATABASE | 数据库运行信息 |
| | V＄DATAFILE | 所有数据文件信息 |
| | V＄DATAFILE_HEADER | 数据文件头信息 |
| | V＄LOGFILE | 日志文件基本信息 |
| | V＄TEMPFILE | 临时表空间文件信息 |
| OPEN<br>打开(OPEN)数据库以后可以访问所有的动态性能视图 | V＄SESSION_WAIT | 会话等待信息 |
| | V＄WAITSTAT | 块竞争统计信息 |
| | V＄SGAINFO | SGA 区信息 |
| | V＄SYSTEM_PARAMETER | 当前有效的参数信息 |
| | V＄LOCKED_OBJECT | 被加锁的对象信息 |
| | V＄ROLLSTAT | UNDO 段的统计信息 |
| | V＄TABLESPACE | 表空间信息 |
| | V＄FIXED_TABLE | 所有动态视图信息 |

从表 6.2 中可以看到,动态数据字典包含以下几方面的信息:
① 当前数据库、表空间、数据文件的状态。
② 数据库实例(Instance)的情况。
③ 数据的读取量、资源的竞争情况。
④ 数据库连接、会话、进程情况。
⑤ 内存配置情况。

通过动态数据字典可以随时监控数据库的运行情况和性能。这些信息对于调整、优化数据库性能是必不可少的。

### 6.2.5 查询数据字典

Oracle 数据库的数据字典对于程序设计员和数据库管理员(DBA)都是非常重要的。了解和掌握数据库的体系结构,必须查询数据字典;优化和调整数据库的性能,更应该查询数据字典。

站在不同的用户角度所查询的数据字典内容有所不同的。对于初学者来说需要更多地了解 Oracle 数据库的整体结构;而对于普通数据库用户来说,则更多的是查询用户自身的信息;但对于系统管理员来说,应该注重数据库整体的运行情况。

Oracle 数据库提供了一个名为 DICT(Dctionary)的视图,可以查询到所有数据字典视图和相关的同义词,共有 2 553 个之多。其中,DBA_*类的大约有 705 个,ALL_*类的大约有 356,USER_*类的大约有 375 个,动态视图 V$类的大约有 600 个。

```
SQL> DESC dict
Name            Type             Nullable   Default   Comments
TABLE_NAME      VARCHAR2(30)     Y                    Name of the object
COMMENTS        VARCHAR2(4000)   Y                    Text comment on the object
SQL> SELECT COUNT(*) FROM dict;
COUNT(*)
--------
    2553

SQL> SELECT COUNT(*) FROM dict WHERE table_name LIKE 'DBA_%';
COUNT(*)
--------
     705

SQL> SELECT COUNT(*) FROM dict WHEN table_name LIKE 'ALL_%';
COUNT(*)
--------
     356

SQL> SELECT COUNT(*) FROM dict WHERE table_name LIKE 'USER_%';
COUNT(*)
--------
     375

SQL> SELECT COUNT(*) FROM dict WHERE table_name LIKE 'V$%';
COUNT(*)
--------
     600
```

**1. 初学者查询数据字典**

作为初学者站在系统管理员用户的角度,查询与数据库整体结构相关的数据字典视图。先以 SYSTEM 用户登入到 SQL*Plus 环境状态。

```
C:\ > SQL PLUS
请输入用户名：SYSTEM
输入口令：
连接到：
Oracle Database 11g Enterprise Edition Release 11.2.0.1.0 - Production
With the Partitioning, OLAP, Data Mining and Real Application Testing options
```

（1）查询表空间。

```
SQL > SELECT tablespace_name,status FROM dba_tablespaces;
```

| TABLESPACE_NAME | STATUS |
|---|---|
| SYSTEM | ONLINE |
| SYSAUX | ONLINE |
| UNDOTBS1 | ONLINE |
| TEMP | ONLINE |
| USERS | ONLINE |
| EXAMPLE | ONLINE |

（2）查询数据文件。

```
SQL > SELECT File_name,Tablespace_name FROM dba_data_Files;
```

| FILE_NAME | TABLESPACE_NAME |
|---|---|
| D:\APP\ORADATA\ORCL\USERS01.DBF | USERS |
| D:\APP\ORADATA\ORCL\UNDOTBS01.DBF | UNDOTBS1 |
| D:\APP\ORADATA\ORCL\SYSAUX01.DBF | SYSAUX |
| D:\APP\ORADATA\ORCL\SYSTEM01.DBF | SYSTEM |
| D:\APP\ORADATA\ORCL\EXAMPLE01.DBF | EXAMPLE |

（3）查询重做日志文件。

```
SQL > SELECT Group#,Type,Member FROM V$Logfile;
```

| GROUP# | TYPE | MEMBER |
|---|---|---|
| 3 | ONLINE | D:\APP\ORADATA\ORCL\REDO03.LOG |
| 2 | ONLINE | D:\APP\ORADATA\ORCL\REDO02.LOG |
| 1 | ONLINE | D:\APP\ORADATA\ORCL\REDO01.LOG |

（4）查询控制文件。

```
SQL > SELECT Name FROM V$Controlfile;
```

| NAME |
|---|
| D:\APP\ORADATA\ORCL\CONTROL01.CTL |
| D:\APP\FLASH_RECOVERY_AREA\ORCL\CONTROL02.CTL |

（5）查询参数文件。

参数文件的内容比较多，在 Oracle 11g 中大约有 341 个。可以通过 WHERE 从句加以限定，只查询需要的信息。

```
SQL > SELECT COUNT( * )  FROM V $ parameter;
COUNT( * )
----------
       341
SQL > SELECT name,value FROM V $ parameter WHERE name = 'db_name';
NAME                 VALUE
-------------------- --------------------
Db_name              orcl
```

**2. 普通用户查询数据字典**

对于普通数据库用户来说,主要查询用户自身的信息,如用户自身的信息、所创建的模式对象信息、约束条件信息、各种权限信息等。先登入到自己的普通用户账号上。

```
C:\ > SQL PLus
请输入用户名: jxc/jxc@ orcl
连接到:
Oracle Database 11g Enterprise Edition Release 11.2.0.1.0 - Production
With the Partitioning, OLAP, Data Mining and Real Application Testing options
SQL > Select username,Default_tablespace,Temporary_tablespace from User_Users;
USERNAME   DEFAULT_TABLESPACE   TEMPORARY_TABLESPACE   - -查询登入的用户
---------- -------------------- ----------------------
JXC        USERS                TEMP
```

(1)查询所有表、视图等对象。

```
SQL > SELECT * FROM tab;
TNAME           TABTYPE     CLUSTERID
--------------- ----------- -----------
T_BMML          TABLE
T_GHDWML        TABLE
T_SPBJMX        TABLE
T_SPFCMX        TABLE
...             ...
```

(2)查询公有同义词。

```
SQL > SELECT owner,synonym_name,table_owner,table_name
      FROM all_synonyms WHERE table_owner = 'JXC';
OWNER    SYNONYM_NAME   TABLE_OWNER   TABLE_NAME
-------- -------------- ------------- -----------
PUBLIC   S_BMML         JXC           T_BMML
PUBLIC   S_ZGML         JXC           T_NAME
```

(3)查询约束条件。

```
SQL > SELECT table_name,search_condition FROM user_constraints WHERE table_name = 'T_ZGML';
TABLE_NAME           SEARCH_CONDITION
-------------------- --------------------
```

| | | | |
|---|---|---|---|
| T_ZGML | | zgxb in ('M','W') | |
| T_ZGML | | "ZGBM" IS NOT NULL | |
| T_ZGML | | "ZGMC" IS NOT NULL | |

(4) 查询对象权限。

SQL > SELECT grantee,owner,table_name,privilege FROM user_tab_privs;

| GRANTEE | OWNER | TABLE_NAME | PRIVILEGE |
|---|---|---|---|
| SCOTT | JXC | T_GHDWML | UPDATE |
| SCOTT | JXC | T_GHDWML | SELECT |
| SCOTT | JXC | T_SPML | SELECT |
| PUBLIC | JXC | T_ZGML | INDEX |
| PUBLIC | JXC | T_ZGML | SELECT |

### 3. 系统管理员用户查询数据字典

系统管理员主要查询表空间和各种系统文件的使用情况，内存的分配情况，数据库的连接、会话、进程情况，还有系统资源的竞争情况等。通过了解和掌握数据库的动态信息来调整和优化数据库的性能。登入到 SYS 或 SYSTEM 用户进行各种查询。

C:\ > SQL PLus

请输入用户名：SYSTEM

输入口令：

连接到：

Oracle Database 11g Enterprise Edition Release 11.2.0.1.0 - Production

With the Partitioning, OLAP, Data Mining and Real Application Testing options

(1) 查询数据全局区(SGA)信息。

SQL>SELECT * FROM V $ sgainfo;

| NAME | BYTES | RESIZEABLE |
|---|---|---|
| Fixed SGA Size | 1374808 | No |
| Redo Buffers | 5259264 | No |
| Buffer Cache Size | 486539264 | Yes |
| Shared Pool Size | 260046848 | Yes |
| Large Pool Size | 8388608 | Yes |
| Java Pool Size | 8388608 | Yes |
| Streams Pool Size | 0 | Yes |
| Shared IO Pool Size | 0 | Yes |
| Granule Size | 8388608 | No |
| Maximum SGA Size | 778387456 | No |
| Startup overhead in Shared Pool | 67108864 | No |
| Free SGA Memory Available | 8388608 | |

12 rows selected

(2) 查询当前会话信息。

SQL > SELECT sid,serial#,username,terminal FROM V $ session WHEN username IS NOT NULL;

| SID | SERIAL# | USERNAME | TERMINAL |
|-----|---------|----------|----------|
| 69  | 163     | JXC      | LLL      |
| 194 | 389     | SYS      | LLL      |
| 195 | 558     | SYS      | LLL      |

（3）查询数据文件信息。

SQL > SELECT name,status,enabled,checkpoint_change# FROM V$datafile;

| NAME | STATUS | ENABLED | CHECKPOINT_CHANGE# |
|------|--------|---------|--------------------|
| D:\APP\ORADATA\ORCL\SYSTEM01.DBF | SYSTEM | READ WRITE | 2140976 |
| D:\APP\ORADATA\ORCL\SYSAUX01.DBF | ONLINE | READ WRITE | 2140976 |
| D:\APP\ORADATA\ORCL\UNDOTBS01.DBF | ONLINE | READ WRITE | 2140976 |
| D:\APP\ORADATA\ORCL\USERS01.DBF | ONLINE | READ WRITE | 2140976 |
| D:\APP\ORADATA\ORCL\EXAMPLE01.DBF | ONLINE | READ WRITE | 2140976 |

（4）查询数据文件头信息。

SQL > SELECT tablespace_name,name,checkpoint_change# FROM V$datafile_header;

| TABLESPACE_NAME | NAME | CHECKPOINT_CHANGE# |
|-----------------|------|--------------------|
| SYSTEM    | D:\APP\ORADATA\ORCL\SYSTEM01.DBF  | 2140976 |
| SYSAUX    | D:\APP\ORADATA\ORCL\SYSAUX01.DBF  | 2140976 |
| UNDOTBS1  | D:\APP\ORADATA\ORCL\UNDOTBS01.DBF | 2140976 |
| USERS     | D:\APP\ORADATA\ORCL\USERS01.DBF   | 2140976 |
| EXAMPLE   | D:\APP\ORADATA\ORCL\EXAMPLE01.DBF | 2140976 |

## 6.3 Oracle 数据库的逻辑结构

Oracle 数据库的逻辑结构是从逻辑角度分析数据库的构成。Oracle 对于逻辑结构的描述是通过数据字典的存储来完成的。而在数据字典中描述逻辑结构的部分主要是静态视图，要了解数据库的逻辑结构必须查询数据字典。

### 6.3.1 逻辑结构概述

Oracle 数据库逻辑结构包括表空间（Tablespace）、段（Segments）、区（Extens）和块（Datablocks）。从物理上看，Oracle 数据库主要由各种 Oracle 文件组成，如数据文件、日志文件及控制文件等。而从逻辑上看，数据库由若干个表空间构成，表空间由若干个段组成，段由若干个区组成，区由连续的逻辑块组成。表空间是数据库最大的逻辑单位，块是最小的逻辑单位。Oracle 11g 数据库逻辑结构图如图 6.5 所示。

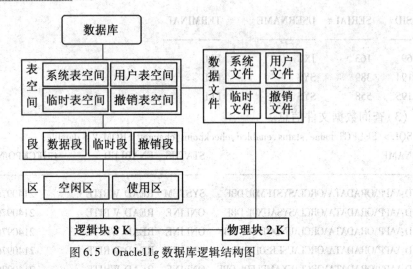

图 6.5 Oracle11g 数据库逻辑结构图

**1. 系统默认表空间**

通过系统默认方式创建的表空间有以下几种：

(1) SYSTEM 表空间。

SYSTEM 表空间属于系统表空间，是 Oracle 数据库中最重要的表空间，主要存放数据字典、内部系统基表以及所有 PL/SQL 程序（如包、过程、函数、触发器等）源代码。SYS 和 SYSTEM 用户所创建的对象都存放在 SYSTEM 表空间中。

(2) SYSAUX 表空间。

SYSAUX 表空间属于系统表空间，是 Oracle 的辅助系统表空间。为了提高 Oracle 数据库的性能，把原来放在 SYSTEM 表空间的 OEM、Streams 等辅助工具放在 SYSAUX 表空间中。SYSAUX 表空间是必须有的，不能 DROP 和 RENAME。SYSAUX 表空间不可用时，数据库的核心功能还是可以继续运行的。

(3) USERS 表空间。

USERS 表空间属于非系统表空间，是用户使用的基本表空间。该表空间存放用户创建的所有对象及数据，所以也称为数据表空间。在创建用户时一定要把该表空间设定为默认表空间(Default Tablespace)。用户表空间根据应用的需要可以创建多个，如 USERS1、USERS2 等。

(4) TEMP 表空间。

TEMP 表空间属于非系统表空间，是临时存放中间结果数据的表空间。在 Oracle 数据库中进行排序、分组、汇总、索引等操作时，会产生很多临时数据，这些数据都临时存放在 TEMP 表空间中。在创建用户时一定要把临时表空间(Temporary Tablespace)设定为 TEMP 表空间。

(5) UNDOTBS1 表空间。

UNDO 表空间属于非系统表空间，也称为撤销表空间。Oracle 数据库在进行 DML(Insert、Update、Delete)操作时，把操作前的数据暂时存放在 UNDO 表空间中，当需要撤销所做的操作时，通过 UNDO 表空间的数据来进行恢复。

(6) EXAMPLE 表空间。

EXAMPLE 表空间属于非系统表空间，存放演示用例子数据，该表空间是否存在对数据库的实际应用不受影响。通过下面的操作可以删除它。

先登入到 SYS 用户，运行下面语句：

```
SQL > DROP TABLESPACE EXAMPLE
            INCLUDING CONTENTS AND DATAFILES CASCADE CONSTRAINT;
Tablespace dropped
```

**2. 表空间的特点**

表空间与数据库的物理结构有着十分密切的关系,每个表空间与不同磁盘上的若干个数据文件相对应。从物理上说,数据存放在磁盘的数据文件中;从逻辑上说,数据是被存放在表空间中,如图 6.6 所示。

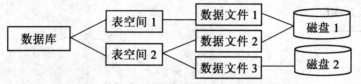

图 6.6 数据库、表空间、数据文件和磁盘的关系

表空间有如下特点:
① 数据库由多个表空间组成。
② 一个表空间有多个数据文件。
③ 一个数据文件只能与一个表空间相连。
④ 表空间的容量是所连接的数据文件大小的总和。
⑤ 表空间可以在线(Online)和离线(Offline)操作。
⑥ 表空间可以创建和删除。

**3. 表空间的作用**

表空间作为 Oracle 数据库的逻辑结构,协调和配置系统资源,使数据库能够一直处于高性能状态下运行。表空间的主要作用如下:

① 控制数据库磁盘空间分配。表空间在物理上对应数据文件,因而决定了存储数据的磁盘和大小。
② 控制用户可以使用表空间的配额。在创建用户时限定用户使用的空间,合理安排不同用户使用表空间的大小。
③ 表空间通过在线和离线限制数据的可用性。表空间在在线状态下可用。在这个状态下还分为两种属性:
READ WRITE:读写属性,是正常状态。
READ ONLY:只读属性,不能对表空间的对象进行增、删、改操作。
表空间在离线状态下是不能访问的,是非正常状态。
④ 灵活设置表空间,提高数据库的输入输出性能和安全性。设置多个用户表空间来存放不同类的数据。
⑤ 表空间提供了一个备份和恢复数据的单位。Oracle 提供了按表空间备份和恢复的逻辑备份方式 EXP 和 IMP。

**4. 表空间查询**

通过数据字典可以查到与表空间相关的各种信息。DBA 用户可查看的数据字典视图:
DBA_TABLESPACES:数据库中所有表空间的信息。
DBA_FREE_SPACE:所有表空间中可用的自由区。

DBA_DATA_FILES:表空间与数据文件信息。
DBA_TEMP_FILES:临时表空间信息。
DBA_SEGMENTS:表空间与段的信息。
V$TABLESPACE:表空间的动态信息。

下面是查看表空间的例子。登入到带有 DBA 权限的 SYSTEM 用户。

(1)查询表空间。

```
SQL > SELECT tablespace_name FROM dba_tablespaces;
TABLESPACE_NAME
───────────────
SYSTEM
SYSAUX
UNDOTBS1
TEMP
USERS
EXAMPLE
```

(2)查询表空间和数据文件(这里查不到临时表空间信息)。

```
SQL > SELECT tablespace_name,file_name FROM dba_datafiles;
TABLESPACE_NAME       FILE_NAME
───────────────       ─────────
USERS                 D:\APP\ORADATA\ORCL\USERS01.DBF
UNDOTBS1              D:\APP\ORADATA\ORCL\UNDOTBS01.DBF
SYSAUX                D:\APP\ORADATA\ORCL\SYSAUX01.DBF
SYSTEM                D:\APP\ORADATA\ORCL\SYSTEM01.DBF
EXAMPLE               D:\APP\ORADATA\ORCL\EXAMPLE01.DBF
```

(3)查询临时表空间及文件信息。

```
SQL > SELECT tablespace_name,file_name,bytes FROM dba_temp_files;
TABLESPACE_NAME    FILE_NAME                        BYTES
───────────────    ─────────                        ─────
TEMP               D:\app\oradata\orcl\temp01.dbs   30408704
```

(4)统计查询表空间的使用情况。

这个语句较复杂,包含了子查询、多表连接和分组求和。

```
SQL > SELECT t1 表空间名,z 总空间,z-s 已用空间,s 剩余空间,ROUND((z-s)/z*100,2)"使用率%"
FROM    (SELECT tablespace_name t1,SUM(bytes)s
         FROM DBA_FREE_SPACE GROUP BY tablespace_name),
        (SELECT tablespace_name t2,SUM(bytes)z
         FROM DBA_DATA_FILES GROUP BY tablespace_name)WHERE t1 = t2;
```

| 表空间名 | 总空间 | 已用空间 | 剩余空间 | 使用率% |
|---|---|---|---|---|
| SYSAUX | 576716800 | 545783808 | 30932992 | 94.64 |
| UNDOTBS1 | 346030080 | 34865152 | 311164928 | 10.08 |
| USERS | 697303040 | 7798784 | 689504256 | 1.12 |
| SYSTEM | 723517440 | 718864384 | 4653056 | 99.36 |

### 6.3.3 段

段(Segment)是为表、索引等模式对象分配的区(Extent)的集合,是构成表空间的逻辑存储结构。用户在数据库中每创建一个对象,以段的形式在数据库表空间中占用空间。虽然段和对象是一一对应的,但段是从数据库逻辑结构的角度来看的。表空间、段、区、块的关系如图6.7所示。

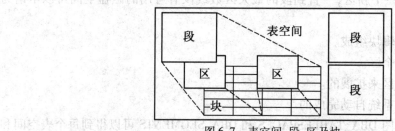

图6.7 表空间、段、区及块

段基本可以分为以下四种:数据段(Data Segment)、索引段(Index Segment)、撤销段(Rollback Segment)、临时段(Temporary Segment)。

**1. 数据段**

数据段是用来存储用户对象数据表的段,由区组成。每创建一个表,系统就在用户默认表空间中分配一个数据段。随着表数据的增多,数据段也扩展增大,而数据段的扩展增大是通过增加分配区的个数来实现的。通过查询数据字典视图 DBA_SEGMENTS、ALL_SEGMENTS、USER_SEGMENTS 了解段信息。

**2. 索引段**

索引段是存储索引数据的段。每建立一个索引,就在指定的表空间中自动分配一个索引段。查询数据字典视图 DBA_INDEXES、USER_INDEXES、ALL_INDEXES 查看索引信息。

**3. 临时段**

当用户使用 GROUP BY、ORDER BY 语句执行排序或汇总数据时,如果内存空间不足,不能存放产生的中间结果,则需要在磁盘中开辟临时工作区,这时系统在临时表空间中自动创建一个临时段,用来存放中间结果。事务执行结束后系统自动释放临时段。

**4. 撤销段数据段**

撤销段(UNDO)用来存储用户修改前的值。执行 DML(Insert、Update、Delete)语句时,系统在撤销(UNDO)表空间的 UNDO 段中存放修改前的值。当事务被 COMMIT 时,被修改的值写入数据库,修改前的值从 UNDO 段被释放;当事务被回滚时,通过 UNDO 段的值恢复原来的数据。查询数据字典视图 DBA_ROLLBACK_SEGS 了解回滚段的信息。

除了上述的四个基本段外,还有表分区段、索引分区段、二进制大对象段、二进制大对象索引段、簇段、高速缓存段、延迟回退段等,这里就不一一介绍了。

### 6.3.4 区与数据块

**1. 区(Extent)**

区(Extent)是构成段的逻辑存储单位,也是磁盘空间分配的最小逻辑单位(图6.7)。用户创建模式对象时,系统开辟若干个区组成一个段,为该对象预留存储空间。当预留的区被用满时,数据库会继续申请一个新区,一直到段的最大区数或没有可用的磁盘空间可以申请为止。区的特点如下:

① 区由一组连续的逻辑块组成。
② 一个段至少包含一个区。
③ 段空间是通过分配区来扩展的。
④ 区的分配和回收是系统自动完成的。

通过查询数据字典视图 DBA_TABLESPACES 和 DBA_SEGMENTS 可以得到每个表空间和模式对象的区分配信息。如参数 INITIAL_EXTENT(首次区个数)、MIN_EXTENTS(最少区个数)、MAX_EXTENTS(最大区个数)等。

**2. 数据块(Block)**

数据块(Block)是 Oracle 内最小的逻辑单元,所有的数据都是存放在块中。一个数据块对应一个或多个操作系统物理块。如果 Windows 操作系统物理块是 2 K,那么 Oracle 数据库的数据块应该是 2 K、4 K、8 K、16 K、32 K 等。块的大小是在数据库建立时,通过参数 DB_BLOCK_SIZE 决定的。Oracle 9i 以上版本的系统缺省数据块为 8 K。该参数在数据库建立后不能更改。

通过查询参数文件 Init<SID>.ora 或者查询参数视图可以得到数据块信息。

SQL > SELECT name,value FROM V$parameter WHERE name = 'db_block_size';
NAME                          VALUE
_____                _____
db_block_size                 8192

SQL > show parameter db_block_size
NAME                  TYPE      VALUE
_____        _____   _____
db_block_size         integer   8192

### 6.3.5 Oracle 数据库模式对象

Schema Object 翻译为模式对象,也有翻译为方案对象,简称为对象。对象是用户所创建的逻辑结构的总称,用户可以看作是对象的集合。下面是常用的模式对象。

① 基表(Table):存储数据的基本单位。
② 视图(View):为一个或多个表或视图定制的查询窗口。
③ 索引(Index):为提高查询速度而创建的对象。
④ 同义词(Synonym):是各种对象的别名。
⑤ 序列生成器(Sequence):对于表的记录生成一个唯一顺序号。
⑥ 簇(Cluster):同类的两个表物理上存储在一起,提高查询速度。

⑦哈希(Hash):采用 Hash 函数构造哈希聚集,提高检索速度。
⑧程序单元(Program Unit):触发器、存储过程、函数、包等。
⑨数据库链(Database Link):分布式数据库结构中,不同服务器之间互访链路。

## 6.4 Oracle 数据库的物理结构

数据库的物理结构是实际的数据存储单元,由驻留在服务器磁盘上的操作系统文件组成。每个 Oracle 数据库实例主要由数据文件、日志文件和控制文件三种类型文件组成。这些文件的数据是以一种 Oracle 特有的格式被写成的,其他程序无法读取数据文件中的数据。除了这三种类型文件之外,Oracle 数据库还有一些附属文件,包括密码文件(PWD.ora)、参数文件(SPFile.ora)、归档日志文件等,如图 6.8 所示。

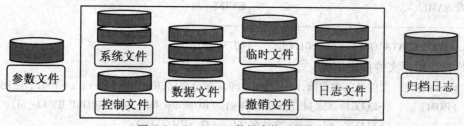

图 6.8　Oracle 11g 数据库物理结构图

### 6.4.1　数据文件

**1. 数据文件概述**

数据文件(Data Files)是占用磁盘空间最大的文件,是 Oracle 数据库三类文件的第一类文件。用户所创建的基表、索引等对象一般都存放在这个文件中,它由一个或若干个文件组成。

数据文件是按着 Oracle 数据库方式被格式化的磁盘空间,里面包含使用空间和空闲空间。当用户数据增加时使用空间增大,而空闲空间减少,数据文件在磁盘中占有的空间量是不会改变的。当用户数据被删除时不会改变数据文件的大小,只是使用空间减少,空闲空间增多。改变数据文件容量的大小,可采用两种方式:一是把数据文件设定为自动扩展方式;二是通过SQL 语句来改变其大小。

根据本章的设定,数据文件被存放在 D:\App\Oradata\orcl 文件夹下。

**2. 数据文件的特点**

随着用户数据量的增大,不仅可以增大数据文件的大小,还可以创建多个数据文件,并且都连接在用户表空间(USERS)上。太大的数据文件和太多的数据文件都会影响数据库的性能,因此,根据具体情况设置适当的数据文件大小和数据文件个数。数据文件与数据库、表空间及模式对象的关系如图 6.9 所示。数据文件的特点如下:

①每个数据库至少有一个数据文件。
②每个数据文件只能与一个表空间、一个数据库相关。
③一个对象的物理存储可以在该表空间的不同数据文件上。
④数据文件的大小是可变的。

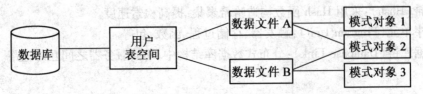

图 6.9 数据库、表空间、数据文件及模式对象的关系图

**3. 查询数据文件信息**

通过数据字典 DBA_DATA_FILES 和 V$datafile 查看所有数据文件的信息。信息的主要内容有数据文件的位置、所属表空间、大小、扩充方式、检查点、在线状态等。数据文件的大小用 BYTES 和 BLOCKS 来表示。块的大小由参数文件的 DB_BLOCL_SIZE 参数决定。

(1) 数据文件 DBA_DATA_FILE。

SQL> SELECT file_name,bytes FROM dba_data_files WHERE tablespace_name = 'USERS';

| FILE_NAME | BYTES |
| --- | --- |
| D:\APP\ORADATA\ORCL\USERS01.DBF | 697303040 |

(2) 查询数据文件使用情况。

SQL> SELECT 文件名,z 总空间,z-s 已用空间,s 剩余空间,ROUND((z-s)/z*100,2)使用率
    FROM (SELECT file_id f1,SUM(bytes)s FROM dba_free_space GROUP BY file_id),
        (SELECT file_name 文件名,file_id f2,SUM(bytes)z
    FROM dba_data_files GROUP BY file_name,file_id) WHERE f1 = f2;

| 文件名 | 总空间 | 已用空间 | 剩余空间 | 使用率 |
| --- | --- | --- | --- | --- |
| D:\APP\ORADATA\ORCL\SYSTEM01.DBF | 723517440 | 718864384 | 4653056 | 99.36 |
| D:\APP\ORADATA\ORCL\SYSAUX01.DBF | 576716800 | 545652736 | 31064064 | 94.61 |
| D:\APP\ORADATA\ORCL\USERS01.DBF | 697303040 | 7798784 | 689504256 | 1.12 |
| D:\APP\ORADATA\ORCL\UNDOTBS01.DBF | 346030080 | 35979264 | 310050816 | 10.4 |

### 6.4.2 重做日志文件

Oracle 数据库的重做日志文件(Redo Log File)简称为日志文件,它是 Oracle 数据库的第二类数据文件,是物理结构的重要组成部分,用于保护所有已提交事务的数据。

**1. 日志文件概述**

日志文件的作用如下:

① 记录两类数据:一是修改前的数据;二是修改后的数据。

② 当数据库出现故障时,恢复未来得及写入数据文件的数据。

在 Oracle 数据库中,日志文件的形成主要通过三个部分来完成:日志缓冲区(Redo Log Buffer)、后台进程(LGWR)和日志文件(Redo Log File)。

日志缓冲区是内存系统全局区(SGA)的一块循环使用的共享区域,如图 6.10 所示。图 6.10 中日志文件的工作流程是把所有 SQL 语句(Insert、Update、Delete、Create、Alter 和 Drop 等)产生的变更前后数据,完整地写入到日志缓冲区中,然后由后台进程 LGWR 从日志缓冲区随时写入日志文件中。

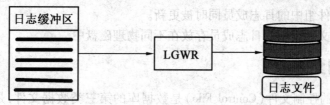

图 6.10　Oracle 11g 数据库重做日志结构图

**2. 日志文件的组成**

Oracle 数据库中日志文件是成组使用的。日志文件组(Log File Group)中的日志文件称为日志成员(Log File Member)。Oracle 11g 中默认的日志文件组成如图 6.11 所示。

图 6.11　Oracle 11g 数据库日志文件结构图

根据本章的设定,日志文件被存放在 D:\App\Oradata\orcl 文件夹下。

如图 6.11 中可以看到日志是由三个日志文件组构成,每个日志文件组是一个日志成员。为了保证数据库的安全,可以把日志文件进行镜像,存储在不同的磁盘上,每个文件组的日志成员内容完全一致,是同步更新的。

**3. 日志文件的工作原理**

Oracle 是以循环方式写日志文件的。图 6.12 所示由三个日志文件组、双磁盘构成的镜像工作过程。当后台进程 LGWR 写满第一个日志后,开始写入第二个日志文件组;当第二个文件组写满再写第三个文件组;当三个日志文件组都写满后,返回第一个日志文件组,并覆盖写第一个日志文件组,重新开始新一轮循环。

如果循环使用的日志文件组多,而且每个日志文件组的日志文件容量够大,则可恢复的数据量也多。无论采用何种模式,恢复的数据量是有限的。

图 6.12　Oracle 11g 数据库日志镜像结构图

为了使数据库能够完全恢复,数据库可以采用一种叫归档模式的运行方式。在归档模式下每次覆盖写日志文件之前,通过归档后台进程 ARCH,把日志文件内容复制到归档日志文件中进行永久性保存。通过上述的讲解可知,日志有非归档模式和归档模式两种。

**4. 日志文件的特点**

日志文件具有以下特点:
①每个数据库至少有 2 个日志文件组,每组有 1~5 个成员。
②同一个日志文件组的日志成员具有相同的信息,成员之间是镜像关系。

③每个日志文件组中的日志成员同时被更新。
④同一个日志文件组中的日志成员存放在不同物理磁盘中。

### 6.4.3 控制文件

Oracle 数据库的控制文件(Control File)是数据库的第三类数据文件,是成功启动和操作数据库必须的二进制文件。

**1. 控制文件的组成**

Oracle 控制文件是以 ctl 为后缀的文件,一个数据库至少需要一个控制文件,每个控制文件只与一个数据库(实例)相关联。控制文件通常采用分散存放、多路复用的原则。根据本章设定的原则,控制文件有两个:一个是 D:\App\Oradata\orcl\Control01.ctl;另一个是 D:\App\Flash_Recovery_Area\orcl\Control02.ctl。

Oracle 控制文件是数据库创建时自动生成的二进制文件,在初始化参数文件中指定了所有控制文件的路径和文件名。控制文件的变更,将写入到初始化参数中指定所的所有控制文件中,而读取时则仅读取第一个控制文件。控制文件是互为镜像的。

**2. 控制文件的内容**

控制文件包含以下主要信息:
①数据库的名字、ID、创建的时间。
②所有表空间的名字。
③日志文件,数据文件的位置、个数及名字。
④当前日志的序列号。
⑤检查点的信息 CHECKPOINT_CHANGE#。
⑥撤销段的开始或结束。
⑦归档信息。
⑧备份信息。

**3. 查询控制文件信息**

数据库在运行状态下,控制文件的内容在不断地更新,因此,控制文件反应的是数据库动态信息。可通过数据字典 V $ controlfile、V $ controlfile_record_section、V $ parameter 查询控制文件的信息。

(1)列出实例中所有控制文件的名字及状态信息。

SQL> SELECT name,block_size,file_size_blks FROM V $ controlfile;

| NAME | BLOCK_SIZE | FILE_SIZE_BLKS |
| --- | --- | --- |
| D:\APP\ORADATA\ORCL\CONTROL01.CTL | 16384 | 594 |
| D:\APP\FLASH_RECOVERY_AREA\ORCL\CONTROL02.CTL | 16384 | 594 |

(2)查询参数文件得到控制文件的路径和名称。

SQL> SHOW PARAMETER control_files

| NAME | TYPE | VALUE |
| --- | --- | --- |
| control_files | string | D:\APP\ORADATA\ORCL\CONTROL01.CTL, |

D:\APP\FLASH_RECOVERY_AREA\ORCL\CONTROL02.CTL

### 6.4.4 其他文件

Oracle 数据库除了上述三类文件之外,还有以下文件:
①系统文件:是指与 SYSTEM、SYSAXU 表空间对应的文件。
②参数文件:也称为初始化文件,启动数据库的必备文件。
③口令文件:用于存放用户口令的加密文件。
④归档文件:包含恢复所需的库结构和数据文件的副本。
⑤警告文件:存放 Oracle 数据库运行中出现的各种消息、警告和错误信息。
⑥跟踪文件:用于存储后台进程和服务器进程的跟踪信息,以.trc 为文件后缀。
⑦服务器进程跟踪文件:主要跟踪 SQL 语句,通过它了解 SQL 语句的性能。

## 6.5 Oracle 11g 数据库的内存结构

内存结构是 Oracle 体系结构最重要的组成部分之一。内存结构不仅直接影响着数据库的性能及服务器的运行速度,而且也决定了数据库并发用户数量的多少。

图 6.13 所示是专用服务器(Dedicated Server)配置下的内存结构图。从图 6.13 可以看到,Oracle 11g 数据库内存是由两大块组成:一个是系统全局区(System Global Area,SGA);另一个是程序全局区(Program Global Area,PGA)。

图 6.13　Oracle 11g 数据库的内存结构图

### 6.5.1 Oracle 数据库实例

在服务器中运行的 Oracle 数据库称为 Oracle 实例。

**1. 实例**

对 Oracle 数据库的实例人们有多种认识和解释,一般都是从数据库的运行角度来进行解释。这种解释虽然正确,但不容易理解。我们从数据库的安装结构和运行角度分别说明什么是实例(Instance)。

先从数据库的安装结构来看一下什么是实例。这里称为数据库实例(静态实训)。

从图 6.14 所示 Oracle 数据库实例安装结构图中可以看出,安装数据库要做两部分工作:一是安装数据库管理软件;二是创建数据库。创建数据库实际上是创建实例(数据库实例)的过程,而每个数据库中可以创建若干个数据库实例,每个数据库实例都有一套自己的逻辑结构和物理结构,包括各自的初始化参数文件。

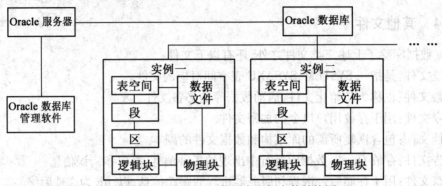

图 6.14　Oracle 11g 数据库实例安装结构图

再从数据库的运行角度说明什么是实例。这里称为 Oracle 实例(动态实例)。Oracle 数据库在服务器上启动过程:

①启动(Startup):Oracle 根据参数文件在内存中分配一个系统全局区,同时开辟若干个 Oracle 后台进程。

②安装(Mount):装载与启动初始化参数所指定的数据库实例。

③打开(Open):打开已装载的数据库实例。

从数据库的启动过程看,Oracle 数据库系统根据数据库实例的参数分配了内存(SGA),并开辟了若干个 Oracle 后台进程,最后安装和打开数据库实例。因此,从运行角度看实例,Oracle 实例后台是由内存(SGA)和后台进程组成,如图 6.15 所示。

运行在服务器上的数据库系统是 Oracle 启动一个动态实例,然后装入一个静态实例来构成的。因此,进一步说明了 Oracle 数据库系统的体系结构是由逻辑结构、物理结构、内存结构和进程结构组成的。

图 6.15　Oracle 实例结构图

上述说明中提到的数据库实例(创建数据库实例时设定)的名字是通过初始化参数 DB_name 来标识,而 Oracle 实例名字是通过参数 Instance_name 来标识的。在默认安装状态下,初始化参数 DB_name 和参数 Instance_name 的值是相同的。

**2. Oracle 实例的特点**

Oracle 11g 数据库的服务器硬件架构可分为单服务器系统和 OPS/RCA(Oracle Parallel Server/Real Application Cluster)集群系统。对于不同架构的服务器,Oracle 实例的特点也不尽相同。Oracle 实例的主要特点如下:

①数据库实例与 Oracle 实例之间是 1 对 1 的关系(单服务器)。

②数据库实例与Oracle实例之间是1对n的关系(OPS/RCA)。
③一台服务器可以同时运行若干个数据库系统(Oracle实例+数据库实例)。
④一个Oracle实例可以运行多个数据库实例(需修改Init/SPFile中配置)。
⑤一个Oracle实例在同一时间只能运行一个数据库实例。
⑥用户同时只能与一个数据库实例系统相连。
⑦Oracle数据库系统是由数据库实例和Oracle实例构成的。

### 6.5.2 SGA

SGA(System Global Area,SGA)是数据库为Oracle实例分配的一组内存区,对于Oracle系统所有的进程都是共享的。所有的用户进程、服务器进程、后台进程都通过SGA共享区进行各种处理。当数据库的Oracle实例启动时,系统全局区内存被自动分配,关闭实例SGA内存被收回。

如图6.16所示,SGA是由数据缓冲区(Data Buffer Cache)、日志缓冲区(Rado Log Buffer)、共享池(Shared Pool)、流池(Streams)、大池(Large Pool)和Java池组成。

图6.16　Oracle 11g数据库SGA结构图

**1. 数据缓冲区**

数据缓冲区是由许多与Oracle数据块大小相等的内存组成。数据缓冲区存放了最近从数据库文件中读取的数据块和经常被访问的数据块。数据缓冲区是以数据块为单位进行读写操作的,数据缓冲区写满时,自动删掉不常用的数据。当用户访问数据时首先在数据缓冲区中查找,如果没有相应的数据,那么直接读取数据文件。数据缓冲区分为三个区:脏缓冲区(Dirty Buffer)、空闲区(Free Buffer)及保留区(Pinned Buffer)。

①脏缓冲区:内容已被修改,但还没写入数据文件的数据缓冲区。当一条SQL语句对某个缓存块中的数据进行修改后,该缓存块就被标记为脏缓存块。

②空闲区:没有数据的自由空闲缓冲区。当用户需要读取数据文件时,读到的数据块被存放在该区中。

③保留区:正在被访问的缓冲区。它始终被留在数据高速缓存中,不会被写入数据文件。

**2. 数据缓冲区的工作原理**

首先了解下Oracle内存管理中概念,即脏列表(DIRTY List)和最近最少使用算法列表(Least Recently Used List,LRU List)。

DIRTY List:是管理脏缓冲块的链表,它存放了已经被修改但还没有被写入到数据文件中的脏数据块的信息。

LRU List：是管理数据缓冲区的链表。列表中存放没有移到脏列表的脏数据块、空闲块及被访问过的数据块信息。最后访问过的数据块信息在 LRU 列表头部。当列表被写满时，将最久没访问的尾部信息对应的数据块覆盖掉，放入最新访问的数据块，并把该块的信息排到列表的头部。每当某个数据块被访问时，就把该块的信息移动到 LRU 列表的头部，其他缓存块的信息按序向 LRU 列表的尾部移动。

当服务器进程读取数据块时，数据高速缓冲区的工作原理如下：

①检查数据缓冲区有无要读取的数据，如有，则使用当前缓存块的数据，并把该缓存块的信息放入 LRU 列表的头部；否则，继续执行下一步骤。

②先从 LRU 列表的尾部开始查找空闲缓存块，如果搜索到带有脏标记的块，则写入 DRITY 列表中，然后继续搜索。

③继续搜索 LRU 列表查找空闲缓存块，以便容纳该数据块。如果还没有搜索到足够的空闲块，则继续执行下一步骤。

④Oracle 激活 DBWn 进程，开始将 DIRTY 列表中的脏缓存块写入到数据文件中，将脏缓存块释放并加入到 LRU 列表中，一直找到足够的空闲块为止。

⑤找到足够空闲块后把从数据文件读到的数据块写入空闲缓冲块中，并将该缓存块的信息移动到 LRU 列表的头部。

**3. 重做日志缓冲区**

重做日志缓冲区是为了提高日志文件的写入磁盘速度而设置的，而且是循环使用的缓冲区。所有修改前和修改后的数据从数据缓冲区写入重做日志缓冲区，然后再由 LGWR 进程分批写入重做日志文件中。

**4. 共享池**

共享池（Share Pool）中保存了最近执行的 SQL 语句、PL/SQL 过程与包、数据字典信息、锁以及其他控制结构的信息。共享池是由库缓冲区（Library Cache）和数据字典缓冲区（Data Dictinary Cache）组成的。

①库缓冲区的目的是保存最近解析过的 SQL 语句、PL/SQL 过程和包。Oracle 在执行一条 SQL 语句、一段 PL/SQL 过程和包之前，首先在库缓冲区中搜索，如果查到它们已经解析过，就直接利用解析结果和执行计划来执行，而不必重新对它们进行解析，这样可显著提高执行速度和工作效率。

②数据字典缓冲区用于存储经常使用的数据字典信息。例如，表的定义、用户名、口令、权限、数据库的结构等。Oracle 运行过程中经常访问该缓存以便解析 SQL 语句，确定操作的对象是否存在，是否具有权限等。

**5. 流池**

流池（Streams Pool）为 Oracle 使用流设定的内存区，它有利于大量数据的移动。流池在默认状态下没有被设定，参数 Streams_Pool_Size 为 0。Oracle 在第一次使用时自动被创建。

**6. 大池**

大池（Large Pool）是可选的缓冲区，根据需要由数据库管理进行配置。其主要作用是提供一个大的缓冲区来完成像数据库的备份与恢复，具有大量排序操作的 SQL 语句，并行化的数据库操作等。大池的大小是由参数 Large_Pool_Size 确定。

### 7. Java 池

Java 池主要用于 Java 语言开发。用户存放 Java 代码、Java 语句的语法分析表、Java 语句的执行方案和进行 Java 程序开发。

### 6.5.3 PGA

当用户进程连接到数据库时，服务器为每个用户进程分配一个服务器进程（专用服务器方式），而服务器进程都有自己的一个内存区 PGA。服务器进程通过 PGA 完成用户进程提出的会话任务。每个服务器进程都有各自的 PGA，只能访问自己的 PGA，因此，PGA 是服务器进程独占的、不是共享的。PGA 主要由 UGA 和堆栈区组成，UGA 由排序区、会话区和游标区组成。数据库的 PGA 结构图如图 6.17 所示。

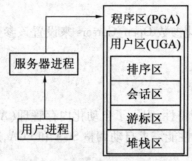

图 6.17 数据库的 PGA 结构图

**1. 用户全局区**

用户全局区（User Global Area，UGA）是某个特定会话（Session）相关信息的内存区域。UGA 与 PGA 的区别在于 PGA 是服务器进程的内存空间，与服务器进程是一对一的关系；而 UGA 是一个特定的会话占用 PGA 内存空间，与用户会话是一对一的关系。一个服务器进程可以服务于用户进程的多个会话，因此，PGA 与 UGA 是一对多的关系。

如图 6.17 所示，UGA 是在 PGA 中分配的，这是专用服务器连接模式下的分配方式。在共享服务器（Shared Server）连接模式下，UGA 是在 SGA 中进行分配的，如果 SGA 中设置了大池，则 UGA 从大池里进行分配；否则，UGA 只能从共享池里进行分配。

UGA 由排序区、会话区、游标区组成，下面分别介绍这三个区和堆栈区。

（1）排序区。

排序区（Sort Area）主要用来存放排序操作产生的临时数据。一般来说，这个排序区的大小占据 UGA 缓存区的大部分空间。用户数据的排序首先在排序区中进行，如果排序区的内存不够用，Oracle 自动使用临时表空间的临时段进行排序。通过初始化参数 SORT_AREA_SIZE 手工调整排序区的大小。

（2）会话区。

当用户进程与服务器进程建立会话时，系统会将这个用户的相关权限、角色等查询出来，保存在会话区（Session Area）内。当用户进程访问数据时，系统与会话区内的用户权限信息进行核对，检查权限是否满足。

在通常情况下，这个会话区内保存了会话所具有的权限、角色、性能统计等信息。这个会话区一般都是由系统进行自我维护的。

(3) 游标区。

在访问 Oracle 数据库时经常用到游标。在运行 Open 游标语句时，系统自动在 SGA 共享池中为游标分配一块内存区域,指向这个共享池指针所存放的内存区域称为游标区(Cursor Area)。游标区是一个动态的区域,当用户执行游标语句时,系统就分配一个游标区；当执行关闭游标语句时,该游标区就会被释放。

**2. 堆栈区**

为了提高 SQL 语句的利用率,对语句中使用的变量,在内存开辟一个专给变量使用的区域,这个区域就称为堆栈区(Stack Area)。简单地说,在 SQL 语句中用户只需要输入不同的变量值,就可以解决不同的查询要求。通过使用堆栈区可以加强与用户的互动性。另外,在堆栈区内还保存着会话变量、SQL 语句运行时的内存结构等重要信息。堆栈区一般都是由系统进行自我维护的。

管理员可以根据通过初始化参数 Open_Cursors 来设置该参数,控制用户能够同时打开游标的数目。

### 6.5.4 自动内存管理

作为 Oracle11g 数据库的新特性,引入了自动化内存管理(Automatic Memory Management, AMM)的概念,使得 Oracle 根据性能需求自动调整 SGA 和 PGA,还能使 PGA 和 SGA 内存之间可以按实际需要进行互相转换。

在 AMM 中只需调整 MEMORY_TARGET 和 MEMORY_MAX_TARGET 两个参数就能完成 oracle 的内存管理工作。其中 MEMORY_TARGET 是 Oracle 所能使用的最大内存；MEMORY_MAX_TARGET 是 MEMORY_TARGET 参数所能设定的最大值。

参数 MEMORY_TARGET 是 SGA_TARGET 和 PGA_AGGERATE_TARGET 之和,可根据实际内存空间进行动态修改；而参数 MEMORY_MAX_TARGET 修改后必须重新启动实例才能生效。如果没有设置 MEMORY_MAX_TARGET 值,则默认为 MEMORY_MAX_TARGET 等于 MEMORY_TARGET。另外,在自动内存管理时,参数 SGA_TARGET 和 PGA_AGGERATE_TARGET 都要设成 0,LOCK_SGA 设置为 FALSE。

**1. 自动内存管理设定**

自动内存管理参数的查询和修改方式如下：

SQL > SELECT name,type,value FROM V $ parameter WHERE SUBSTR(name,1,2) IN ('sg','me','pg');

| NAME | VALUE |
| --- | --- |
| sga_max_size | 780140544 |
| sga_target | 0 |
| memory_target | 1291845632 |
| memory_max_target | 1291845632 |
| pga_aggregate_target | 0 |

SQL > ALTER SYSTEM SET MEMORY_TARGET = 1024M SCOPE = SPFile；
系统已更改。
SQL > ALTER SYSTEM SET MEMORY_MAX_TARGER = 1024M SCOPE = SPFile；

系统已更改。
SQL > Startup Force

**2. 自动 SGA 管理和自动 PGA 管理的设置**

(1) 自动 SGA 管理。

采用自动 SGA 内存管理时，确定自动调整组件大小的主要参数是 SGA_TARGET。这个参数可以在数据库启动并运行时动态调整，最大可以达到 SGA_MAX_SIZE 参数设置的值，如果没有设置，默认为 SGA_MAX_SIZE，则 SGA_TARGET 的最大值就是自己本身。设置方法如下：

ALTER SYSTEM SET MEMORY_TARGET = 0 SCOPE = SPfile;
ALTER SYSTEM SET SGA_MAX_SIZE = 480M SCOPE = SPfile;
ALTER SYSTEM SET SGA_TARGET = 320M SCOPE = SPfile;
ALTER SYSTEM SET LOG_BUFFER = 4915200 SCOPE = SPfile;
STARTUP FORCE

在修改参数文件中，SCOPE = BOTH 表示立即执行改变，并永久地使用改变；SCOPE = SPFILE 表示重新启动后才生效。

(2) 自动 PGA 管理。

自动 PGA 管理是通过调整 pag_aggregate_target 参数和把 workarea_size_policy 设置成 AUTO。设置方法如下：

ALTER SYSTEM SET MEMORY_TARGET = 0 SCOPE = SPfile;
ALTER SYSTEM SET WORKAREA_SIZE_POLICY = Auto SCOPE = SPfile;
ALTER SYSTEM SET PAG_AGGREGATE_TARGET = 40M SCOPE = SPfile;
STARTUP FORCE

**3. 手动 SGA 管理和手动 PAG 管理的设置**

(1) 手动 SGA 管理。

为了更加精细地调整内存结构，在充分分析内存的基础上可以采用手动配置 SGA。设置方法如下：

ALTER SYSTEM SET "_MEMORY_IMM_MODE_WITHOUT_AUTOSGA" = FALSE SCOPE = BOTH;
ALTER SYSTEM SET MOMORY_TARGET = 0 SCOPE = SPfile;
ALTER SYSTEM SET SGA_TARGET = 0 SCOPE = SPfile;
ALTER SYSTEM SET DB_CACHE_SIZE = 80M SCOPE = SPfile;
ALTER SYSTEM SET SHARED_POOL_SIZE = 240M SCOPE = SPfile;
ALTER SYSTEM SET LOG_BUFFER = 4915200 SCOPE = SPfile;
STARTUP FORCE

除了以上参数，对于 Oracle 11g 还有 Java_Pool_Size、Db_Recycle_Cache_Size 等参数可以设置。注意：LOCK_SGA 要设置成 TRUE。

(2) 手动 PGA 管理。

手动 PGA 管理比较简单，主要设置两个参数，Sort_Area_Size 和 Hash_Area_Size。再把 Workarea_Size_Policy 设置为 Manual。设置方法如下：

ALTER SYSTEM SET MEMORY_TARGET = 0 SCOPE = SPfile;

```
ALTER SYSTEM SET WORKAREA_SIZE_POLICY = Manual SCOPE = SPfile;
ALTER SYSTEM SET SORT_AREA_SIZE = 819200 SCOPE = SPfile;
ALTER SYSTEM SET HASH_AREA_SIZE = 819200 SCOPE = SPfile;
STARTUP FORCE
```

## 6.6 Oracle 实例的进程结构

Oracle 采用操作系统中的进程机制,设计专用 Oracle 进程的体系结构,使 Oracle 数据库的性能最大。当启动 Oracle 实例时,分配 SGA 的同时创建了所必需的 Oracle 进程。

### 6.6.1 用户进程与服务器进程

在 Oracle 数据库系统中,进程分为两类:用户进程和 Oracle 实例进程。用户进程在客户端创建并向服务器发出请求服务。服务器端的 Oracle 实例进程又分为两类:服务器进程和后台进程。服务器接到客户端的用户请求后由服务器进程与之响应,建立连接进行通信。

**1. 用户进程**

用户为了访问数据库,在客户端创建一个进程与服务器进程通信,这个进程就称为用户进程(User Process)。每当用户需要访问 Oracle 实例时,用户首先在客户端创建一个用户进程,然后申请服务器为其服务,这时服务器分配一个服务器进程与之响应。

(1)连接。

连接(Connect)是用户进程与服务器进程之间建立的一条通道,也是从客户到 Oracle 实例的一条物理路径。

(2)会话。

通过服务器进程所处理的 SQL 语句都是在特定的会话上完成的。会话(Session)是 Oracle 实例的一个逻辑实体,相当于处理 SQL 语句的一个平台。用户从登入数据库用户建立一个会话,到退出数据库而结束会话,就是一个会话的生命周期。会话有两个状态:活动的(Active)和非活动(Inactive)。

连接是物理路径,而会话是逻辑实体,会话甚至可以独立于连接存在。一个用户可以申请多个 SQL 应用来建立多个连接,一条连接可以建立多个会话。

**2. 服务器进程**

为客户端的用户进程提供服务的进程称为服务器进程(Server Process)。用户进程必须通过服务器进程才能访问数据库。实际上,用户通过用户首先进程向 Oracle 实例发送 SQL 语句,然后由服务器进程接收并执行,最后返回给用户。在专用服务器连接模式下,用户进程与服务器进程是一一对应的,如图 6.18 所示。

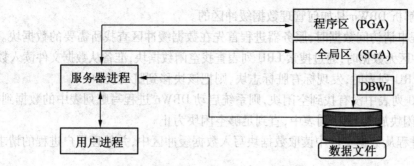

图 6.18 Oracle 11g 服务器进程

服务器进程对用户请求的处理过程如下：

①解析并执行用户所提交的 SQL 语句。

②搜索 SGA 的数据缓冲区，是否所需数据在数据缓冲区，如果没有，则从数据文件读取数据块，并存放到数据缓冲区中。

③进行处理后把结果返回给用户。

**3. 后台进程**

后台进程(Background Process)是多进程系统中使用的附加进程。其目的是提高系统性能、协调多个用户应用并发产生的服务器进程，维护物理存储与内存中的数据之间的关系。后台进程是在实例启动时自动建立并一直存在的。后台进程主要完成如下任务：

①在内存和外存之间进行 I/O 操作。

②监视各个进程的状态。

③协调各个进程的任务。

④维护系统的性能。

⑤保证系统的可靠性。

通过 SELECT * FROM V$BGPROCESS 来检查数据库中启动的后台进程的名称及个数。

### 6.6.2 DBWn 进程

DBWn(Database Writer)是管理数据缓冲区的一个 Oracle 后台进程，负责完成把数据缓冲区写入数据文件的任务。DBWn 是以批量写入的方式将修改块从 SGA 写到数据文件中。

**1. LRU 列表(LRU LIST)和脏列表(DRITY LIST)**

在上一节我们介绍了 LRU 和 DRITY 的概念，在这里进一步解释如下：

(1) LRU(Least Recently Used)算法：最近最少使用原则。Oracle 采用 LRU 保持内存中的数据块是最近使用的，使尽可能减少 I/O，提高数据库的性能。

(2) LRU 列表(LRU List)：是数据缓冲区的管理列表区，登记了数据缓冲区空闲块和保持块的地址和状态标识(Free：自由；Pinned：保持；Drity：脏)。

(3) 脏列表(DIRTY List)：数据缓存区中被修改过的数据块地址列表区。当数据缓冲区中的块被修改，则被标志为脏块。DBWn 的主要任务是把脏数据缓冲块写入磁盘，使缓冲区保持干净。

**2. DBWn 的管理方式**

DBWn 是一个负责将脏块写入数据文件的后台进程，也是管理数据缓冲区的进程。下面参照图 6.19 来解析 DBWn 是如何管理数据缓冲区的。

①用户进程申请访问数据时,服务器进程首先在数据缓冲区查找所需要的数据块。

②数据缓冲区无数据时,通过搜索 LRU 列表查找空闲数据块,准备从数据文件读入数据块。

③在搜索 LRU 列表时,发现标有脏标志块,则把该块移到脏列表中。

④若在 LRU 列表中没有找到空闲块,则系统启动 DBWn 进程写脏列表中的数据到数据文件,清理出的空闲块放入 LRU 列表中,直到足够空闲块为止。

⑤服务器进程从数据文件中读取数据块写入数据缓冲区中,并处理用户进程的请求,把结果返回给用户。

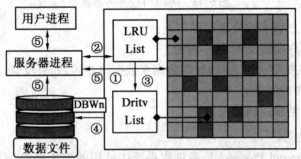

图 6.19　Oracle11g 数据库 DBWn 进程解析

### 3. DBWn 的作用

DBWn 进程的作用主要有以下几点:

①管理高速缓冲区,保证服务器进程总能找到空闲缓存块。

②将脏列表中的脏缓存块写入到数据文件中,以获取更多的空闲缓存块。

③使用 LRU 算法将最近正在使用的缓存块即命中块继续保留在 LRU 列表中。

④DBWn 进程通过延迟写入来优化磁盘 I/O 操作。

### 4. 唤醒 DBWn 的条件

在下列情况下,DBWn 写磁盘:

①脏列表值达到参数 DB_BLOCK_WRITE_BATCH 值的一半长度时,服务进程将通知 DBWn 进行写磁盘。

②服务器进程在 LRU 表中查不到空闲缓冲区时,将停止查找并通知 DBWn 进行写磁盘。

③出现超时(TIME_OUT)。若 DBWR 在 3 秒内未活动,则为超时,DBWn 将所有脏列表缓冲区写入磁盘。

④当出现检查点(CKPT)时,LGWR 将通知 DBWn 写磁盘。

在一个实例中,允许启动 1~20 个 DBWn 进程。参数 DB_WRITE_PROSSES 设置 DBWn 的进程个数。进程名为 DBW0、DBW1、…、DBWa、DBWb、…DBWj。

### 6.6.3　LGWR 进程

LGWR 进程(Log Writer)负责将 SGA 的重做日志缓冲区内容写入到磁盘的重做日志文件中。它是负责管理日志缓冲区的一个 Oracle 实例的后台进程。每一个 Oracle 实例只有一个日志写进程。

**1. LGWR 的作用**

当用户输入 DDL 和 DML 语句时,服务器进程把相关的修改信息写入重做日志缓冲区中,再由 LGWR 进程快速地把日志缓冲区的数据写入日志文件中,保证日志缓冲区有足够的空间来继续写以后的日志信息。

LGWR 进程的作用如下:

①负责管理日志缓冲区,把数据同步地写入到活动的镜像在线日志文件组。
②确保日志缓冲区总有空间。
③确认一个事务提交完成。

**2. LGWR 进程写条件**

实际上只要有数据的修改,那么 LGWR 进程就不停地在写日志文件,一定要在 DBWn 写数据文件之前把日志文件写完。在下列情况下唤醒 LGWR 写日志文件:

①当发生事务提交(包括自动提交和 COMMIT)。
②超时,每 3 秒。
③日志缓冲区写满 1/3。
④当重做日志缓冲区内的已更改记录超过 1 MB 时。
⑤当 DBWR 将修改缓冲区的脏块写入磁盘时将日志缓冲区输出。

### 6.6.4　CKPT 检查点进程

由于 Oracle 实例中后台进程 LGWR 和 DBWR 工作的不一致,引入了检查点的概念,用于同步数据库,保证数据库的一致性。检查点进程(Check Point Process)是通过系统改变号(System Change Number)来控制文件、数据文件和联机日志文件的一致性,如图 6.20 所示。

图 6.20　Oracle 11g 的 CKPT

**1. 系统改变号**

系统改变号(System Change Number,SCN)是系统改变号,称为检查点(也称为同步点)。下面分别说明 SCN 的分布情况:

①系统检查点 SCN:是控制文件的检查点。可在数据字典动态视图 V$Database 的字段 Checkpoint_Change#中查到。
②数据文件检查点 SCN:是数据文件中的检查点。可在数据字典动态视图 V$Datafile 的字段 Checkpoint_Change#中查到。
③启动 SCN:是数据文件的文件头的检查点。可在视图 V$Datafile_Header 的 Checkpoint

_Change#中查到。

④终止 SCN：是数据文件的终止检查点。可以在视图 V$Datafile 的 Last_Change#中查到。在系统运行状态下，Last_Change#的值是 Null。

⑤在数据库运行期间的 SCN：在数据库运行状态下，控制文件中的系统检查点、数据文件检查点以及每个数据文件文件头中的 SCN 都是相同的，并且 SCN 的值在当前日志文件（日志文件的状态值 STATUS = CURRENT）的 First_Change#和 Next_Change#值之间。

**2. CKPT 的工作**

CKPT 并不是把数据缓冲区或日志缓冲区中的数据块写入磁盘的，而是完成以下工作：

①通知 LGWR 把日志缓冲区的内容写入日志文件中。
②在日志文件中留下一个新产生的 SCN 信息。
③通知 DBWR 把所有被修改过的脏数据块写入磁盘。
④把新产生的 SCN 写入控制文件中和数据文件的文件头中。

**3. CKPT 的作用**

CKPT 写入的检查点信息，包括检查点位置、系统更改号、重做日志中恢复操作的起始位置以及有关日志的信息等，是用来保证数据库的安全的。其作用如下：

①减少系统崩溃导致的恢复时间，只需处理最后一个检查点后面的重做日志条目以启动恢复操作。
②保证数据库的一致性，确保提交的所有数据在关闭期间均已写入数据文件。

**4. 检查点的发生**

LOG_CHECKPOINT_TIMEOUT 参数产生一个检查点的间隔，默认为 1 800 秒。检查点在以下情况时发生：

①当每个日志切换时。某一个日志文件被写满，需要切换到下一个日志文件继续写。
②检查点（LOG_CHECKPOINT_TIMEOUT）超时。
③数据库关闭。此时 DBWn 进程将数据缓存区中的所有脏缓存块都写入数据文件中。
④DBA 强制产生。语句 ALTER SYSTEM CHECKPOINT 强制产生一个新的检查点。
⑤当表空间设置为 OFFLINE 时。

### 6.6.5 后台进程 SMON 和 PMON

这两个进程都是属于监控进程，处理善后和异常工作的进程。它们是 Oracle 数据库中两个非常重要的进程。

**1. 系统监控进程**

系统监控进程（System Moniter，SMON）主要负责系统监视、清理及恢复工作，是数据库的清扫工。SMON 随 Oracle 实例启动，定期被唤醒以检查是否需要执行它所负责的工作。如果其他任何进程需要使用 SMON 进程的功能时，也将随时被唤醒。其主要工作包括：

①临时空间的清除：已经分配但不再使用的临时表空间的段（Temporary Extent）。
②自我恢复：数据库异常关闭后，启动数据库时控制文件检查数据文件号与日志文件是否一致，通过日志文件恢复数据文件。
③资源合并：如使用字典管理表空间，SMON 则负责将合并空闲块。

④缩小回滚段:如果设置回滚段最优大小(Optimal Size)参数,SMON 就会自动将回滚段收缩为所设置的最佳大小。

⑤实例恢复:在集群(RAC)配置中,某个节点失败时,通过另一个节点去打开失败节点对应的日志文件,对数据文件进行恢复。

⑥清理底层数据字典(OBJ$):当某些对象被删除时,由 SMON 进程来清理 OBJ$ 视图。

⑦清理假脱机回滚段:SMON 定期地检查该回滚段的事务是否完成,若完成,则将其变为 OFFLINE。

**2. 进程监控进程**

进程监控进程(Process Monitor,PMON)也称为进程清理进程(Process Cleanup Process)。该进程在用户进程出现故障时执行进程恢复,负责清理内存储区和释放相关进程所使用的资源。PMON 有规律地被唤醒,检查是否需要,或者其他进程发现需要时可以被调用。PMON 的主要作用如下:

①恢复中断或失败的用户进程、服务器进程。
②监控后台进程,如果某些后台进程不正常终止,则会重启或者直接终止它。
③回退未提交的事务,重置活动事务的状态,从系统活动进程中删除用户进程标识号。
④释放未提交的事务进程所占用的 SGA、PGA 等各种资源,并通过自动回退事务来解决死锁,释放用户所拥有的表和行锁。
⑤定期检查服务器进程和调度进程,若它们因失败而被异常挂起,则重新启动它们。

### 6.6.6 Oracle 其他后台进程

Oracle 11g 实例的后台进程除了上面介绍的五个必须的进程外,还有很多适应各种服务器配置结构的辅助进程。下面再介绍四个进程。

**1. RECO(Recover)恢复进程**

该进程适用于分布式数据库系统。RECO 周期性地启动,来检查是否有服务器进程发生故障。如发现故障,则立即清除失败的事务。RECO 进程不需要数据库管理员去干预,发现问题它会自动完成任务。

**2. ARCn(Archive)归档进程**

该进程适用于数据库在归档模式下运行的系统。每当发生重做日志文件的日志切换时,ARCn 将已写满的日志复制到指定的存储设备上,然后继续覆盖写日志文件。一个 Oracle 实例可以启动 10 个归档进程(ARH0~ARC9)。

**3. Dnnn(Dispatcher)调度进程**

该进程适用于多线程服务器(共享服务器模式)配置结构中。Dnnn 调度进程负责接收多个用户进程,并将它们放入到请求队列中,再为请求队列中的用户进程分配一个共享服务器进程。通过这种方式以少量的服务器进程来满足更多的用户进程。

**4. LCKn(Lock)锁进程**

该进程适用于并行服务器环境。当多个用户并发地访问相同数据时,在数据库中就会产生多个事务同时存取同一数据的情况。若对并发操作不加控制,就可能会造成读取和存储不正确的数据,并且会破坏数据的一致性。因此,当一个用户修改数据库的对象期间,由 LCKn

进程自动封锁所要修改数据库的对象,避免其他用户同时去更新相同的对象。一个 Oracle 实例可以启动 10 个 LCKn 进程(LCK0～LCK9)。

## 6.7 习题与上机实训

### 6.7.1 习题

1. Oracle 数据库的总体结构由哪几个部分组成?哪些是静态结构?哪些是动态结构?
2. 简述数据字典的主要内容及作用。
3. Oracle 数据库的逻辑结构由哪几个部分组成?简述各部分的作用。
4. Oracle 有几种表空间?简述每种表空间的作用。
5. 哪些文件属于表空间管理?哪些文件不属于表空间管理?
6. Oracle 数据库的三大类文件有哪些?用户数据一般存放在哪种文件中?
7. 什么是 SGA 和 PGA?它们分别由哪几个部分组成?
8. 什么是 Oracle 实例?它由哪几个部分组成?
9. Oracle 数据库有哪几类进程?与用户进行会话的进程是哪个?
10. 五大后台进程指的是哪几个进程?分别简述它们的作用。

### 6.7.2 上机实训

**1. 实训目的**

本章内容对于 DBA 来说非常重要,必须熟练掌握。通过实际操作增加感性认识,进一步牢固掌握所学的理论知识。

(1) 通过数据字典的查询了解表空间、段、区、块的实际分配情况。
(2) 了解数据文件在操作系统中的位置。
(3) 了解内存结构的实际分配情况。

**2. 实训任务**

(1) 数据字典的查询方法。
① 登入 SYS 用户查询数据字典。
查看数据字典总目录视图 dict;分别查看 DBA、ALL、USER、V$ 视图。
② 登入普通用户查询数据字典。
分别查看 ALL 和 USER 类文档,了解它们之间的区别。
③ 查看每个视图主要列的含义。
(2) 查看数据库逻辑结构。
① 表空间:DBA_TABLESPACES。
② 自由表空间:DBA_FREE_SPACE。
③ 角色:DBA_ROLES。
④ 用户:DBA_USERS。

⑤段:DBA_SEGMENTS。
⑥区:DBA_EXTENTS。
⑦对象:DBA_OBJECTS。

(3)查看数据库的安装结构,查找所有系统文件的位置。
①数据库:V$DATABASE。　　　　②实例基本信息:V$INSTANCE。
③参数文件:V$SYSTEM_PARAMETER。④控制文件:V$CONTROLFILE。
⑤数据库文件:V$DATAFILE。　　　⑥数据文件头:V$DATAFILE_HEADER。
⑦重做日志文件:V$LOGFILE。　　　⑧临时文件:V$TEMPFILE。
⑨UNDO段的统计信息:V$ROLLSTAT。

(4)查看内存分配情况。
①SGA区的信息:V$SGA、V$SGAINFO　②Oracle实例信息size部分:V$PARAMETER。

(5)查看主要的进程。
①Oracle进程信息:V$PROCESS。　　②当前会话信息:V$SESSION。
③会话等待信息:V$SESSION_WAIT。　④被加锁的对象信息:V$LOCKED_OBJECT。

# 第 7 章 表空间与文件管理

表空间(Table Space)的概念是 Oracle 数据库最精华之处,它提供了一套有效地组织数据的方法。它不仅与数据库的性能有着密切的关系,而且对简化存储管理起着非常重要的作用。

表空间是 Oracle 数据库内部数据的逻辑组织结构,对应于磁盘上的一个或多个物理数据文件(Data File)。表空间将用户模式(外模式)、数据库的逻辑结构(模式)及物理结构(内模式)有机地结合在一起。深入理解表空间的管理方式,掌握表空间与数据文件之间的关系,可以有效地部署不同类型的数据,合理地为数据文件安排磁盘空间,提高数据库的运行性能,对于开发一个优秀的 Oracle 数据库应用系统有非常重要的意义。

## 7.1 用户表空间与数据文件

表空间是 Oracle 数据库中最大的逻辑单位与存储空间单位。Oracle 通过表空间为数据库对象分配空间,而表空间在物理上对应的是磁盘数据文件。下面以 Oracle 11g 为例,详细地介绍表空间与数据文件关系。

### 7.1.1 用户表空间与数据文件的关系

在 Oracle 数据库体系结构中已说明,每一个表空间是由一个或多个数据文件组成,而一个数据文件只能属于一个表空间,如图 7.1 所示。

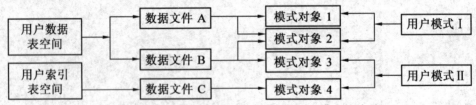

图 7.1 表空间、数据文件、模式对象及用户模式的关系

在 Oracle 11g 中表空间与数据文件的对应关系如下:

```
SQL > SELECT x.tablespace_name,y.file_name FROM dba_tablespaces x,
        (SELECT tablespace_name,file_name FROM dba_data_files UNION
        SELECT tablespace_name,file_name FROM dba_temp_files) y
     WHERE x.tablespace_name = y.tablespace_name;
TABLESPACE_NAME    FILE_NAME
```

| SYSAUX | D:\APP\ORADATA\ORCL\SYSAUX01.DBF |
| SYSTEM | D:\APP\ORADATA\ORCL\SYSTEM01.DBF |
| TEMP | D:\APP\ORADATA\ORCL\TEMP01.DBF |
| UNDOTBS1 | D:\APP\ORADATA\ORCL\UNDOTBS01.DBF |
| USERS | D:\APP\ORADATA\ORCL\USERS01.DBF |
| EXAMPLE | D:\APP\ORADATA\ORCL\EXAMPLE01.DBF |

从表空间与数据文件的查询结果看到,表空间与系统文件是一一对应的。在 Windows 缺省安装数据库环境下,六个表空间中 SYSTEM 表空间是不能脱机运行的,而其他非系统表空间是可以脱机运行的。

另外,从图 7.1 中看到,用户模式可以跨表空间。而用户模式中创建的模式对象,则不可以跨表空间,但可以跨物理数据文件存储。换句话说,模式对象只能属于一个表空间,但可以存储在不同的物理数据文件中。

Oracle 数据库的存储结构分为以下三大类:

①逻辑结构:数据库→表空间→段→区→块。
②用户模式:模式对象→表、视图、索引、同义词、序列、触发器、存储过程、包等;
③物理结构:物理数据文件→操作系统块。

图 7.2 所示是表空间、段、区、逻辑块与数据文件、块之间的关系。对于 Windows 操作系统来说,系统物理块为 2 KB,对应 Oracle 数据库的逻辑块为 2 KB×4 = 8 KB。

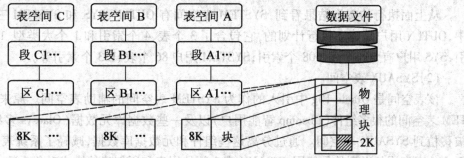

图 7.2　表空间、段、区、逻辑块与数据文件、块之间的关系

### 7.1.2　表空间与数据文件概述

Oracle 数据库的物理结构主要由三大部分组成:数据文件、控制文件及重做日志文件。其中,控制文件和重做日志文件是不通过表空间管理的,而是通过 Create 和 Alter 语句直接创建和修改。对这两类文件的读写操作是由 Oracle 实例的后台进程进行的。

通过表空间来管理的物理文件除了数据文件之外,还有系统文件(SYSTEM、SYSAUX)、临时文件(TEMP)、撤销文件(UNDOTBS01)和演习例子文件(EXAMPLE)。

**1. Oracle 11g 系统表空间**

Oracle 11g 有两个系统表空间:SYSTEM 和 SYSAUX。

(1)SYSTEM 表空间。

SYSTEM 是 Oracle 数据库的核心表空间,所有的 Oracle 版本都拥有这个表空间。在 SYSTEM 表空间中主要存放系统内部数据和数据字典。下面查询的是 SYSTEM 表空间里存放的用户和模式对象的个数。

```
SQL > SELECT owner,segment_type,count(distinct segment_name) FROM dba_segments
        WHERE tablespace_name = 'SYSTEM' GROUP BY owner,segment_type ORDER BY owner;
```

| OWNER | SEGMENT_TYPE | COUNT(DISTINCTSEGMENT_NAME) |
| --- | --- | --- |
| OUTLN | INDEX | 4 |
| OUTLN | LOBINDEX | 1 |
| OUTLN | LOBSEGMENT | 1 |
| OUTLN | TABLE | 3 |
| SYS | CLUSTER | 9 |
| SYS | INDEX | 608 |
| SYS | LOBINDEX | 80 |
| SYS | LOBSEGMENT | 80 |
| SYS | NESTED TABLE | 10 |
| SYS | ROLLBACK | 1 |
| SYS | TABLE | 508 |
| SYSTEM | INDEX | 133 |
| SYSTEM | LOBINDEX | 12 |
| SYSTEM | LOBSEGMENT | 12 |
| SYSTEM | TABLE | 86 |

从上面执行的查询结果看到,SYSTEM 表空间有 OUTLN、SYS 和 SYSTEM 三个用户。其中,OUTLN 用户是建立执行计划的,它包含了 3 个表、4 个索引和 1 个大类型、1 个大类型索引;SYS 用户有 508 个表、608 个索引;SYSTEM 用户 86 个表、133 个索引等。

(2) SYSAUX 表空间。

该表空间是 Oracle 10g 中引入的作为 SYSTEM 表空间的辅助表空间。原来存放于 SYSTEM 表空间的很多组件(Dbsnmp 智能用户)以及一些数据库元数据(Olaosys 多维数据用户)被移植到 SYSAUX 表空间。通过分离这些组件和元数据库数据,减轻了系统表空间的压力。下面的查询语句得到的是使用 SYSAUX 表空间的用户和所创建的模式对象个数。

```
SQL > SELECT owner,count(distinct segment_name) FROM dba_segments
        WHERE tablespace_name = 'SYSAUX' GROUP BY Owner ORDER BY owner;
```

| OWNER | COUNT(DISTINCTSEGMENT_NAME) |
| --- | --- |
| APEX_030200 | 467 |
| DBSNMP | 23 |
| MDSYS | 262 |
| OLAPSYS | 58 |
| … | … |

(部分内容)

默认的系统表空间不能被删除或重命名,也不支持表空间的移动表空间功能。SYSAUX 表空间可以脱机运行。

**2. 需要管理的表空间及数据文件**

① 系统表空间:建议没有必要不要去碰它,以免误操作使系统受到破坏。

② 演习例子表空间:可以删除,系统不受影响。

③临时表空间:可以创建若干个,还可以设置成临时文件组。
④撤销表空间:可以创建若干个,但一个 Oracle 实例只能启动一个撤销表空间。
⑤用户表空间:表空间管理的主要对象。
⑥控制文件:物理文件的组织结构,确保数据库的一致性和完整性。
⑦日志文件:担负着数据库异常关闭的恢复和数据备份与恢复任务。

### 7.1.3 本地化管理表空间

Oracle 数据库的表空间管理有两种方法:一是数据字典管理;二是本地化管理。Oracle 11g 完全采用本地化管理表空间的方法。

**1. 本地化管理表空间的概念**

数据字典管理表空间是 Oracle 8i 之前版本采用的方法。这种管理方法是通过数据字典表来记录 Oracle 表空间中区的使用状况。凡涉及段的分配与回收都需要访问数据字典,因此给原本访问量就很大的数据字典带来了更大的压力。

本地化管理表空间是 Oracle 8i 版本中推出的一种全新的表空间管理方式。在本地化管理方式下,表空间中分配与回收区的管理信息都被存储在表空间的数据文件中,而与数据字典无关。表空间在每个数据文件头部加入了一个位图(Bit Map)的结构,用于记录表空间中所有区的分配情况。Oracle 为每个区都保留了 1 个位,用来记录该区正在使用或空闲的状态。一般每个数据文件位图占用 64 KB 的表空间。每当一个区被使用或者被释放时,Oracle 都会根据更新数据文件头部的位图记录来反映这个变化。

位与位图的概念:

位:本地化管理表空间的空间管理单位,是由若干个区组成,每一个位代表一个区。

位图:数据文件头部加入的管理区的位置图,记录每个区的使用情况。

**2. 本地化管理表空间的优点**

(1) 减少对数据字典的依赖。

因为空间的分配和回收不需要对数据字典进行访问,而只是简单地改变数据文件中的位图,从而减少对数据字典表的竞争,提高空间存储管理的速度和并发性。

(2) 减少回滚段的使用。

本地管理表空间是自己管理分配,而不是像字典管理表空间需要系统表空间来管理空间分配,所以不会产生任何回滚段,从而大大减少了表空间管理,提高了管理效率。

(3) 位图自动跟踪管理空闲块。

因为本地化管理表空间会自动跟踪相邻的剩余空间,并由系统自动管理,因而不需要去合并相邻的剩余空间,从而也减少了空间碎片。

(4) 区的自动管理和统一管理。

本地化管理表空间有自动分配(Auto Allocate)和统一大小分配(Uniform)两种空间分配方式,自动分配方式是由系统自动决定区大小,而统一大小分配则是由用户指定区大小。这两种分配方式都提高了空间管理效率。

Oracle 11g 采用的是本地化管理表空间,以后的内容不考虑数据字典管理方式。

## 7.2 创建用户表空间与数据文件

用户表空间是 Oracle 数据库中为用户建立的存储空间,用户在使用 Oracle 数据库时所产生的所有数据全部存放在这个表空间上。用户通过数据库所管理的实际业务类别、数据量都与用户表空间的创建密切相关。因此,根据用户实际业务的需要,可以将各种类型的应用数据分别存放在不同的用户表空间中。

### 7.2.1 创建用户表空间与数据文件的要点

Oracle 数据库随着使用时间的推移,用户的数据量越来越多,导致数据文件越来越大、越来越多,这也就决定了用户表空间在不断地增大、增多。因此,创建用户表空间之前要充分考虑好各种因素,为系统应用提供优良的空间环境和优越的运行性能。创建表空间与数据文件要注意以下几个要点:

(1)表空间的划分。要充分考虑数据库所管理的业务种类,设定建立多少个表空间,每个表空间分别所承担的业务。

(2)表空间的分配。通过统计分析,计算出每个表空间的数据量,合理分配表空间大小。

(3)数据的备份与恢复。在划分表空间的同时需要考虑数据的备份问题。应该能够实现在数据库运行当中,有步骤地使部分表空间进行脱机备份。

当数据库容量比较大时,采用 Oracle 数据库所支持的热备份功能,把数据按不同的业务划分成多个表空间存放,然后规划各个表空间的备份时间。这样可以提高整个数据库的备份效率,降低备份对于数据库正常运行的影响。

(4)确定日志的运行方式。如果日志是在归档模式下,则还要考虑归档日志的存放问题。归档日志是一个容量庞大的数据文件集合,需要占用大量的磁盘空间。

(5)建立数据文件方案。根据表空间的划分情况和其容量,确定对应数据文件的建立方案。包括数据文件的大小、文件的个数、扩展方式以及存放数据文件的磁盘。

(6)设置操作系统目录结构。根据服务器所搭建的磁盘情况与所要建立的数据文件方案以及归档日志,设置操作系统的文件目录结构。

(7)将磁盘竞争减少到最小。不仅考虑日志文件与数据文件分开存放,还要考虑临时文件与撤销文件的存放情况,以避免不合理的磁盘 I/O 带来数据库性能的下降。

(8)大文件段分开。如果数据库中存有大对象数据,则要考虑建立大文件表空间以及所对应的大文件的存放位置、大小以及扩展方式等,以提高数据库的性能。

### 7.2.2 创建用户表空间的语法

创建表空间是一个非常复杂的过程,涉及方方面面的问题,因此语法内容既多又复杂。下面给出较完整的创建表空间的语法描述。

CREATE [SMALLFILE|BIGFILE] TABLESPACE tablespace_name
DATAFILE datefile_clause1 [,datefile_clause2] ……
[ EXTENT MANAGEMENT LOCAL ]

[ UNIFORM SIZE nnnn{K|M} AUTOALLOCATE ]
[ SEGMENT SPACE MANAGEMENT { AUTO|MANUAL } ]
[ BLOCKSIZE nnnn{K|M} ]
[ ONLINE|OFFLINE ]
[ LOGGING|NOLOGGING ];

其中：

SMALLFILE|BIGFILE：小文件|大文件，省略为小文件。

tablespace_name：表空间名。

datafile_clause：完整语法如下：

path\file_name SIZE nnnn{K|M} REUSE
[ AUTOEXTEND {OFF|ON NEXT nnnn{K|M} {MAXSIZE nnnn{K|M}|UNLIMITED }}]

其中：

path\file_name：数据文件的存储路径和文件名；

SIZE nnnn{K|M}：文件大小；

REUSE：如果 File 已经存在，则用原文件新 Size，若原来无 File，则忽略 REUSE。

AUTOEXTEND：文件空间自动增加，缺省值等于 AUTOEXTEND OFF。

ON NEXT nnnn{K|M}：可扩展的文件空间自动增加的大小。

MAXSIXE nnnn{K|M}：可扩展的最大空间。

UNLIMITED：无限制。

EXTENT MANAGEMENT LOCAL：代表本地化表空间，可以缺省。

UNIFORM：区大小相同，默认为 1 MB。

AUTOALLOCATE：区大小系统动态自动分配。缺省值等于 AUTOALLOCATE。

SEGMENT SPACE MANAGEMENT：段空间分配方式。

BLOCKSIZE：创建非标准块表空间。如果创建 16 KB 块标准的表空间，则在初始化参数文件中需要设置参数 DB_16K_BLOCK_SIZE = 16384。缺省时块大小按参数 DB_BLOCK_SIZE 创建。

ONLINE|OFFLINE：表空间联机/脱机。缺省值等于 ONLINE。

LOGGING|NOLOGGING：创建日志/不创建日志。缺省值等于 LOGGING。

### 7.2.3 创建用户表空间及数据文件

根据 7.2.2 节创建的用户表空间与数据文件的语法，分别创建不同类型的表空间及数据文件，并详细说明其功能。

**1. 表空间扩展方式 AUTOALLOCATE 和 UNIFORM**

表空间的大小是自动扩展的，但根据语法描述中给定的选项不同，其扩展方式也是不同的。选项 AUTOALLCATE 指扩展的区的大小是系统根据实际情况动态分配的。因此，区的大小有可能不一致，会有大有小。选项 UNIFORM 是指扩展的区大小相同，大小按给定的尺寸进行分配。如果没有指定区大小，则区大小默认为 1 MB。如果要指定区大小，那么其大小最好是逻辑数据块的倍数，这样会减少碎块。例如，如果 Oracle11g 默认数据块是 8 KB，那么区的大小最好为 8 KB×$n$。下面给出两个创建不同扩展表空间方式的例子。

【例7.1】 创建扩展方式为 AUTOALLOCATE 的用户表空间。表空间名为 user_data1,数据文件的磁盘符和路径为 d:\app\sample,文件名为 user_data10.dbf,大小为 128 MB。数据文件自动扩展,每次增加为 128 MB,数据文件最大到 640 MB。

```
SQL> CREATE TABLESPACE user_data1
     DATAFILE 'd:\app\sample\user_data10.dbf' SIZE 128M REUSE
     AUTOEXTEND ON NEXT 128M MAXSIZE 640M
     AUTOALLOCATE EXTENT MANAGEMENT LOCAL OFFLINE NOLOGGING;
Tablespace created
```

其中,AUTOALLOCATE 是表空间区大小自动分配,EXTENT MANAGEMENT LOCAL 是指本地化管理表空间,OFFLINE 指表空间被创建后脱机状态,NOLOGGING 指不要创建跟踪日志。这个例子中的 AUTOALLOCATE 和 EXTENT MANAGEMENT LOCAL 可以省略,效果是一样的。

【例7.2】 创建扩展方式为 UNIFORM 的用户表空间。表空间名为 suerr_data2、数据文件的磁盘符和路径为 d:\app\sample,文件名为 user_data20.dbf,大小为 128 MB。数据文件自动扩展,每次增加为 128 MB,数据文件最大无限。

```
SQL> CREATE TABLESPACE user_data2
     DATAFILE 'd:\app\sample\user_data20.dbf' SIZE 128M REUSE
     AUTOEXTEND ON NEXT 128M MAXSIZE UNLIMITED UNIFORM SIZE 128K NOLOGGING;
Tablespace created
```

其中,UNIFORM 是表空间区大小固定,大小为 128 KB。表空间被创建后是联机状态,不创建跟踪日志。

### 2. 段空间管理方式

段空间管理(Segment Space Management)是 Oracle 用来管理段中数据块的方式,目的是确认数据块是已用还是空闲。一般来说,已用数据块中还有一点空闲空间,是准备留给 Update 操作的;在空闲数据块中也不一定完全是空闲的,INSERT 操作使用的就是空闲数据块。段空间管理有用两种方式:

(1) 自动管理(AUTO)。

自动管理是指通过位图来管理哪些数据块可以用 UPDATE,哪些数据块可以用于 INSERT 操作。自动管理方式优于手动管理方式,缺省该选择项默认为自动方式。

(2) 手动管理(MANUAL)。

手动管理是指通过两个参数(PCT_FREE 块剩余空间值、PCT_USED 块已使用值)来确定是空闲块还是已使用块。如果通过 UPDATE 和 INSERT 操作时剩余空间减少到 PCT_FREE 值,则把该块标记为已使用块;通过 DELETE 操作使块的使用空间下降到 PCT_USED 值,则把该块标记为空闲块。手动管理是为了兼容低版本 Oracle 数据库而保留的。

下面给出两个选择段空间管理创建表空间的例子。

【例7.3】 创建段管理方式为 AUTO 的用户表空间。表空间名为 user_data3,数据文件的磁盘符和路径为 d:\app\sample,文件名为 user_data30.dbf,大小为 64 MB。数据文件自动扩展,每次增加为 64 MB,数据文件最大到 320 MB。表空间的区分配固定大小为 1 MB。

```
SQL> CREATE TABLESPACE user_data3
```

```
            DATAFILE 'd:\app\sample\user_data30.dbf' SIZE 64M REUSE
            AUTOEXTEND ON NEXT 64M MAXSIZE 320M UNIFORM
            SEGMENT SPACE MANAGEMENT AUTO NOLOGGING;
Tablespace created
```

其中,SEGMENT SPACE MANAGEMENT AUTO 是段空间由位图自动管理。表空间被创建后是联机状态,不创建跟踪日志。

【例7.4】 创建段管理方式为 MANUAL 的用户表空间。空间名为 user_Data4,数据文件的磁盘符和路径为 d:\app\sample,文件名为 user_data40.dbf,大小为 64 MB。数据文件固定大小不能自动扩展,表空间区大小自动分配。

```
SQL > CREATE TABLESPACE user_data4
            DATAFILE 'd:\app\sample\user_data40.dbf' SIZE 64M REUSE
            SEGMENT SPACE MANAGEMENT MANUAL NOLOGGING;
Tablespace created
```

其中,SEGMENT SPACE MANAGEMENT MANUAL 是段空间手动管理。表空间被创建后是联机状态,不创建跟踪日志。

**3. 非标准块表空间**

在 Oracle 数据库表空间中,分配和使用的块大小都是由初始化参数 DB_BLOCK_SIZE 指定的标准数据块大小。为了优化 I/O 性能,可以创建非标准块大小的表空间,这样有利于存储不同大小的模式对象。Oracle 11g 的标准数据块是 8 K,如果创建的表空间数据块大小不同于 8 K,那么这个表空间就是非标准块表空间(Blocksize)。非标准块表空间数据块的大小要求是物理块的倍数。对于 Windows 操作系统来说,非标准块有 2 K、4 K、16 K 等。创建非标准块表空间,必须先在初始化参数文件中(参数 db_nK_cache_size)设定一个与块对应的内存区(Windows 下最小 16 MB)。下面来看创建数据块为 2 K 的非标准块表空间的例子。

【例7.5】 创建非标准块用户表空间。表空间名为 user_data5,数据文件的磁盘符和路径为 d:\app\sample,文件名为 user_data50.dbf,大小为 64 MB。数据文件自动扩展。每次增加 64 MB,数据文件最大到 320 MB。表空间区的大小自动分配,数据块大小是非标准 2 KB。

```
SQL > ALTER SYSTEM SET db_2k_cache_size = 16M SCOPE = BOTH;
System altered
SQL > CREATE TABLESPACE user_data5
            DATAFILE 'd:\app\sample\user_data50.dbf' SIZE 64M REUSE
            AUTOEXTEND ON NEXT 64M MAXSIZE 320M BLOCKSIZE 2K NOLOGGING;
Tablespace created
```

其中,db_2k_cache_size = 16M 是在参数文件中为 2 KB 的数据块开辟了 16 MB 的内存缓冲区。SCOPE = BOTH 是指定所设置的参数立即有效并同时修改 SPFile 文件。表空间被创建后是联机状态,不创建跟踪日志。

**4. 大文件表空间**

大文件表空间(BIGFILE)是 Oracle 10g 的新特性,是为了满足不同类型数据的存储需要而增加的新功能。大文件表空间只有一个数据文件,可以包含 4 GB 个数据块,如果按 8 K 的标准块计算文件的大小,那么文件的大小达到 32 TB。下面是创建大文件表空间的例子。

【例7.6】 创建大文件(BIGFILE)用户表空间。表空间名为 user_data6,数据文件的盘符和路径为 d:\app\sample,文件名为 user_data60.dbf,大小为 1 GB。数据文件不能自动扩展,表空间区大小自动分配。表空间被创建后是联机状态,不创建跟踪日志。

```
SQL > CREATE BIGFILE TABLESPACE user_data6
              DATAFILE 'd:\app\sample\user_data60.dbf' SIZE 1024M REUSE
              UNIFORM SIZE 256K NOLOGGING;
Tablespace created
```

### 7.2.4 查询创建表空间与数据文件的结果

7.2.3 节我们通过不同的选项创建了六个用户表空间和六个数据文件,现在来看一下其结果。表空间和数据文件分别用数据字典视图 DBA_TABLESPACES 和 DBA_DATA_FILES 来查看。下面的查询做了一些限制,只查询创建的表空间的视图和相关的信息。

**1. 查看表空间结果**

```
SQL > SELECT tablespace_name 表空间名,block_size 块大小,next_extent 区大小,
         status 状态,allocation_type 区类型,segment_space_management 段类型,
         bigfile 大文件 FROM dba_tablespaces WHERE tablespace_name LIKE '%DA%';
```

| 表空间名 | 块大小 | 区大小 | 状态 | 区类型 | 段类型 | 大文件 |
|---|---|---|---|---|---|---|
| USER_DATA1 | 8192 |  | OFFLINE | SYSTEM | AUTO | NO |
| USER_DATA2 | 8192 | 131072 | ONLINE | UNIFORM | AUTO | NO |
| USER_DATA3 | 8192 | 1048576 | ONLINE | UNIFORM | AUTO | NO |
| USER_DATA4 | 8192 |  | ONLINE | SYSTEM | MANUAL | NO |
| USER_DATA5 | 2048 |  | ONLINE | SYSTEM | AUTO | NO |
| USER_DATA6 | 8192 | 262144 | ONLINE | UNIFORM | AUTO | YES |

区固定大小　非标准块2K　区固定默认大小　区自动分配　段手动管理　大文件　脱机

**2. 查看数据文件结果**

```
SQL > SELECT file_name 文件名,tablespace_name 表空间名,bytes 大小,
         autoextensible 扩展,maxbytes 最大,increment_by 增量
      FROM dba_data_files WHERE file_name LIKE '%AM%';
```

| 文件名 | 表空间名 | 大小 | 扩展 | 最大 | 增量 |
|---|---|---|---|---|---|
| D:\APP\SAMPLE\USER_DATA10.DBF | USER_DATA1 |  |  |  |  |
| D:\APP\SAMPLE\USER_DATA20.DBF | USER_DATA2 | 134217728 | YES | 3435972198 | 16384 |
| D:\APP\SAMPLE\USER_DATA30.DBF | USER_DATA3 | 67108846 | YES | 335544320 | 8192 |
| D:\APP\SAMPLE\USER_DATA40.DBF | USER_DATA4 | 67108864 | NO | 0 | 0 |
| D:\APP\SAMPLE\USER_DATA50.DBF | USER_DATA5 | 67108864 | YES | 335544320 | 32768 |
| D:\APP\SAMPLE\USER_DATA60.DBF | USER_DATA6 | 1073741824 | NO |  |  |

因表空间脱机,看不到信息　无扩展　大文件无扩展　自动扩展MAX320M　无限扩展

如果想要查询全部信息,则采用下列方式查询:

```
SELECT * FROM dba_tablespaces WHERE tablespace_name LIKE '%DA%';
SELECT * FROM dba_tablespaces;
SELECT * FROM dba_data_files WHERE file_name LIKE '%AM%';
SELECT * FROM dba_data_files;
```

## 7.3 维护用户表空间与数据文件

表空间创建以后,在使用时需要不断地进行维护。维护的主要工作是对表空间的扩充、改变状态、修改名称等,同时还要对数据文件进行增加、改名、移动和删除等操作。

### 7.3.1 表空间状态及属性变更

在实际应用中,表空间的状态及属性不可能一直不变,而根据需要不断地调整与变更。

**1. 变更表空间的可用状态**

表空间的状态分联机和脱机两种状态。语法描述:
ALTER TABLESPACE tablespace_name
ONLINE|OFFLINE[NORMAL|TEMPORARY|IMMEDIATE|FOR RECOVER];
其中,ONLINE 使表空间联机,OFFLINE 使表空间脱机。OFFLINE 有四个可选项 NORMAL(默认值)、TEMPORARY、IMMEDIATE 及 FOR RECOVER。

下面以用户表空间 users 为例,分别介绍该语句的使用方法。

(1)常规脱机与联机。

【例 7.7】 需要移动或修改数据文件名时,为了保证数据文件 SCN 的一致性,相关表空间需要常规性脱机和联机。

SQL > ALTER TABLESPACE users OFFLINE;
SQL > ALTER TABLESPACE users ONLINE;

(2)OFFLINE TEMPORARY。

【例 7.8】 在非归档日志运行模式下,数据文件被损坏时,可以采用的脱机和联机方式。

SQL > ALTER tablespace users OFFLINE TEMPORARY;
SQL > ALTER tablespace users ONLINE;

(3)OFFLINE IMMEDIATE

【例 7.9】 只能在归档模式下使用,不做检查点,通过归档文件来做 RECOVER 恢复。

SQL > ALTER TABLESPACE users OFFLINE IMMEDIATE;
SQL > RECOVER TABLESPACE users;
SQL > ALTER TABLESPACE users ONLINE;

(4)OFFLINE FOR RECOVER。

【例 7.10】 只能在归档模式下使用,基于时间点的恢复。

SQL > ALTER TABLESPACE users OFFLINE FOR RECOVER;
SQL > RECOVER TABLESPACE users;
SQL > ALTER TABLESPACE users ONLINE;

**2. 变更表空间的读写状态**

表空间处在联机状态时,可以通过设置表空间的访问方式来提高数据安全性控制。

(1)设置只读表空间。

对于不允许修改的表空间(如静态数据类表空间、要移除数据的表空间等)应该把表空间设置为只读方式,来保证数据的安全性和一致性。

语法描述为:

ALTER TABLESPACE tablespace_name READ ONLY;

【例7.11】 把表空间 user_data2 设置为只读。

SQL> ALTER TABLESPACE user_data2 READ ONLY;

Tablespace altered

在只读方式下有下列规则:

①不允许 DML 操作。

②允许 SELECT 操作。

③允许 ALTER 和 DROP 操作,不允许 CREATE 操作。

④表空间脱机和联机不影响原读写方式。

(2)设置可读写表空间。

表空间创建后的默认状态就是可读写。

语法描述为:

ALTER TABLESPACE tablespace_name READ WRITE;

【例7.12】 把表空间 user_data2 恢复成可读写状态。

SQL> ALTER TABLESPACE user_data2 READ WRITE;

Tablespace altered

**3. 设置默认表空间**

在创建一个新用户时,如果创建语句中省略 Default Tablespace 选项,那么系统自动默认用户使用的表空间为系统表空间。数据库被创建当初缺省表空间设定为系统(System)表空间。为了避免使用系统表空间可能带来的错误以及使用上的不便,数据库管理员首选应该要修改缺省表空间。语法描述为:

ALTER DATABASE DEFAULT TABLESPACE tablespace_name;

【例7.13】 把用户表空间 users 设定为缺省表空间。

SQL> ALTER DATABASE DEFAULT TABLESPACE users;

Tablespace altered

【例7.14】 通过视图 dba_users 和 user_users 可查到数据库所有用户和当前用户的缺省表空间信息。

SQL> SELECT username, default_tablespace, temporary_tablespace
    FROM dba_users WHERE account_status = 'OPEN';

| USERNAME | DEFAULT_TABLESPACE | TEMPORARY_TABLESPACE |
| --- | --- | --- |
| SYSTEM | SYSTEM | TEMP |
| SYS | SYSTEM | TEMP |
| XNPS | USERS | TEMP |
| SYSMAN | SYSAUX | TEMP |
| SCOTT | USERS | TEMP |
| JXC | USERS | TEMP |
| … | … | … |

## 7.3.2 表空间扩充、修改和删除

对于已经创建和使用的表空间,根据需要有些表空间要进行扩充,有的表空间则要改名,而有些表空间则要删除。

**1. 表空间扩充**

当表空间不足时需要进行扩充。Oracle 可通过以下三种方法进行扩充。

(1) 为表空间增加数据文件。

表空间的大小是所有连接在该表空间上的数据文件大小之和,因此增加数据文件等于增加表空间的大小。语法描述为:

ALTER TABLESPACE tablespace_name ADD
　　　　DATAFILE datefile_clause1 [,datefile_clause2]……;

Datafile_clause 部分与创建表空间的语法描述一致。

【例 7.15】 为表空间 user_data3 增加一个数据文件。数据文件的路径为 d:\app\sample,文件名为 user_data31.dbf,大小为 128 MB,不能自动扩展。

SQL> ALTER TABLESPACE user_data3 ADD
　　　　DATAFILE 'd:\app\sample\user_data31.dbf' SIZE 128M;

Tablespace created

(2) 表空间的现有数据文件改变大小。

改变现有数据文件的大小,有两点要注意:

① 数据文件可以加大,只要有剩余磁盘空间。
② 数据文件可以缩小,只要数据文件有空闲空间。

语法描述为:

ALTER DATABASE DATAFILE data_file_name RESIZE nnnnM;

【例 7.16】 把数据文件 user_data40.dbf 的大小改变为 256M。

SQL> ALTER DATABASE DATAFILE 'd:\app\sample\user_data40.dbf' RESIZE 256 MB;

Tablespace created

(3) 为表空间中的数据文件设置自动扩展。

在创建表空间时没有为数据文件选择自动扩展方式,那么数据文件不能自动扩展,即使磁盘有很大的空间也无法使用。通过下面的语句可以为已有的数据文件增加自动扩展功能。

语法描述为:

ALTER DATABASE DATAFILE data_file_name
[AUTOEXTEND {OFF|ON NEXT nnnn{K|M} {MAXSIZE nnnn{K|M}|UNLIMITED}}];

【例 7.17】 为数据文件 user_data31.dbf 增加自动扩展功能,并且每次增加为 64 MB,最大增加到 320 MB。

SQL> ALTER DATABASE DATAFILE 'd:\app\sample\user_data31.dbf'
　　　　AUTOEXTEND ON NEXT 64M MAXSIZE 320M;

Tablespace created

**2. 表空间名修改**

在实际应用中为了使表空间结构的名称规范化,需要更改原有表空间的名称。修改表空

间名称时要求该表空间不能脱机使用。语法描述为:
　　ALTER TABLESPACE tablespace_name1 RENAME TO tablespace_name2;

【例7.18】把表空间 user_data2 改名为 user_data,再把表空间 user_data 改回 user_data2。

SQL > ALTER TABLESPACE user_data2 RENAME TO user_data;

Tablespace created

SQL > ALTER TABLESPACE user_data RENAME TO user_data2;

Tablespace created

**3. 表空间删除**

当表空间被损坏、不能使用或者不需要时就要删除表空间。删除表空间要注意以下三点:
①表空间被删除,该表空间的数据将会丢失,不能恢复。
②不能删除正在活动的表空间,也就是说,正在使用的表空间不能删除。
③不能删除默认表空间(创建用户省略表空间选项时,系统默认的表空间)。

语法描述为:
DROP TABLESPACE tablespace_name
　　　　［INCLUDING CONTENTS［AND DATAFILES］［CASCADE CONSTRAINT］］;

其中:Tablespace_name:要删表空间的名字。
　　无选项:当表空间为空才能删除。
　　INCLUDING CONTENTS:删除表空间及对象。
　　INCLUDING CONTENTS AND DATAFILES:删除表空间、对象及数据文件。
　　INCLUDING CONTENTS CASCADE CONSTRAINT:删除关联。
　　INCLUDING CONTENTS AND DATAFILES CASCADE CONSTRAINT:含前两项。

【例7.19】 删除例7.6创建的大文件表空间和所有相关信息,包括数据文件。

SQL > DROP TABLESPACE user_data6
　　　　　INCLUDING CONTENTS AND DATAFILES CASCADE CONSTRAINT;

Tablespace dropped

### 7.3.3 数据文件变更

对于已经创建和使用的数据文件,为了提高 I/O 性能或者合理安排不同磁盘的数据容量等需要,对某些文件需要进行重新安排磁盘位置、修改名称和删除等操作。下面分别讲述数据文件的移动、改名和删除等方法。

**1. 数据文件移动与改名**

数据文件在移动的同时可以修改名称。移动和改名可在两种状态下进行:一种是在 OPEN(正常运行)状态;另一种是在数据库安装(MOUNT)状态(没有打开数据库)。

(1)在 OPEN 状态下,数据文件的移动与改名。

在 OPEN 状态下,移动数据文件首先要做以下两件事:
①要求所有用户结束对该数据文件的操作,然后使数据文件所在的表空间脱机。
②把所要移动的数据文件复制到目标磁盘的文件夹中。因为移动数据文件在数据库内部只是把数据字典和控制文件的指针进行了修改。对于物理文件管理员必须手工移动。

语法描述为：
　　(a) ALTER TABLESPACE tablespace_name RENAME DATAFILE
　　　　Data_file1[,data_file2,……] TO Data_fileA[,data_fileB,……];
　　(b) ALTER DATABASE RENAME FILE
　　　　Data_file1[,data_file2,……] TO Data_fileA[,data_fileB,……];
　　语法(a)是在相同表空间中移动数据文件和改名；语法(b)是不区分表空间的，针对数据文件进行移动和改名。下面通过两个具体例子来说明。

【例7.20】 把表空间 user_data4 中的数据文件 user_data40.dbf 和 user_data41.dbf 从文件夹 d:\app\sample 中移到 d:\app\sample\data4 中。

　　SQL> ALTER TABLESPACE user_data4 OFFLINE;
　　Tablespace altered
　　SQL> HOST MOVE d:\app\sample\user_data40.dbf d:\app\sample\data4
　　SQL> HOST MOVE d:\app\sample\user_data41.dbf d:\app\sample\data4
　　SQL> ALTER TABLESPACE user_data4 RENAME DATAFILE
　　　　　　'd:\app\sample\user_data40.dbf','d:\app\sample\user_data41.dbf'TO
　　　　　　'd:\app\sample\data4\user_data40.dbf','d:\app\sample\data4\user_data41.dbf';
　　Tablespace altered

【例7.21】 把表空间 user_data2 中的数据文件 user_data20.dbf 移动到 d:\app\sample\data2 中，再把表空间 user_data3 中的数据文件 user_data30.dbf 从文件夹 d:\app\sample 中移动到 d:\app\sample\data3 中，并且改名为 user_data3.dbe。

　　SQL> ALTER TABLESPACE user_data2 OFFLINE;
　　Tablespace altered
　　SQL> ALTER TABLESPACE user_data3 OFFLINE;
　　Tablespace altered
　　SQL> HOST MOVE d:\app\sample\user_data20.dbf d:\app\sample\data2
　　SQL> HOST MOVE d:\app\sample\user_data30.dbf d:\app\sample\data3\user_data3.dbf
　　SQL> ALTER DATABASE RENAME FILE
　　　　　　'd:\app\sample\user_data20.dbf','d:\app\sample\user_data30.dbf' TO
　　　　　　'd:\app\sample\data2\user_data20.dbf','d:\app\sample\data3\user_data3.dbf';
　　Tablespace altered

　　(2) MOUNT 状态下数据文件的移动与改名。
　　MOUNT 状态是指数据库启动了 Oracle 实例并安装了数据库，但没有打开数据库的状态。这时只能使用 ALTER DATABASE RENAME FILE 语句来移动文件和改名。在这个状态下不仅可以移动数据文件，还可以移动系统文件 SYSTEM 和 SYSAUX。

【例7.22】 把系统表空间的数据文件 system01.dbf 和 sysaux01.dbf 移动到文件夹 d:\app\sample 中。

　　SQL> HOST MOVE d:\app\oradata\orcl\system01.dbf d:\app\sample
　　SQL> HOST MOVE d:\app\oradata\orcl\sysaux01.dbf d:\app\sample
　　SQL> ALTER DATABASE RENAME FILE
　　　　　　'd:\app\oradata\orcl\system01.dbf','d:\app\oradata\orcl\sysaux01.dbf' TO
　　　　　　'd:\\app\sample\system01.dbf','d:\app\sample\sysaux01.dbf';

Tablespace altered
SQL > ALTER DATABASE OPEN;
数据库已更改。

### 2. 数据文件删除

数据文件不能通过操作系统直接删除,那样会引起数据库不能启动。到 Oracle 11gR1 版本为止,物理数据文件是不能被删除的,要删除只能连同表空间一起删除。但从 Oracle 11gR2 开始可以删除物理数据文件了,但必须通过 SQL 语句来删除。需要注意的是,脱机表空间中的数据文件是无法删除的。

语法描述为:
ALTER TABLESPACE tablespace_name DROP DATAFILE datafile_name;

【例 7.23】 删除表空间 user_data3 中的数据文件 user_data31.dbf。
SQL > ALTER TABLESPACE user_data3 DROP DATAFILE 'd:\app\sample\user_data31.dbf';
Tablespace altered

### 3. 数据文件脱机

当某一个数据文件出了问题便会影响到数据库的启动,这时可以通过强制数据文件脱机来先启动数据库,然后再想办法解决数据文件出现的问题。数据文件有三种状态:

①ONLINE——联机状态。用户可以正常访问数据文件。
②OFFLINE——脱机状态。用户无法访问数据文件,但文件还存在。
③RECOVER——恢复状态。此时数据文件通过介质恢复,解决一致性问题。

语法描述为:
(a) ALTER DATABASE DATAFILE datafile_name OFFLINE DROP;
(b) ALTER DATABASE DATAFILE datafile_name OFFLINE;

语法(a)是在非归档模式下使用;语法(b)是在归档模式下使用。从语句上看,语法(b)还体现了脱机含义,但实际操作后的结果是状态改变为 RECOVER。需要注意的是,数据文件脱机要在表空间联机状态下进行。

【例 7.24】 数据文件 user_data41 先脱机,然后再恢复到联机的过程。
SQL > ALTER DATABASE DATAFILE 'd:\app\sample\Data4\user_data41.dbf' OFFLINE DROP;
Database altered
SQL > SELECT file_name,file_id,tablespace_name,online_status
        FROM dba_data_files WHERE tablespace_name LIKE '% DATA4';

| FILE_NAME | FILE_ID | TABLESPACE_NAME | ONLINE_STATUS |
|---|---|---|---|
| D:\APP\SAMPLE\DATA4\USER_DATA40.DBF | 8 | USER_DATA4 | ONLINE |
| D:\APP\SAMPLE\DATA4\USER_DATA41.DBF | 11 | USER_DATA4 | RECOVER |

SQL > Recover Datafile 11;
完成介质恢复。
SQL > SELECT file_name,file_id,tablespace_name,online_status
        FROM dba_data_files WHERE tablespace_name LIKE '% DATA4';

| FILE_NAME | FILE_ID | TABLESPACE_NAME | ONLINE_STATUS |
|---|---|---|---|

| | | | |
|---|---|---|---|
| D:\APP\SAMPLE\DATA4\USER_DATA40.DBF | 8 | USER_DATA4 | ONLINE |
| D:\APP\SAMPLE\DATA4\USER_DATA41.DBF | 11 | USER_DATA4 | OFFLINE |

SQL > ALTER DATABASE DATAFILE 'd:\app\sample\Data4\user_data41.dbf' ONLINE;
Database altered
SQL > SELECT file_name,file_id,tablespace_name,online_status
　　　　FROM dba_data_files WHERE tablespace_name LIKE '%DATA4';

| FILE_NAME | FILE_ID | TABLESPACE_NAME | ONLINE_STATUS |
|---|---|---|---|
| D:\APP\SAMPLE\DATA4\USER_DATA40.DBF | 8 | USER_DATA4 | ONLINE |
| D:\APP\SAMPLE\DATA4\USER_DATA41.DBF | 11 | USER_DATA4 | ONLINE |

## 7.4 管理临时表空间

　　临时表空间是一个存放临时性数据的表空间。关闭数据库后,临时表空间的数据全部被清除,只有表空间的结构与临时文件存在。

### 7.4.1 临时表空间的概念

　　临时表空间是由若干个与之相连的磁盘文件(注:临时文件不是临时存在,而是一直存在)组成的。当用户进行排序、分组、创建索引等作业时,会产生很多临时数据。这些临时数据通常情况下被存放到内存 PGA 的排序区中。当排序区的大小不足时,系统就会将临时数据存放到临时表空间中。因此,临时表空间起到了一个虚拟内存的作用。如果临时表空间设置不当,则会给数据库的性能带来很大的负面影响。

**1. 临时表空间的作用**

　　临时表空间的主要作用是存放在执行与排序相关的语句时所产生的中间结果。与排序有关的语句如下:

创建索引 Create Index;　　　　　　　　　分组查询 Group by;
唯一列值 Distinct;　　　　　　　　　　　 排序查询 Order by;
集合运算 Union、Intersect、Minus;　　　　SQL 语句分析 Analyze。

**2. 临时表空间的特点**

　　临时表空间的使用是通过临时段分配的,而临时段是由数据库根据所执行的 SQL 语句的需要自动创建、管理和删除的。临时表空间有以下几个特点:

①在临时表空间中不能创建任何对象,包括表、视图、索引等。
②临时表空间中只能存放处理数据产生的中间数据。
③临时表空间的数据在相关事务结束后自动清理。
④可以创建多个临时表空间,组成临时表空间组来使用。
⑤临时表空间通过 SHRINK 选项可以自动回缩。
⑥临时表空间总是被设置为 NOLOGGING 状态。
⑦不能把一个临时表空间设置成 READ ONLY 模式。

⑧不能重命名一个临时表空间。

### 7.4.2 创建与维护临时表空间

**1. 创建临时表空间**

语法描述为：
CREATE ［DEFAULT］TEMPORARY TABLESPACE temptablespace_name
　　　　TEMPFILE tempfile_name SIZE nnnn｛K｜M｝REUSE
［AUTOEXTEND ｛OFF｜ON NEXT nnnn｛K｜M｝
｛MAXSIZE nnnn｛K｜M｝｜UNLIMITED｝｝］
　　　　［UNIFORM SIZE nnnn｛K｜M｝］；

其中：DEFAULT：创建默认临时表空间。
　　　temptablespace_name：要创建的表空间名。
　　　SIZE nnnn｛K｜M｝：文件大小。
　　　REUSE：如果 File 已经存在，用原文件新 Size；如果原来无 File，则忽略 REUSE。
　　　AUTOEXTEND：文件空间自动增加，缺省值等于 AUTOEXTEND OFF。
　　　ON NEXT nnnn｛K｜M｝：文件空间每次自动增加的大小。
　　　MAXSIZE nnnn｛K｜M｝：可扩展的最大空间。
　　　UNLIMITED：扩展无限制。
　　　UNIFORM SIZE nnnn｛K｜M｝：区大小相同，默认为 1 MB，若缺省此项，则系统自动分配。

创建临时表空间语法比创建其他表空间简单，只是增加了 TEMPORARY 关建字。在设定表空间大小时，有两点一定要引起注意：

①如果设置 MAXSIZE UNLIMITED 选项，那么临时表空间会一直在增长。
②SYSTEM 表空间不能作为默认临时表空间，需要定义一个默认临时表空间。

【例 7.25】 给出创建临时表空间 Temp1、临时文件 Temp_1.dbf、临时表空间 Temp2 和两个临时文件 Temp2_1.dbf、Temp2_2.dbf 的过程。

SQL＞CREATE TEMPORARY TABLESPACE Temp1 TEMPFILE 'd:\app\sample\temp1_1.dbf'
　　　　SIZE 20M REUSE AUTOEXTEND ON NEXT 2M MAXSIZE 150M;

Tablespace created

SQL＞CREATE TEMPORARY TABLESPACE Temp2 TEMPFILE
　　　　'd:\app\sample\temp2_1.dbf' SIZE 20M REUSE
　　　　AUTOEXTEND ON NEXT 2M MAXSIZE 100M,
　　　　'd:\app\sample\temp2_2.dbf' SIZE 20M REUSE
　　　　AUTOEXTEND ON NEXT 2M MAXSIZE 100M;

Tablespace created

**2. 维护临时表空间**

临时表空间和临时文件根据需要不断地调整和更新，以满足不同用户的需要。

（1）设置默认临时表空间。

根据不同应用的需要，可以设置系统默认临时表空间和用户默认临时表空间。语法描述为：

（a）ALTER DATABASE DEFAULT TEMPORARY TABLESPACE Temp_tablespace_name;
（b）ALTER USER user_name TEMPORARY TABLESPACE Temp_tablespace_name;
其中,（a）为设置数据库系统级默认临时表空间;（b）为设置用户级默认临时表空间。

【例 7.26】 把用户 jxc 的默认临时表空间设为 temp1;用户 xnps 的默认临时表空间设为 temp2,而数据库级的默认临时表空间设为 temp。

SQL > ALTER DATABASE DEFAULT TEMPORARY TABLESPACE temp;
Database altered
SQL > SELECT * FROM database_properties WHERE property_name LIKE '%TEMP%';

| PROPERTY_NAME | PROPERTY_VALUE | DESCRIPTION |
| --- | --- | --- |
| DEFAULT_TEMP_TABLESPACE | G_1 | Name of default temporary tablespace |

SQL > ALTER USER jxc TEMPORARY TABLESPACE temp1;
User altered
SQL > ALTER USER xnps TEMPORARY TABLESPACE temp2;
User altered
SQL > SELECT username,default_tablespace,temporary_tablespace
　　　FROM dba_users WHERE username IN ('SCOTT','JXC','XNPS');

| USERNAME | DEFAULT_TABLESPACE | TEMPORARY_TABLESPACE |
| --- | --- | --- |
| JXC | USERS | TEMP1 |
| XNPS | USERS | TEMP2 |
| SCOTT | USERS | TEMP |

其中,SCOTT 用户虽然没有单独设定默认临时表空间,但它的默认临时表空间自动变为 temp。

（2）修改临时文件的大小。

通过修改临时文件来改变临时表空间的大小。语法描述为:
ALTER DATABASE TEMPFILE Tempfile_name RESIZE {K|M};

【例 7.27】 把临时文件 Temp1_1.dbf 的大小由 150 M 改为 200 M。
SQL > ALTER DATABASE TEMPFILE 'F:\app\sample\Temp1_1.dbf' RESIZE 200M;
Database altered

（3）删除临时表空间。

语法描述为:
DROP TABLESPACE tablespace_name [INCLUDING CONTENTS [AND DATAFILES]];
其中:
Tablespace_name:要删临时表空间的名字;
无选项:当表空间为空才能删除;
INCLUDING CONTENTS:删除表空间及对象。
INCLUDING CONTENTS AND DATAFILES:删除表空间、对象及数据文件。

【例 7.28】 先创建临时表空间 Temp3,然后再删除临时表空间 Temp3。
SQL > CREATE TEMPORARY TABLESPACE Temp3 TEMPFILE 'd:\app\sample\temp3_1.dbf'
　　　　　SIZE 20M REUSE AUTOEXTEND ON NEXT 2M MAXSIZE 50M;

Tablespace created
SQL > SELECT tablespace_name,file_name FROM dba_temp_files;

| FILE_NAME | TABLESPACE_NAME |
| --- | --- |
| TEMP | D:\APP\ORADATA\ORCL\TEMP01.DBF |
| TEMP1 | D:\APP\SAMPLE\TEMP1_1.DBF |
| TEMP2 | D:\APP\SAMPLE\TEMP2_1.DBF |
| TEMP2 | D:\APP\SAMPLE\TEMP2_2.DBF |
| TEMP3 | D:\APP\SAMPLE\TEMP3_1.DBF |

SQL > DROP TABLESPACE temp3 including contents and datafiles;
Tablespace dropped
SQL > SELECT tablespace_name,file_name FROM dba_temp_files;

| FILE_NAME | TABLESPACE_NAME |
| --- | --- |
| TEMP | D:\APP\ORADATA\ORCL\TEMP01.DBF |
| TEMP1 | D:\APP\SAMPLE\TEMP1_1.DBF |
| TEMP2 | D:\APP\SAMPLE\TEMP2_1.DBF |
| TEMP2 | D:\APP\SAMPLE\TEMP2_2.DBF |

(4)缩小临时表空间(SHRINK)。

Oracle 11g 中针对临时表空间过大的问题推出了 SHRINK 方法,使用这种方法可以非常便捷地自动化完成缩小临时表空间或临时文件的目的。语法描述为:

(a) ALTER TABLESPACE temp_Tname SHRINK SPACE;

(b) ALTER TABLESPACE temp_Tname SHRINK
　　　　TEMPFILE tempfile_name KEEP nnnn{K|M};

其中,(a)是缩小临时表空间整体的空间;(b)是针对某一个临时文件保持比较小的空间。下面请参考具体例子。

【例 7.29】 temp 表空间的临时文件 temp01.dbf 的大小由 30 MB 变为 2 MB。

SQL > SELECT name,bytes FROM V$tempfile WHERE name LIKE '%01%';

| NAME | BYTES |
| --- | --- |
| D:\APP\ORADATA\ORCL\TEMP01.DBF | 30408704 |

SQL > ALTER TABLESPACE temp SHRINK SPACE;
SQL > ALTER TABLESPACE temp SHRINK TEMPFILE 'd:\app\oradata\orcl\temp01.dbf' keep 2M;
SQL > SELECT name,bytes FROM V$tempfile WHERE name LIKE '%01%';

| NAME | BYTES |
| --- | --- |
| D:\APP\ORADATA\ORCL\TEMP01.DBF | 2088960 |

### 7.4.3 临时表空间组

在 Oracle 11g 中可以把一个或者多个临时表空间组成一个临时表空间组。它允许用户在不同的会话中同时利用多个临时表空间,以此缓解排序操作对临时表空间的空间需求。

## 1. 临时表空间组的特点

①一个临时表空间组必须由至少一个临时表空间组成。
②如果删除了一个临时表空间组的所有成员,则该组也自动被删除。
③临时表空间的名字不能与临时表空间组的名字相同。
④在分配默认临时表空间时,可用临时表空间组来代替临时表空间。

## 2. 临时表空间组的优点

①避免当临时表空间不足时所引起的磁盘争用问题。
②当一个用户同时有多个会话时,可以使用不同的临时表空间。
③并行服务器将有效地利用多个临时表空间。

## 3. 创建临时表空间组

创建临时表空间组有两种方法:

(1) 创建临时表空间的同时创建临时表空间组。

语法描述为:

CREATE TEMPORARY TABLESPACE temp_tname
    TEMPFILE tempfile_name TABLESPACE GROUP group_name;

【例7.30】 在创建临时表空间的同时创建临时表空间组 g_2。

SQL > CREATE TEMPORARY TABLESPACE temp0
    TEMPFILE 'd:/app/sample/temp0_1.dbf' SIZE 5M tablespace GROUP g_2;
Tablespace created

(2) 利用现有临时表空间创建临时表空间组。

语法描述为:

ALTER TEMPORARY temp_tname TABLESPACE GROUP group_name;

【例7.31】 利用 TEMP 整时表空间创建临时表空间组 g_1。

SQL > ALTER TABLESPACE temp TABLESPACE GROUP g_1;
Tablespace created

(3) 临时表空间更换组。

语法描述为:

ALTER TEMPORARY temp_tname TABLESPACE GROUP group_name;

【例7.32】 把临时表空间 temp1 更换到临时表空间组 g_1 中,把临时表空间 temp2 更换到临时表空间组 g_2 中。

SQL > ALTER TABLESPACE temp1 TABLESPACE GROUP g_1;
Tablespace created
SQL > ALTER TABLESPACE temp2 TABLESPACE GROUP g_2;
Tablespace created
SQL > SELECE * FROM dba_tablespace_groups;

| GROUP_NAME | TABLESPACE_NAME |
| --- | --- |
| G_1 | TEMP |
| G_1 | TEMP1 |
| G_2 | TEMP2 |

G_2                                     TEMP0

通过查询视图 dba_tablespace_groups 可以看到操作结果。

(4) 设置默认临时表空间组。

语法描述为：

(a) ALTER DATABASE DEFAULT TEMPORARY TABLESPACE Group_name;

(b) ALTER USER user_name TEMPORARY TABLESPACE Group_name;

其中，(a) 为设置数据库系统级默认临时表空间组；(b) 为设置用户级临时表空间组。

【例 7.33】 把 g_1 设为数据库默认临时表空间，把 g_2 设为用户 jxc 的临时表空间组。

SQL > ALTER DATABASE DEFAULT TEMPORARY TABLESPACE g_1;

Database altered

SQL > ALTER USER jxc TEMPORARY TABLESPACE g_2;

Database altered

(5) 临时表空间组删除。

语法描述为：

DROP TABLESPACE Temp_Tname [INCLUDING CONTENTS [AND DATAFILES]];

删除临时表空间组与删除临时表空间是一样的。如果临时表空间组中的所有临时表空间都被删掉，则该临时表空间组也就被删除了。

【例 7.34】 删除临时表空间 temp0 和 temp2。

SQL > DROP TABLESPACE temp0 INCLUDING CONTENTS AND DATAFILES;

Tablespace dropped

SQL > DROP TABLESPACE temp2 INCLUDING CONTENTS AND DATAFILES;

Tablespace dropped

在例 7.34 中，由于临时表空间被删除，所以其上的临时表空间组 g_2 也就不存在了。

## 7.5 管理撤销表空间

撤销表空间（UNDO）是 Oracle 数据库为了解决数据的读一致性、安全性而设置的逻辑结构。这一节主要介绍撤销段的原理、作用和管理等相关内容。

### 7.5.1 UNDO 表空间的概念

先来了解 Oracle 数据库的二次提交机制。当 Oracle 数据库进行 DML(Insert、Update、Delete)操作时，把相关数据读到数据缓冲区，先把更新前数据存入到一个叫做撤销段的空间里，然后再去更新目标数据。在这个阶段我们称它为第一次提交。这时数据更新还没有完成，而是等接到第二次提交语句时才完成数据更新操作。第二次提交语句有两个：

①Commit：把更新好的数据写入数据文件。

②Rollback：撤销之前所做的更新，通过撤销段中的旧数据恢复被更改的数据。

前面提到的撤销段就是属于 UNDO（撤销）表空间。所以 UNDO 是存放撤销（Rollback）时的恢复用数据的表空间，如图 7.3 所示。

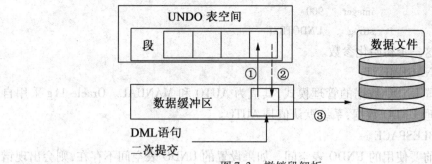

图 7.3 撤销段解析

**1. 撤销段的工作原理**

（1）发出 DML 语句时，完成第一次提交图 7.3①的工作。

当执行 Insert 语句时，UNDO 段记录新插入记录的地址。

当执行 Update 语句时，UNDO 段记录被改记录的地址及字段内容。

当执行 Delete 语句时，UNDO 段记录被删记录的地址及内容。

（2）发出 Rollback 或 Commit 语句时，完成第二次提交工作。

当执行 Rollback 语句时，完成图 7.3 中②的工作，根据撤销段的数据恢复数据缓冲区的内容，释放 UNDO 段。

当执行 Commit 语句时，完成图 7.3 中③的工作，把数据缓冲区中更新过的数据块加上脏标记，并在 UNDO 段的数据加上完成标记。

**2. 撤销段的作用**

UNDO 表空间的主要作用如下：

①通过 Rollback 语句，恢复被 Commit 之前由 DML 处理过的所有事务。

②数据库异常关闭后，再启动时恢复前次遗留的事务。这是由 SMON 进程通过重做日志文件来恢复 UNDO 中没有提交的数据的。

③Select 语句的读一致性。Oracle 不允许用户读取没有 Commit 过的数据，即使在读取数据当中，被修改的数据也不能读取，而是读取修改前存入撤销段的原数据。这是通过系统改变号（SCN）来判断 Select 语句的时间点和 DML 的时间点是哪个在先的。

④通过闪回查找撤销表空间的数据，即使是已经提交（Commit）的数据，只要还保留在撤销段中，就可以查得到。

### 7.5.2 撤销表空间的相关参数

撤销表空间管理有两种方式：一是自动管理，也称为 UNDO 表空间管理；二是手动管理，也称为回滚段管理（仅保留）。从 Oracle 11g 开始，系统默认管理方式是自动 UNDO 管理。自动 UNDO 管理有三个必要的参数，先看下面的查询。

【例 7.35】 查询与 UNDO 相关的初始化参数。

```
SQL > SHOW PARAMETER UNDO
NAME                          TYPE        VALUE
------------------------------ ----------- ------
undo_management               string      AUTO
```

```
undo_retention                    integer    900
undo_tablespace                   string     UNDOTBS1
```

下面分别说明这三个初始化参数。

(1) UNDO_MANAGEMENT。

该参数用于设置 UNDO 数据的管理模式,其值为 AUTO 和 MANUAL。Oracle 11g 采用自动 UNDO 表空间管理 UNDO 数据,系统默认值是 AUTO。

(2) UNDO_TABLESPACE。

该参数设置目前要使用的 UNDO 表空间。如果设置的 UNDO 表空间不存在,则会出现错误信息 Ora – 01092:Oracle instance terminated. Disconnection forced。如果没有设置该参数,则系统自动默认第一个可用 UNDO 表空间作为当前 UNDO 表空间。系统默认设置为 Undotbs1。

(3) UNDO_RETENTION。

该参数用于设置 UNDO 数据在 UNDO 表空间中最大保留时间。这个保留时间会直接影响闪回操作最早闪回时间点。系统默认值为 900 秒。

### 7.5.3 撤销表空间的管理

UNDO 表空间的管理主要是创建、修改、切换和删除等内容。

**1. 创建撤销表空间**

在一个数据库实例中,撤销表空间可以创建多个,但同一时刻只有一个是活动的。换句话说,初始化参数 Undo_Tablespace 只能设置一个 UNDO 表空间。语法描述为:

CREATE UNDO TABLESPACE undo_name DATAFILE datafile_clause[ ,……];

其中:

Undo_name:撤销表空间名;

datafile_clause:

Datafile_name SIZE nnnn{K|M} REUSE

[AUTOEXTEND {OFF|ON NEXT nnnn{K|M} {MAXSIZE nnnn{K|M}|UNLIMITED}}]

创建撤销表空间不能使用区固定大小选项 UNIFORM。

【例 7.36】 创建撤销表空间。

```
SQL> CREATE UNDO TABLESPACE undo2 DATAFILE
         'D:\app\sample\undo2_data1.dbf' SIZE 160M REUSE
                          AUTOEXTEND ON NEXT 16M MAXSIZE UNLIMITED,
         'D:\app\sample\undo2_data2.dbf' SIZE 200M REUSE
                          AUTOEXTEND ON NEXT 8M MAXSIZE 300M;
Tablespace created
```

在例 7.36 中,创建了撤销表空间 undo2,同时又创建了撤销文件 undo2_data1.dbf,大小为 160 MB,无限自动扩展,每次增加 16 MB;撤销文件 undo2_data2.dbf,大小为 200 MB,自动扩展,每次增加 8 MB,最大到 300 MB。

**2. 修改撤销表空间**

撤销表空间通过 ALTER TABLESPACE 命令可以进行增加撤销文件、更改撤销文件名或者移动撤销文件位置等操作。

(1)增加撤销文件。

语法描述：

ALTER TABLESPACE undo_name ADD DATAFILE datafile_clause;

【例7.37】 为撤销表空间undo2增加一个撤销文件undo2_data3.dbf,大小为100 MB,无限自动扩展,每次增加32 MB。

SQL > ALTER TABLESPACE undo2 ADD DATAFILE

'D:\app\sample\undo2_data3.dbf' SIZE 100M REUSE

AUTOEXTEND ON NEXT 32M MAXSIZE UNLIMITED;

Tablespace altered

(2)更改和移动撤销文件。

语法描述为：

ALTER TABLESPACE undo_name

RENAME DATAFILE undofile_name1 to undofile_name2;

【例7.38】 先让撤销表空间undo2脱机,然后把撤销文件undo2_data2.dbf更名为undo2_2.dbf,并移动到目标文件夹中,最后用ALTER TABLESPACE RENAME语句更改数据字典中的信息。

SQL > ALTER TABLESPACE undo2 OFFLINE;

Tablespace altered

SQL > HOST MOVE d:\app\sample\Undo2_data2.dbf d:\app\undo2_2.dbf

SQL > ALTER TABLESPACE undo2 RENAME DATAFILE

'd:\app\sample\Undo2_data2.dbf' to 'd:\app\Undo2_2.dbf';

Tablespace altered

(3)切换撤销表空间。

一个Oracle实例只能有一个撤销表空间是活动的。切换撤销表空间是指停止当前撤销表空间,换成另一个撤销表空间,换句话说就是更换参数UNDO_TABLESPACE的值。

【例7.39】 把当前的撤销表空间切换成undo2,再切回到原来的撤销表空间undotbs1。

SQL > ALTER SYSTEM SET UNDO_TABLESPACE = undo2 SCOPE = BOTH;

System altered

SQL > ALTER SYSTEM SET UNDO_TABLESPACE = undotbs1 SCOPE = BOTH;

System altered

(4)删除撤销表空间。

当前使用的撤销表空间是不能删除的,只有切换到不使用时才能删除。撤销表空间的删除与删除数据文件的语法格式是相同的。

【例7.40】 删除撤销表空间undo2。

SQL > DROP TABLESPACE undo2 INCLUDING CONTENTS AND DATAFILES;

Tablespace dropped

(5)查询撤销表空间。

通过数据字典的视图可以查看到撤销表空间的相关信息。主要查看语句如下：

①SHOW PARAMETER undo:前面已经讲述过。

②SELECT * FROM dba_tablespaces:查看表空间。

③SELECT * FROM V$undostat:查看撤销表空间的状态。其中列 Begin_item 和 End_item 可以按 To_char(Begin_item,'hh24:mi:ss') 和 To_char(End_item,'hh24:mi:ss') 截取,分别代表每个事务的开始统计时间和截止统计时间。

④Oracle 数据库在自动 UNDO 管理模式下,撤销表空间中自动建立 10 个 UNDO 段,处理产生的 UNDO 数据。通过动态视图 V$rollname 和 V$rollstat 联合查询,可以查看每个撤销段的信息。

【例 7.41】 查询③和④的两个例子。

```
SQL> SELECT To_char(begin_time,'hh24:mi:ss') 开始统计时间,
            To_char(end_time,'hh24:mi:ss') 截止统计时间,
            Undoblks 使用数据块数 FROM V$undostat;
```

| 开始统计时间 | 截止统计时间 | 使用数据块数 |
| --- | --- | --- |
| 20:07:43 | 20:17:16 | 4 |
| 19:57:43 | 20:07:43 | 35 |
| 19:47:43 | 19:57:43 | 8 |
| 19:37:43 | 19:47:43 | 6 |
| 19:27:43 | 19:37:43 | 11 |

```
SQL> SELECT x.name,y.xacts 事务数,y.rssize 段大小,y.writes 写入字节,
            y.extents 区数 FROM V$rollname x,V$rollstat y WHERE x.usn = y.usn;
```

| NAME | 事务数 | 段大小 | 写入字节 | 区数 |
| --- | --- | --- | --- | --- |
| SYSTEM | 0 | 385024 | 47008 | 6 |
| _SYSSMU1_1518548437$ | 0 | 253952 | 518320 | 4 |
| _SYSSMU2_2082490410$ | 0 | 2220032 | 1270394 | 4 |
| _SYSSMU3_991555123$ | 1 | 2220032 | 537032 | 4 |
| _SYSSMU4_2369290268$ | 0 | 2220032 | 600286 | 4 |
| ... | ... | ... | ... | ... |

## 7.6 管理控制文件

Oracle 数据库的控制文件记录了数据库所有的物理文件信息,并且在数据库的启动和运行期间,确保数据的一致性和完整性。我们在 Oracle 体系结构中已经介绍了控制文件的概念,在这里主要介绍控制文件的创建、管理和备份等内容。

### 7.6.1 控制文件的多路控制技术

由于控制文件对于数据库的启动和运行至关重要,所以要确保控制文件的安全,不会出现丢失或破坏现象。为了防止控制文件出现问题,故采用多路控制文件技术。

**1. 多路控制文件技术**

这个技术很简单,就是把控制文件多复制几份,分别存放在不同的磁盘上。再由初始化参数 Control_File 设定每个控制文件的路径和文件名,如图 7.4 和例 7.42 所示。

图 7.4  Oracle 11g 控制文件多路复用

【例 7.42】 修改初始化参数文件中的控制文件参数。

Control_Files = 'd:\app\sample\Control01.ctl', 'e:\app\sample\Control02.ctl',
                'f:\app\sample\Control03.ctl'

**2. 多路控制文件技术的工作原理**

①启动数据库时,通过初始化参数找到所有控制文件的位置和文件名,读入第一个控制文件,再根据读入的控制文件信息加载所有相关物理文件,包括数据文件、日志文件等。

②数据库在正常运行当中,发生写控制文件时,多路控制文件同时改写,确保所有控制文件的一致性。

**3. 多路控制文件的特点**

①多路控制文件的内容必须完全一致。
②启动数据库时读取第一个控制文件。
③创建、恢复和备份控制文件必须在数据库关闭的状态下运行。
④在数据库运行期间,如果一个控制文件变为不可用,那么将停止运行实例。
⑤Oracle 11g 默认控制文件是两个,最多可以建八个。

**4. 多路控制文件的设置**

一般情况下普遍采用三路控制文件方式,分别存放在 D、E、F 磁盘上。C 盘作为操作系统盘最好与之错开存放。假设已经有两个系统默认的控制文件,要在磁盘 E 的 app\sample 文件夹存放第三个控制文件,则通过以下两步来完成三路控制文件的设置。

①修改初始化参数。

【例 7.43】 修改控制文件存放位置初始化参数。

SQL > ALTER SYSTEM SET control_files = 'D:\app\oradata\orcl\control01.ctl',
                                       'D:\app\flash_recovery_area\orcl\control02.ctl',
                                       'E:\app\sample\control03.ctl' scope = spfile;

System altered

②关闭数据库,并把控制文件复制到 e:\app\sample\control03.ctl 中,启动数据库即可。

### 7.6.2 控制文件的创建

控制文件在创建数据库时自动创建,这里介绍的是万一控制文件全部不可用时,如何重新创建控制文件。通过重新创建控制文件,恢复目前的数据库,不至于影响数据库的正常运行,丢失全部的用户数据。另外,修改控制文件中的永久性参数(五个最大值)时,也采用重新创建控制文件的方式解决。

**1. 需要备份和准备的数据**

做数据库备份时,也应该备份控制文件。控制文件的备份一般采用两种方法。
①创建备份控制文件。与原文件完全一样的二进制文件。
ALTER DATABASE BACKUP CONTROLFILE TO 文件名;

②通过创建跟踪文件来备份:可通过文本编辑器查看的备份文件。
ALTER DATABASE BACKUP CONTROLFILE TO TRACE AS 文件名;

**【例 3.44】** 备份二进制控制文件和创建控制文件的跟踪文件备份。

SQL > ALTER DATABASE BACKUP CONTROLFILE TO 'd:\app\sample\control.ctl';
Database altered
Sql > ALTER DATABASE BACKUP CONTROLFILE TO TRACE AS 'd:\app\sample\control.txt';
Database altered

创建控制文件需要准备如下数据:
数据库名及所有数据文件的路径和名称,所有日志文件的路径和名称。
MAXLOGFILES 16:最大的日志文件组个数。
MAXLOGMEMBERS 3:最大的日志文件组成员个数。
MAXDATAFILES 100:最大的数据文件个数。
MAXINSTANCES 8:最大的 Oracle 实例个数。
MAXLOGHISTORY 292:最大的归档文件个数。
字符集:在中国采用的字符集一般是 ZHS16GBK。

## 2. 创建控制文件

设数据库名为 orcl,运行在非归档模式下,字符集为 ZHS16GBK。

**【例 7.45】** 创建控制文件。

C:> SQLPULS /nolog
SQL > CONN SYS /as sysdba
SQL > STARTUP NOMOUNT
ORACLE 例程已经启动。
Total System Global Area 1288949760 bytes
Fixed Size                   1376520 bytes
Variable Size              335548152 bytes
Database Buffers           939524096 bytes
Redo Buffers                12500992 bytes
SQL > CREATE CONTROLFILE REUSE DATABASE "orcl" RESETLOGS NOARCHIVELOG
        MAXLOGFILES 16
        MAXLOGMEMBERS 3
        MAXDATAFILES 100
        MAXINSTANCES 8
        MAXLOGHISTORY 292
LOGFILE
    GROUP 1 'd:/app/oradata/orcl/redo01.log' SIZE 50M BLOCKSIZE 512,
    GROUP 2 'd:/app/oradata/orcl/redo02.log' SIZE 50M BLOCKSIZE 512,
    GROUP 3 'd:/app/oradata/orcl/redo03.log' SIZE 50M BLOCKSIZE 512
DATAFILE
    'd:/app/oradata/orcl/system01.dbf',
    'd:/app/oradata/orcl/undotbs01.dbf',
    'd:/app/oradata/orcl/sysaux01.dbf',

```
        'd:/app/oradata/orcl/users01.dbf'
    CHARACTER SET ZHS16GBK;
SQL > ALTER DATABASE OPEN;                    - -打开数据库
```

例7.45中的内容是Oracle 11g默认安装下的标准配置,具体有哪些物理文件要看当时数据库的配置,特别是数据文件的个数和文件日志的个数。

### 7.6.3 控制文件的查询

除了备份跟踪控制文件来查看控制文件信息外,还可以通过数据字典视图查询控制文件信息。

**1. 查询动态视图 V $ controlfile**

【例7.46】 利用数据字典视图查询控制文件。

```
SQL > SELECT * FROM V $ controlfile;
STATUS NAME                          IS_RECOVERY_DEST_FILE BLOCK_SIZE FILE_SIZE_BLKS
-------------------------------------------------------------------------------
       E:\APP\SAMPLE\CONTROL03.CTL  NO                         16384         594
```

**2. 查询参数文件**

【例7.47】 利用初始化参数文件查找控制文件。

```
SQL > SHOW PARAMETER CONTROL
NAME                                 TYPE        VALUE
----------------------------------- ----------- -----------------------------------------
control_file_record_keep_time        integer     7
Control_files                        string      D:\APP\ORADATA\ORCL\CONTROL01.CTL,
    D:\APP\FLASH_RECOVERY_AREA\ORCL\CONTROL02.CTL, E:\APP\SAMPLE\CONTROL03.CTL
control_management_pack_access  string      NONE
```

**3. 查询控制文件记录的信息**

【例7.48】 利用数据字典视图查找控制文件信息。

```
SQL > SELECT type,record_size,records_total,records_used FROM V $ controlfile_record_section;
TYPE            RECORD_SIZE    RECORDS_TOTAL   RECORDS_USED
-------------- -------------- --------------- ---------------
DATABASE        316            1               1
CKPT PROGRESS   8180           11              0
REDO THREAD     256            8               1
REDO LOG        72             16              3
DATAFILE        520            100             13
```

## 7.7 管理日志文件

日志文件记录了对数据库所做的任何改动。当出现实例失败或者数据库异常关闭时,通过日志文件能使数据库恢复正常。因此,若能够管理好日志文件,则对数据库中数据的安全提供了保障。

对于日志文件的概念在前面已经介绍过了,在这里主要介绍日志文件的增、删、查、改以及非归档模式与归档管理模式的运行机制等内容。

### 7.7.1 非归档模式与归档模式

日志文件有两种运行方式:归档模式与非归档模式。下面分别介绍这两种运行方式。

**1. 非归档模式**

图 7.5 所示是由三个日志文件组构成的非归档模式的日志工作过程。当第一个日志文件组写满后,日志被切换到第二个日志文件组继续写;当第二个日志文件组写满后,日志被切换到第三个日志文件组继续写;第三个日志文件组写满后返回覆盖写第一个日志文件组。所以日志不能完全保留。因此,数据库的恢复不能采用归档日志来进行。它是一种相对不安全的运行模式。

图 7.5 Oracle 11g 非归档模式日志

**2. 归档模式**

图 7.6 所示是由三个日志文件组构成的归档模式的日志文件工作过程。当第三个文件组写满后返回覆盖写第一个日志文件组之前,第一个日志文件组的信息被归档进程 ARCH 写入磁盘成为归档日志,然后继续写第一个日志。这样每次切换日志文件之前都把日志信息写入归档日志中,把所有日志按顺序保存起来,用于数据库的恢复。它是一种相对安全的运行模式。

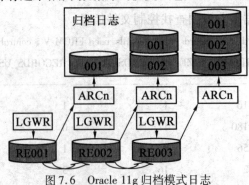

图 7.6 Oracle 11g 归档模式日志

**3. 非归档模式与归档模式的优缺点**

(1) 归档模式的优点。

① 可进行完全、不完全恢复。由于对数据库所做的全部改动都记录在日志文件,如果发生

意外,可以利用物理备份和归档日志完全恢复数据库,不会丢失任何信息。

②可进行联机热备。就是在数据库运行状态下,对数据库进行备份。

③表空间可以脱机。通过表空间脱机,可以备份重要的表空间。

④能够增量备份。只需要做一次完全备份,以后只备份改变部分数据,备份速度快。

⑤可以实施 Data Guard。可以部署一个或多个备用数据库,提供多种保护。

⑥可以实施 Stream。利用 Stream 技术,可以实现多种复制方法,提供数据冗余方案。

(2)归档模式的缺点。

①需要大量的磁盘空间来保存归档日志。

②降低数据库的性能。归档进程 ARCH 在工作,不停地写归档日志。

③DBA 会有更多的管理工作,维护归档日志。

④恢复工作难度高。

(3)非归档模式的优点。

①DBA 工作减少,维护简单。

②备份简单快速。

③数据库的性能相对提升。

④不需要大量磁盘空间。

⑤数据库恢复操作非常简单。

(4)非归档模式的缺点。

①不能增量备份。

②不能完全备份。

③备份方法比较少。

综上,归档模式适合于 7 天 ×24 小时的工作环境;非归档模式适合于 7 天 ×12 小时的工作环境。

### 7.7.2 增加日志文件

Oracle 11g 默认安装时设置了三个日志文件组,每组是一个日志文件成员。日志文件是以组为单位使用的,每个组含有若干个成员,成员之间是镜像关系。

**1. 增加日志文件组**

由于日志文件是循环使用的,因此至少需要两组,最多是 16 组(默认设定)。日志文件组不宜过少过小,要充分考虑实际操作数据量来决定。一般应用上设置三个日志文件组,每个成员日志文件的大小为 50 MB。

语法描述为:

ALTER DATABASE [database_name] ADD LOGFILE [GROUP group_number]
　　　　　　　(logfile_name[,logfile_name,…])SIZE nnnn{K|M} [REUSE];

其中:database_name:数据库实例名。缺省时,默认当前数据库实例。

　　group_number:组号,缺省时,现有的最大日志文件组号 +1。

　　logfile_name:日志文件成员路径和名称。

SIZE nnnn{K|M}：日志文件大小。

REUSE：如果 File 已经存在，则用原文件新 Size；如果原来无 File，则忽略 REUSE。

**【例 7.49】** 增加日志文件组。

```
SQL > ALTER DATABASE ADD LOGFILE 'd:\app\sample\Red004.log' SIZE 50M;
Database altered
SQL > SELECT group#,members,bytes,archived,status,first_change#,next_change#
        FROM V$log;
```

| GROUP# | MEMBERS | BYTES | ARCHIVED | STATUS | FIRST_CHANGE# | NEXT_CHANGE# |
|---|---|---|---|---|---|---|
| 1 | 1 | 52428800 | NO | INACTIVE | 3562933 | 3604828 |
| 2 | 1 | 52428800 | NO | CURRENT | 3604828 | 281474976710 |
| 3 | 1 | 52428800 | NO | INACTIVE | 3521396 | 3562933 |
| 4 | 1 | 52428800 | YES | UNUSED | 0 | 0 |

```
SQL > ALTER DATABASE DROP LOGFILE GROUP 4;
Database altered
```

例 7.49 是在现有的日志文件组中增加一个新组，组号自动加 1，即为 4。日志文件名为 Red004.log，大小为 50 M。查询了日志文件组后又删除了新增加的日志文件组 4。

**2. 增加日志文件成员**

增加日志成员意味着日志镜像，语法描述为：

ALTER DATABASE [database_name] ADD LOGFILE MEMBER
　　　　'logile_name1' TO GROUP Groupd_name1
　　　　[,'logile_name2' TO GROUP Groupd_name2,…];

**【例 7.50】** 每个日志文件组中增加一个日志成员。

```
SQL > ALTER DATABASE ADD LOGFILE MEMBER 'd:\app\sample\Red001b.log' TO GROUP 1,
'd:\app\sample\Red002b.log' TO GROUP 2,'d:\app\sample\Red003b.log' TO GROUP 3;
Database altered
SQL > SELECT * FROM V$logfile;
```

| GROUP# | STATUS | TYPE | MEMBER |
|---|---|---|---|
| 1 |  | ONLINE | D:\APP\ORADATA\ORCL\REDO01.LOG |
| 1 | INVALID | ONLINE | D:\APP\SAMPLE\RED001B.LOG |
| 2 |  | ONLINE | D:\APP\ORADATA\ORCL\REDO02.LOG |
| 2 | INVALID | ONLINE | D:\APP\SAMPLE\RED002B.LOG |
| 3 |  | ONLINE | D:\APP\ORADATA\ORCL\REDO03.LOG |
| 3 | INVALID | ONLINE | D:\APP\SAMPLE\RED003B.LOG |

例 7.50 是在每个日志文件组中增加了一个成员，作为日志成员的镜像。

### 7.7.3 移动与删除日志文件

后台进程 LGWR 是一个非常繁忙的进程，它不停地在写日志文件。正因为这样，日志文件组的状态也在不断地更替。而日志文件组在处于 Current 状态是不能移动或删除的,因此,在移动或删除日志文件之前先确认日志文件组的状态是必须的。

**1. 日志文件组的四种状态**

①UNUSED:该日志组从未被使用过。

②CURRENT:当前正在使用的日志组。

③ACTIVE:该日志文件组中的事务没有完全从数据缓冲区写入,不允许被覆盖的。

④INACTIVE:该日志文件组中的事务已完全从数据缓冲区写入,可以被覆盖。

**2. 日志文件成员移动**

首先确认要移动的日志文件成员所在组是否处于 Current 状态。如果是,则需要切换日志,否则直接去移动日志成员。另外把日志成员移动到目标文件夹中。

语法描述:

ALTER DATABASE RENAME file logfile_name1 TO logfile_name2;

【例 7.51】

SQL > SELECT * FROM V $ log;

SQL > SELECT group#,members,bytes,archived,status,first_change#,next_change# FROM V $ log;

| GROUP# | MEMBERS | BYTES | ARCHIVED | STATUS | FIRST_CHANGE# | NEXT_CHANGE# |
|---|---|---|---|---|---|---|
| 1 | 2 | 52428800 | NO | ACTIVE | 3642306 | 3645337 |
| 2 | 2 | 52428800 | NO | ACTIVE | 3645337 | 3645340 |
| 3 | 2 | 52428800 | NO | CURRENT | 3645340 | 281474976710 |

SQL > ALTER SYSTEM SWITCH Logfile;

System altered

SQL > Host move d:\app\sample\red003b.log e:\app\sample\red003b.log

SQL > ALTER DATABASE RENAME file 'd:\app\sample\red003b.log' TO

'e:\app\sample\red003b.log';

Database altered

**3. 日志文件组及日志文件成员删除**

删除日志文件组和日志成员都要先确认一下日志文件组是否处于 Current 状态。

语法描述:

(a) ALTER DATABASE DROP LOGFILE GROUP group_number;

(b) ALTER DATABASE DROP LOGFILE MEMBER member_name;

(1)删除日志文件组。

【例 7.52】 删除日志文件组 4。

SQL > ALTER DATABASE DROP LOGFILE GROUP 4;

Database altered

在下列情况时不能删除日志文件组。

① 不能删除仅有的两个日志文件组;

② 不能删除活动的日志文件组。

③ 不能删除未归档的(归档模式下视图 V﹩log 的 ARCHIVED = NO)日志文件组。

**【例 7.53】** 删除日志成员 Red001b.log。

SQL > ALTER DATABASE DROP LOGFILE MEMBER 'D:\Oracle\oradata\oracle\Red001b.log';

Database altered

在下列情况时不能删除日志成员：

① 不能删除仅有一个日志成员的文件组成员。

② 不能删除活动的日志文件组的日志成员。

③ 不能删除未归档(视图 V﹩log 的 ARCHIVED = NO)日志文件组的日志成员。

④ 不能删除还没有使用过的日志成员。

### 7.7.4 查询日志文件

**1. 查看日志文件组 V﹩log**

**【例 7.54】** 利用动态数据字典查询日志文件组。

SQL > SELECT group#,members,bytes,archived,status,first_change#,next_change# FROM V﹩log;

| GROUP# | MEMBERS | BYTES | ARCHIVED | STATUS | FIRST_CHANGE# | NEXT_CHANGE# |
|---|---|---|---|---|---|---|
| 1 | 2 | 52428800 | NO | CURRENT | 3645969 | 281474976710 |
| 2 | 2 | 52428800 | NO | INACTIVE | 3645337 | 3645340 |
| 3 | 2 | 52428800 | NO | ACTIVE | 3645340 | 3645969 |

**2. 查看日志文件成员 V﹩logfile**

**【例 7.55】** 利用动态数据字典视图查询日志文件组成员。

SQL > SELECT group#,status,member FROM V﹩logfile;

| GROUP# | STATUS | MEMBER |
|---|---|---|
| 1 | ONLINE | D:\APP\ORADATA\ORCL\RED001.LOG |
| 1 | ONLINE | E:\APP\SAMPLE\RED001B.LOG |
| 2 | ONLINE | D:\APP\ORADATA\ORCL\RED002.LOG |
| 2 | ONLINE | E:\APP\SAMPLE\RED002B.LOG |
| 3 | ONLINE | D:\APP\ORADATA\ORCL\RED003.LOG |
| 3 | ONLINE | E:\APP\SAMPLE\RED003B.LOG |

## 7.8 习题与上机实训

### 7.8.1 习题

1. 简述 Oracle 数据库的三类存储结构。
2. 什么叫位、位图？简述本地化管理表空间的原理。
3. 分别列举所有表空间管理的数据库系统文件和非表空间管理的数据库系统文件。
4. 表空间扩展方式有哪几种？段空间管理方式有哪几种？简要说明它们的区别。
5. 用户表空间都有哪些状态和运行方式？如何增加表空间的容量？
6. 简述临时表空间的作用。写出设置默认临时表空间的语法。
7. 什么是临时表空间组？它有哪些优点？
8. 简述撤销表空间的原理和作用。
9. 写出切换撤销表空间的语法。
10. 简述在空间文件管理中多路控制技术的原理和特点。
11. 写出备份控制文件的两个语句。
12. 分别叙述归档模式与非归档模式的工作原理。

### 7.8.2 上机实训

**1. 实训目的**

本章内容对于 DBA 来说非常重要，必须熟练掌握。通过实际操作增加感性认识，进一步牢固掌握所学的理论知识。

①通过对数据字典的查询了解表空间、段、区、块实际分配情况。
②了解数据文件在操作系统中的位置。
③内存结构的实际分配情况。

**2. 实训任务**

（1）创建用户表空间与数据文件。

①创建百货商品部表空间名字为 user_bhspb，数据文件的磁盘符和路径为 d:\app\sample，文件名为 user_bhspb0.dbf，大小为 128 MB。数据文件自动扩展，每次增加 128 MB，数据文件最大到 640 MB。表空间自动扩展，区大小自动分配，本地化管理表空间，脱机状态，不要创建跟踪日志。

②创建鞋帽商品部表空间名字为 user_xmspb，数据文件的磁盘符和路径为 d:\app\sample，文件名为 user_xmspb0.dbf，大小为 128 MB。数据文件自动扩展，每次增加 128 MB，数据文件最大无限。表空间自动扩展，而且区的大小固定为 128 KB，创建后是联机状态，不创建跟踪日志。

③洗化商品部表空间名字为 user_xnspb，数据文件的磁盘符和路径为 d:\app\sample，文件名为 user_xhspb0.dbf，大小为 64 MB。数据文件自动扩展，每次增加 64 MB，数据文件最大

到 320 M。表空间自动扩展,区分配固定大小为 1 MB。段空间由位图自动管理,表空间被创建后是脱机状态,不创建跟踪日志。

④家电商品部表空间名字为 user_jdspb,数据文件的磁盘符和路径为 d:\app\sample,文件名为 user_jdspb0.dbf,大小为 64 MB。数据文件固定大小不能自动扩展。表空间自动扩展,而且区的大小自动分配。段空间手动管理,表空间被创建后是联机状态,不创建跟踪日志。

⑤创建一个大文件表空间(Bigfile),用户表空间名字为 user_big,数据文件的磁盘符和路径为 d:\app\sample,文件名为 user_big0.dbf,大小为 256 MB,数据文件固定大小不能自动扩展。表空间自动扩展,而且区大小自动分配,表空间被创建后是联机状态,不创建跟踪日志。

⑥查询新创建的表空间和数据文件。

(2) 维护用户表空间与数据文件。

①脱机鞋帽商品表空间,并查看运行结果。

②联机洗化商品部表空间,并查看运行结果。

③把百货商品部表空间设置为只读,并查看运行结果。

④把百货商品部表空间恢复成可读写状态,并查看运行结果。

⑤把洗化商品部表空间设定为缺省表空间,并查看运行结果。

⑥为鞋帽商品部表空间增加了一个数据文件。数据文件的路径是 d:\app\sample,文件名是 user_xmspb1.dbf,大小为 128 MB。

⑦把数据文件 user_xmspb1.dbf 的大小改为 256 MB。

⑧把表空间 user_bhspb 改名为 user_spb,又把表空间 user_spb 改回 user_bhspb。

⑨删除大文件表空间和所有相关信息,包括数据文件。

⑩删除表空间 user_xmspb 中的数据文件 user_xmspb1.dbf。

# 第8章 权限、角色与用户管理

在 Oracle 数据库中,数据库的访问是通过用户方式进行的。为了维护数据库的安全性,Oracle 采用了权限、角色等概念。因此,用户与角色和数据库的权限有着紧密的关联。了解和掌握权限、角色及用户之间的关系,对于以后在数据库应用上的安全性和管理不同权限的用户是非常重要的。

## 8.1 Oracle 数据库的权限

权限(Privilege)是用户对一项功能的执行权力,也是一组可执行操作的范围。在 Oracle 中,DBA 利用各种不同的权限来管理用户。不管用户是创建还是访问查询,所能做的操作都限于赋予它的权限。权限根据系统管理形式的不同,分为系统权限与实体权限。

### 8.1.1 系统权限

系统权限(System Privilege)允许用户执行的命令集合,是指能否执行某种 SQL 语句的能力。系统权限主要包括创建(Create)、删除(Drop)、查询(Select)及执行(Execute)操作。

**1. 系统权限的分类**

系统权限实际上是对于不同的对象授予不同的 SQL 操作功能。因此,系统权限就可以按对象分类和按 SQL 语句来分类。表 8.1 所示是按对象分类的系统权限。

表 8.1 按对象类分类的系统权限

| 集群(Cluster) | 数据库(Database) | 索引(Index) | 过程(Procedure) |
|---|---|---|---|
| 概要文件(Profile) | 角色(Role) | 表(Table) | |
| 序列(Sequence) | 会话(Session) | 触发器(Trigger) | 表空间(Tablespace) |
| 用户(User) | 视图(View) | 回滚段(Rollback Segment) | 系统用户(Sysoper、Sysdba) |

按 SQL 语句分类的系统权限如下:
GRANT 类:授予权限的权限(WITH ADMIN OPTION)。
DTL 类:强制事务提交与撤销的权限。
DDL 类:创建、修改、删除各种模式对象数据的权限。
DML 类:插入、修改、删除各种模式对象数据的权限。
DQL 类:查询各种模式对象数据的权限。

EXECUTE 类:执行包、过程及函数的权限。

**2. 系统权限的授予**

在 Oracle 数据库中,开始给定的系统权限用户是 SYS 和 SYSTEM。数据库管理员可以登入到 SYS 用户为其他用户授予系统权限。普通用户只有被授予了 ANY PRIVILEGE 权限或者被授予某种权限的同时赋予了 WITH ADMIN OPTION 选项才能为别的用户授权。语法描述为:

GRANT system_priv | role_name [ ,system_priv | role_name ] [ ,…… ]
　　TO {user_name | role_name | PUBLIC} [ ,…… ] [WITH ADMIN OPTION];

其中:

system_priv:系统权限。
user_name:用户名。
role_name:角色。
PUBLIC:公共用户组。
WITH ADMIN OPTION:赋予授权的权利。

普通用户一般首先被赋予 CONNECT 和 RESOURCE 权限,允许登入数据库和创建基本的模式对象,如创建、维护和删除表、视图、索引等。如果要创建、维护和删除任意的对象和公用对象时都需要另外的特殊权限。下面通过例 8.1 讲解系统权限的授予。还要记住,授予系统权限一般是通过登入到 SYS 或 SYSTEM 用户进行的。

【例 8.1】 为 jxv 用户授予创建和删除公有同义词的权限。

SQL > GRANT CREATE PUBLIC SYNONYM TO jxc;
Grant succeeded
SQL > GRANT DROP PUBLIC SYNONYM TO jxc;
Grant succeeded
SQL > CONNECT jxc/jxc@ orcl
Connected to Oracle Database 11g Release 11.2.0.1.0
Connected as jxc@ orcl
SQL > CREATE PUBLIC SYNONYM s_spml FOR t_spml;
Synonym created
SQL > DROP PUBLIC SYNONYM s_spml;
Synonym dropped

例 8.1 为用户 jxc 授予了创建和删除公有同义词的权限,然后登入 jxc 用户对表 t_spml 创建了公有同义词 s_spml,最后又删除了公有同义词 s_spml。当为用户授予某种权限时,要同时授予创建和删除权限,否则,用户只能创建不能删除也会有问题的。

【例 8.2】 带有 WITH ADMIN OPTION 选项的授权。

SQL > GRANT CREATE ANY INDEX TO jxc WITH ADMIN OPTION;
Grant succeeded
SQL connect jxc/jxc@ orcl
Connected to Oracle Database 11g Release 11.2.0.1.0
Connected as jxc@ orcl
SQL > GRANT CREATE ANY INDEX TO xnps;

在例 8.2 中，先对 jxc 用户授予了创建任意索引的权限，并带有 WITH ADMIN OPTION 选项，然后登入到 jxc 用户后，再对 xnps 用户授予创建任意索引的权限，如图 8.1 所示。

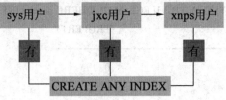

图 8.1　授予系统权限解析

再来看一下为公共用户组（PUBLIC）的授权。Public 也可以授予系统权限的，对 Public 授权实际上是对所有用户授权。所以为 PUBLIC 授权时一定要考虑清楚再进行，不要把权限授予不必要的用户，给系统带来不必要的危机。

【例 8.3】　把创建和删除任意视图的权限授予所有用户。

SQL > GRANT CREATE ANY VIEW TO PUBLIC;
Grant succeeded
SQL > GRANT DROP ANY VIEW TO PUBLIC;
Grant succeeded

**3. 系统权限的收回**

收回系统权限，一般登入 SYS 或 SYSTEM 用户来完成的。语法描述为：
REVOKE system_priv|role_name [,system_priv|role_name][,……]
　　FROM {user|role|PUBLIC} [,……];

【例 8.4】　收回创建和删除任意视图的权限。

SQL > REVOKE CREATE ANY INDEX FROM jxc;
Revoke succeeded
SQL > REVOKE CREATE ANY VIEW FROM Public;
Revoke succeeded

回收系统权限解析如图 8.2 所示。

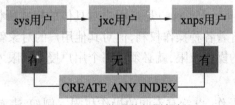

图 8.2　回收系统权限解析

收回系统权限要注意以下两点：
①Public 授权用户也必须按 Public 方式回收权限。
②回收系统权限无级联，各用户的权限各自回收。

**4. 超级系统权限**

Oracle 数据库中有两个超级系统权限 SYSDBA 和 SYSOPER。只有这两个权限才能启动和关闭数据库。因此，启动和关闭数据库必须登入具有超级系统权限的用户才能做到。

很多人搞不清楚 SYSDBA 和 SYSOPER 到底是用户、角色还是权限。在这里再次声明

SYSDBA 和 SYSOPER 是系统权限,而且是比较特殊的系统权限,在这里称为超级系统权限。通过数据字典视图 SYSTEM_PRIVILEGE_MAP 可以查到这两个权限。

【例 8.5】 查询 SYSDBA 和 SYSOPER 系统权限。

```
SQL > SELECT * FROM SYSTEM_PRIVILEGE_MAP WHERE name LIKE 'SYS%';
PRIVILEGE   NAME                          PROPERTY
—————       ————                          ————————
 -83        SYSDBA                          0
 -84        SYSOPER                         0
```

表 8.2 所示是 SYSDBA 和 SYSOPER 所具有的系统权限。

表 8.2　SYSDBA 和 SYSOPER 所具有的系统权限

| 系统权限 | 拥有的权限 | 说明 |
|---|---|---|
| SYSOPER | STARTUP\|SHUTDOWN | 启动\|关闭数据库,必须按此身份登入 |
|  | CREATE SPFILE | 创建初始化文件 SPFILE 和 PFILE |
|  | ALTER DATABASE MOUNT\|OPEN\|BACKUP | 装入、打开和备份数据库 |
|  | ALTER DATABASE ARCHIVELOG | 归档模式运行数据库 |
|  | ALTER DATABASE RECOVER | 数据库恢复 |
|  | RESTRICTED SESSION | 限制会话 |
|  | ALTER DATABASE BACKUP | 备份数据库 |
| SYSDBA | SYSOPER WITH ADMIN OPTION | SYSOPER 所有权限,必须按此身份登入 |
|  | CREATE\|DROP DATABASE | 创建和删除数据库 |
|  | ALTER DATABASE CHARACTER | 修改 Oracle 字符集(原则上不能更改) |

值得注意的是,SYSDBA 和 SYSOPER 具有的启动和关闭数据库的权限,只有以 SYSDBA 或 SYSOPER 身份登入才能起作用。如果没有按 SYSDBA 或 SYSOPER 身份登入用户,那么即使被授予了 SYSDBA 或 SYSOPER 权限,也是不能启动和关闭数据库的。

### 8.1.2　对象权限

对象权限(Database Object Privilege)是指用户对具体的模式所拥有的权限。一个用户对自己用户中的所有对象都有着各种操作权利,但对其他用户的对象就没有任何的操作权限了。如果要获得其他用户对象的操作权限,就必须由那个用户授予权限才行。

**1. 对象权限的分类**

每个对象都有不同的操作,也就有不同的操作权限。例如,表有 Insert、Update、Delete、Index、Select、Reference 等操作;而视图只有 Delete、Insert、Select、Update 操作。表 8.3 所示列出了常用的对象权限。

表8.3　对象与对象权限及权限说明

| 对象权限＼对象 | 表 | 视图 | 序列 | 函数、包库、过程 | 权限说明 |
|---|---|---|---|---|---|
| Alter | √ | | √ | | 允许更改表或序列的结构 |
| Delete | √ | √ | | | 允许删除表或视图的记录 |
| Execute | | | | √ | 允许执行对象 |
| Index | √ | | | | 允许在表上建立索引 |
| Insert | √ | √ | | | 允许在表和视图中插入记录 |
| References | √ | | | | 允许创建表时作为外键 |
| Select | √ | √ | √ | | 允许执行 Select 语句 |
| Update | √ | √ | | | 允许对表或视图的数据进行修改操作 |

**2. 授予对象权限**

对象权限是由具有 DBA 权限的用户或对象所有者来授予的,如果其他用户来授予对象权限,则用户不仅要有该对象的权限,而且还要有授予权限(WITH GRANT OPTION 选项)。下面是授予对象权限的语法描述:

　　GRANT ｛object_privilege|ALL［column_name］［,column_name］｝［,……］
　　　　ON object_name TO ｛user_name|role_name|PUBLIC｝［WITH GRANT OPTIION］;
object_Privilege:对象权限,ALL 代表所有权限。
column_name:要授权的列名。
object_name:对象名,指表、视图等的名字。
user_name:用户名。
role_name:角色名。
PUBLIC:公共用户组。
WITH GRANT OPTION:赋予授权的权利。

在对象权限语句中,PUBLIC 和 WITH GRANT OPTION 的作用与系统权限相同。需要注意以下几点:

　　①在系统权限的语法中,选项是 WITH ADMIN OPTION,而这里是 WITH GRANT OPTION。
　　②授予的对象权限必须是自己用户的对象,或者具有对象权限的同时也得到 WITH GRANT OPTION 选项;或者具有 GRANT ANY PRIVILEGE 权限。
　　③选项 WITH ADMIN OPTION 可以授予角色,但 WITH GRANT OPTION 不能授予角色。

【例8.6】　对象权限授予用户。
SQL＞ GRANT ALTER ON T_SPXSRB TO xnps；
Grant succeeded
SQL＞ GRANT SELECT,INDEX ON t_zgml TO PUBLIC；
Grant succeeded
SQL＞ GRANT UPDATE（khmc）ON t_khml TO jxc；
Grant succeeded

在例8.6中,第一条语句是把 jxc 用户的表 t_spxsrb(商品销售日报)结构的修改权限授予了 xnps 用户。因此,xnps 用户可以去修改 jxc 用户的表 t_spxsrb 了。第二条语句是把 jxc 用户的表 t_zgml(职工目录)的查询和创建索引的权限授予了所有的用户。因此,数据库的所有用户都可以查询表 t_zgml,而且还能对表 t_zgml 建立索引。第三条语句是一个授予列权限的语句。把用户 xnps 的表 t_khml(客户目录)中的列 khmc(客户名称)的修改权限授予了用户 jxc。这一结果使得用户 jxc 可以修改 xnps 用户的表 t_khml 中列 khmc 了。

### 3. 收回对象权限

对象权限的收回一般由对象的所有者来进行,如图 8.3 和 8.4 所示。

语法描述:

REVOKE {{object_privilege|ALL} [column_name][,column_name]}[,……]
　　ON object_name FROM {user_name|role_name|PUBLIC} [CASCADE CONSTRAINTS];

其中各项含义同授予对象权限。

对象权限的收回与系统权限收回有所不同,要注意以下几点:

①授权者只能从自己授权的用户那里收回对象权限。

②回收对象权限有级联。如果授予用户的权限被收回,则被授予用户的权限也被收回。

③如果被授予了 References 对象权限,并且通过此表建立了外键,则收回 References 权限时,必须带有 CASCADE CONSTRAINTS 选项。

④授予的对象权限不能选择性收回,必须是怎么授予就怎么收回。

【例 8.7】 对象权限授予及回收。

SQL > GRANT SELECT ON EMP TO jxc WITH GRANT OPTION;

Grant succeeded

SQL > CONN jxc/jxc@ orcl

Connected to Oracle Database 11g Release 11.2.0.1.0

Connected as jxc@ orcl

SQL > GRANT SELECT ON scott.EMP TO xnps;

Grant succeeded

SQL > CONN scott/tiger@ orcl

Connected to Oracle Database 11g Release 11.2.0.1.0

Connected as scott@ orcl

SQL > REVOKE SELECT ON EMP FROM jxc;

Revoke succeeded

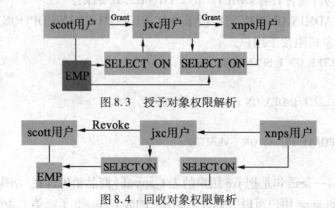

图 8.3　授予对象权限解析

图 8.4　回收对象权限解析

## 8.1.3 查询权限信息

在 Oracle 中，权限关系着整个数据库的安全和每个用户对数据库的正常使用。因此，需要详细地了解各种权限的功能，随时掌握每个用户的权限状况是非常重要的。

授予用户和角色的系统权限和对象权限信息都存放在数据字典中。通过数据字典可以了解到每个用户和角色的权限情况。

**1. 查询系统权限**

表 8.4 所示是与常用的系统权限有关的数据字典视图。

表 8.4 与系统权限相关的数据字典视图及登入身份与说明

| 视 图 | 用户身份 | 视图内容说明 |
| --- | --- | --- |
| DBA_SYS_PRIVS | DBA User | 所有被授予系统权限的用户和角色 |
| USER_SYS_PRIVS | ALL User | 用户自己所有的系统权限 |
| ROLE_SYS_PRIVS | ALL User | 用户自己所有的角色和所带的系统权限 |
| SESSION_PRIVS | ALL User | 当前用户所拥有的系统权限 |
| SYSTEM_PRIVILEGE_MAP | ALL User | 数据库所有的系统权限 |

下面举几个查询系统权限的例子。

【例 8.8】 查询所有系统权限。

```
SQL > SELECT COUNT(*) FROM SYSTEM_PRIVILEGE_MAP;
COUNT(*)
----------
208
SQL > SELECT * FROM SYSTEM_PRIVILEGE_MAP WHERE name LIKE '%USER%';
PRIVILEGE    NAME              PROPERTY
----------   --------------    ----------
-20          CREATE USER       0
-21          BECOME USER       0
-22          ALTER USER        0
-23          DROP USER         0
```

例 8.8 的第一条查询语句是计算所有的系统权限数量，共 208 个；第二条语句是查询所有与用户相关的系统权限。

【例 8.9】 查询 jxc 用户的系统权限，包括系统直接授予的和通过角色授予的。

```
SQL > SELECT * FROM USER_SYS_PRIVS;
USERNAME   PRIVILEGE              ADMIN_OPTION
--------   --------------------   ------------
JXC        CREATE PUBLIC SYNONYM  NO
JXC        UNLIMITED TABLESPACE   NO
JXC        DROP PUBLIC SYNONYM    NO
JXC        CREATE ANY VIEW        NO
JXC        DROP ANY VIEW          NO
SQL > SELECT * FROM ROLE_SYS_PRIVS;
```

| ROLE | PRIVILEGE | ADMIN_OPTION |
| --- | --- | --- |
| RESOURCE | CREATE SEQUENCE | NO |
| RESOURCE | CREATE TRIGGER | NO |
| RESOURCE | CREATE CLUSTER | NO |
| RESOURCE | CREATE PROCEDURE | NO |
| RESOURCE | CREATE TYPE | NO |
| RESOURCE | CREATE OPERATOR | NO |
| RESOURCE | CREATE TABLE | NO |
| RESOURCE | CREATE INDEXTYPE | NO |
| CONNECT | CREATE SESSION | NO |

例 8.9 的第一条语句是查询 jxc 用户在本系统授予的系统权限；第二条语句是查询 jxc 用户角色 RESOURCE 和 CONNECT 授予的系统权限。

**2. 查询对象权限**

对象权限的分类方法比较多，从对象角度可分为对象（TABLE）和对象的列（COLUMN）两大类；从用户身份可以分为 DBA、ALL 和 USER 三类。更实用的分类方法是用户拥有的对象权限（×××_×××_PRIVS）、授予其他用户的对象权限（×××_×××_PRIVS_MADE）和被 PUBLIC 授予的对象权限（×××_×××_PRIVS_RECD）。常用的数据字典视图见表 8.5。

表 8.5 与对象权限相关的数据字典视图及登入身份与说明

| 视　图 | 用户身份 | 视图内容说明 |
| --- | --- | --- |
| DBA_TAB_PRIVS | DBA user | 数据库所有对象的对象权限 |
| DBA_COL_PRIVS | DBA user | 数据库所有对象列的对象权限 |
| ALL_TAB_PRIVS | ALL user | 当前用户的对象权限（含 PUBLIC） |
| ALL_TAB_PRIVS_MADE | ALL user | 当前用授予其他用户的对象权限（含 PUBLIC） |
| ALL_TAB_PRIVS_RECD | ALL user | 当前用被授予其他用户的对象权限（含 PUBLIC） |
| ALL_COL_PRIVS | ALL user | 当前用户所有的对象列的权限（含 PUBLIC） |
| ALL_COL_PRIVS_MADE | ALL user | 当前用授予其他用户的对象列的权限（含 PUBLIC） |
| ALL_COL_PRIVS_RECD | ALL user | 当前用户被授予其他用户的对象列权限（含 PUBLIC） |
| USER_TAB_PRIVS | ALL user | 当前用户所有的对象权限（不含 PUBLIC） |
| USER_TAB_PRIVS_MADE | ALL user | 当前用授予其他用户的对象权限（不含 PUBLIC） |
| USER_TAB_PRIVS_RECD | ALL user | 当前用户被授予其他用户的对象权限（不含 PUBLIC） |
| USER_COL_PRIVS | ALL user | 当前用户所有的对象列的权限（不含 PUBLIC） |
| USER_COL_PRIVS_MADE | ALL user | 当前用授予其他用户的对象列权限（不含 PUBLIC） |
| USER_COL_PRIVS_RECD | ALL user | 当前用户被授予其他用户的对象列权限（不含 PUBLIC） |
| ROLE_TAB_PRIVS | ALL user | 当前用户授予角色的对象权限 |

【例 8.10】 利用数据字典查询对象权限。

```
SQL > SELECT * FROM USER_TAB_PRIVS;
GRANTEE   OWNER   TABLE_NAME   GRANTOR   PRIVILEGE   GRANTABLE   HIERARCHY

SCOTT     JXC     T_GHDWML     JXC       UPDATE      NO          NO
SCOTT     JXC     T_GHDWML     JXC       SELECT      NO          NO
```

| PUBLIC | JXC | T_ZGML | JXC | INDEX | NO | NO |
| PUBLIC | JXC | T_ZGML | JXC | SELECT | NO | NO |
| JXC | XNPS | T_NPML | XNPS | SELECT | NO | NO |

```
SQL > SELECT * FROM USER_TAB_PRIVS_MADE;
```

| GRANTEE | TABLE_NAME | GRANTOR | PRIVILEGE | GRANTABLE | HIERARCHY |
| --- | --- | --- | --- | --- | --- |
| SCOTT | T_GHDWML | JXC | SELECT | NO | NO |
| SCOTT | T_GHDWML | JXC | UPDATE | NO | NO |
| PUBLIC | T_ZGML | JXC | SELECT | NO | NO |
| PUBLIC | T_ZGML | JXC | INDEX | NO | NO |

```
SQL > SELECT * FROM USER_TAB_PRIVS_RECD;
```

| OWNER | TABLE_NAME | GRANTOR | PRIVILEGE | GRANTABLE | HIERARCHY |
| --- | --- | --- | --- | --- | --- |
| XNPS | T_NPML | XNPS | SELECT | NO | NO |

例8.9首先登入到jxc用户执行两个查询语句。第一条语句是查询所有对象权限;第二条语句是授予其他用户的对象权限;第三条语句是查询被其他用户授予的对象权限。

## 8.2 角色管理

Oracle数据库的权限系统是非常复杂的。权限系统不仅分类很细,而且数量也很多。系统权限就有208个,而且被授予的逻辑结构和实体也是各式各样的。对象权限虽然只有17个,但仅仅系统授予的缺省对象权限数量就达到了34 000多个。这对数据库系统管理员来说是非常繁重的工作,也给数据库的安全管理带来了很大的困难。为了解决这个问题,Oracle引进了角色的概念,大大简化了权限的管理工作。

### 8.2.1 角色概述

角色(Role)是一组系统权限和对象权限的集合。Oracle首先创建具有不同权限的角色,然后再授予不同的用户。这样通过使用角色的方法来限定和管理各种用户的权限。图8.5所示是Connect和Resource以及它们所拥有的系统权限与用户关系。从图8.5中可以看到,Connect只有一个系统权限创建会话(Create Session),也就是登入数据库的权限;而Resource具有八个系统权限,分别是创建簇、索引、操作符、过程、序列、表、触发器和类型。所以只授予用户Connect和Resource权限是不能创建视图和同义词等对象的。

**1. 角色的特点**

①角色是一个数据库的实体,被存放在数据字典中。
②角色的名字必须唯一,而且不属于任何用户。
③一个角色既可以包含系统权限,也可以包含对象权限。
④角色可以授予用户或其他的角色,也可以从用户和其他角色中收回。
⑤一个用户可以被授予多个角色权限。

如果在数据库系统中有很多同类用户,而且需要授予多种系统权限和对象权限时,与其很明确地赋一组权限给一个用户,不如先创建拥有这一组权限的角色,然后再把这个角色赋给一组用户。这种方式不仅简化了权限的管理,而且当这组用户的权限需要改变时,只需改变角色的权限就可以了。

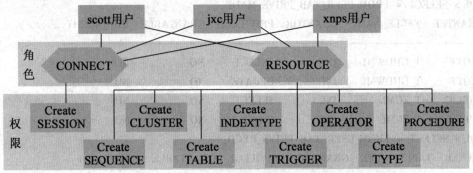

图 8.5  Oracle 用户、角色及权限的关系

### 2. 角色管理的优点
①通过使用角色会使授予和回收系统权限的维护工作变得简单。
②用户权限的更改可通过角色来完成,实现用户权限的动态管理。
③可以使用操作系统命令或应用程序将角色赋予数据库中的用户。
④可以通过激活或禁止命令来临时开启或关闭角色的功能。

### 3. 使用角色授予权限的注意事项
①Unlimited Tablespace 权限不能赋予角色。
②通过角色授予的对象权限在 PL/SQL 中不起作用。

## 8.2.2  系统预定义角色

预定义角色是指 Oracle 数据库安装完成同时运行脚本 DSEC.bsq 来创建的。该脚本在缺省安装数据库时,安装在 D:\app\product\11.2.0\dbhome_1\Rdbms\Admin 文件夹中。

DSEC.bsq 脚本:创建三个预定义角色部分。

Create role connect;
Grant create session to connect;
Create role resource;
Grant Create table,create cluster,create sequence,create trigger,
    create procedure, create type, create indextype, create operator
    to resource;
Create role dba;
Grant all privileges, select any dictionary, analyze any dictionary
    to dba with admin option;

在 Oracle 数据库中,具有 DBA 权限的用户可以把预定义的角色授予用户和自己创建的自定义角色。下面介绍几个常用的预定义角色。

### 1. CONNECT

在 Oracle11g 中,CONNECT 角色只有一个系统权限 Create Session 创建会话权限。因此,一个用户只授予了 CONNECT 权限，则该用户只能登入数据库，其他什么都不能做。请看下面查询 CONNECT 权限的例子。

【例 8.11】 查询角色 CONNECT 的权限。

SQL > SELECT * FROM ROLE_SYS_PRIVS WHERE role = 'CONNECT';

| ROLE | PRIVILEGE | ADMIN_OPTION |
| --- | --- | --- |
| CONNECT | CREATE SESSION | NO |

### 2. RESOURCE

在 Oracle 11g 中，RESOURCE 角色共有八个系统权限。与以前的 Oracle 9i 版本比较少了一些权限，如 CREATE VIEW、CREATE SYNONYM 等权限。

【例 8.12】 查询角色 RESOURCE 权限。

SQL > SELECT * FROM ROLE_SYS_PRIVS WHERE role = 'RESOURCE' ORDER BY role;

| ROLE | PRIVILEGE | ADMIN_OPTION |
| --- | --- | --- |
| RESOURCE | CREATE SEQUENCE | NO |
| RESOURCE | CREATE TRIGGER | NO |
| RESOURCE | CREATE CLUSTER | NO |
| RESOURCE | CREATE PROCEDURE | NO |
| RESOURCE | CREATE TYPE | NO |
| RESOURCE | CREATE OPERATOR | NO |
| RESOURCE | CREATE TABLE | NO |
| RESOURCE | CREATE INDEXTYPE | NO |

从例 8.12 来看，每个权限都是 CREATE，但对所创建的对象拥有所有的权限，包括删除（DROP）权限，对个别的对象还有修改（ALTER）权限。

### 3. DBA

DBA 是 Oracle 数据库里最高、最多权限的角色。它不仅拥有所有系统权限和对象权限，而且还有授予其他用户和角色任何权限的权力。DBA 权限可以创建和删除任何一个用户和角色，但没有 SYSDBA 和 SYSOPER 的超级权限。因此，DBA 权限不能启动和关闭数据库。

DBA 拥有 200 多个系统权限，这里就不再一一说明了。

【例 8.13】 查询角色 BDA 的权限数量。

SQL > SELECT COUNT( * ) FROM user_sys_privs;

COUNT( * )
——————
200

### 4. EXECUTE_CATALOG_ROLE

该角色是创建数据库的同时由 DSEC.bsq 脚本创建的。EXECUTE_CATALOG_ROLE 对 PL/SQL 包具有执行权限。

### 5. SELECT_CATALOG_ROLE 和 DELETE_CATALOG_ROLE

这两个角色是对数据字典具有查询权限和删除记录的权限。

### 6. EXP_FULL_DATABASE 和 IMP_FULL_DATABASE

这两个角色主要用于数据库的逻辑备份。EXP_FULL_DATABASE 用于数据库的导出操作(Export);IMP_FULL_DATABASE 用于数据库的导入操作(Import)。EXP_FULL_DATABASE 角色有 11 个系统权限;IMP_FULL_DATABASE 角色有 80 个系统权限。

【例 8.14】 查询逻辑备份命令 EXP 和 IMP 的权限数量。

```
SQL> SELECT COUNT(*) FROM ROLE_SYS_PRIVS WHERE role LIKE 'EXP_FULL_%';
COUNT(*)
----------
       11
SQL> SELECT COUNT(*) FROM ROLE_SYS_PRIVS WHERE role LIKE 'IMP_FULL_%';
COUNT(*)
----------
       80
```

### 8.2.3 创建和删除角色

在 Oracle 数据库的实际应用中,对于系统预定义的角色往往是不够用的。为了满足实际应用的需要,数据库管理员要自己创建适合本身应用的角色。

#### 1. 创建角色

角色可分为公用角色和私有角色。公用角色一般不设口令,而私有角色需要口令才能启用。语法描述:

CREATE ROLE role_name [NOT IDENTIFIED]|
   [IDENTIFIED BY password]|[IDENTIFIED {EXETERNALLY|GLOBALLY}];

其中:role_name:角色名。
  NOT IDENTIFIED:不设角色口令,缺省方式。
  IDENTIFIED BY password:设角色口令。
  IDENTIFIED EXETERNALLY:角色要在操作系统下验证。
  IDENTIFIED GLOBALLY:全局角色,由中心密码验证。标准版不支持。

在 Oracle 数据库标准安装下与角色相关的参数的设置,可通过 Show Parameter 来查询。

【例 8.15】 查询初始化参数文件中与角色有关的信息。

```
SQL> SHOW PARAMETER role
NAME                    TYPE        VALUE
---------------------   --------    --------
max_enabled_roles       integer     150
os_roles                boolean     FALSE
remote_os_roles         boolean     FALSE
```

从例 8.15 中可以看到,最大角色的个数为 150,而选项 EXETERNALLY 的验证方式无论本地(os_roles)或远程(remote_os_roles)都是 FALSE。在这种状态下,选项 EXETERNALLY 是无效的。至于 GLOBALLY 选项标准版 Oracle 不支持,因此参数也没有设置。

【例8.16】 创建公用角色和私有角色。
SQL> CREATE ROLE pl_role;
Role created
SQL> CREATE ROLE my_role IDENTIFIED BY my666;
Role created

### 2. 删除角色

删除角色比较简单,只要拥有删除权限即可。语法描述:
DROP ROLE role_name;
【例8.17】 删除例8.16中创建的角色。
SQL> DROP ROLE pl_role;
Role dropped
SQL> DROP ROLE my_role;
Role dropped

如果普通用户只授予了 CONNECT 和 RESOURCE 权限,那么不能创建和删除角色。要想获得此权限就必须得到授权。另外,创建和删除角色是两个权限 CREATE ROLE 和 DROP ROLE,需要分别授予。

### 8.2.4 管理角色

#### 1. 角色授权

刚刚创建的角色是没有任何权限的,需要授予系统权限和对象权限才能起到角色的作用。给角色授权是通过 GRANT 语句完成。授权语句有两种格式,分别为授予系统权限和对象权限。关于授予权限(Grant)和回收权限(Revoke)的语句描述在权限管理中已经介绍过了,在这里不再叙述了。下面给出了实际授权的例子。

【例8.18】 为角色 pl_role 授予和回收系统权限和对象权限。
SQL> GRANT Connect,Resource,Create View,
　　　　　Create Public Synonym,Drop Public Synonym TO pl_role;
Grant succeeded
SQL> GRANT Select ON DBA_TABLESPACES TO pl_role;
Grant succeeded
SQL> REVOKE Select ON DBA_TABLESPACES FROM pl_role;
Revoke succeeded

在例8.18中的第一条语句是把角色 Connect 和 Resource、Create View(创建和删除视图)、Create|Drop Public Synonym(创建和删除公用同义词)的系统权限授予了角色 pl_role;第二条语句是对视图 Dba_Tablespaces 的对象权限 Select 授予了角色 pl_role;第三条语句是把刚刚授予的对象权限 Select 又收回来了。

#### 2. 角色修改

角色的修改是指增加或取消口令和增删两个选项 EXETERNALLY 与 GLOBALLY。在一般情况下由 DBA 用户来执行的。如果其他用户来修改角色,需要有 ALTER ANY ROLE 权限或者具有 WITH ADMIN OPTION 选项的权限。语法描述:
ALTER ROLE role_name [NOT IDENTIFIED]|

[IDENTIFIED BY Password] | [IDENTIFIED {EXETERNALLY|GLOBALLY}];

其中每个选项的作用与 Create Role 语句相同。特别需要注意的是,角色的名字是不能修改的。若需要修改,则只能重建角色,用新名字代替旧名字。

【例 8.19】 修改角色 pl_role 的口令。

SQL > ALTER ROLE pl_role IDENTIFIED BY role111;
Role altered
SQL > ALTER ROLE pl_role NOT IDENTIFIED;
Role altered

例 8.19 给角色 pl_role 增加了口令,然后又去掉了口令。

**3. 角色启用与禁用**

角色的启用与禁用是指让角色具有的权限生效和失效。角色的启用和禁用只是对当前会话临时性的设置,一旦重新登入,原来角色的权限还是有效的。语法描述:

SET ROLE
{role [IDENTIFIED BY password] [,role [IDENTIFIED BY password]][,……]
| ALL [EXCEPT role[,role][,……]] | NONE };

其中:

role:当前会话中的角色。
password:角色的口令。没有口令的角色必须输入正确的口令。
ALL:启用当前会话中的所有角色。
EXCEPT:与 ALL 联用,除了 EXCEPT 之后的角色,全部启用。
NONE:在当前会话中的角色全部禁用。

【例 8.20】 角色的启用和禁用方法。

SQL > CREATE ROLE user_R;           - -创建角色 user_R
Role created
SQL > GRANT CREATE View TO user_R;  - -给角色 user_R 授予 CREATE VIEW 权限
Grant succeeded
SQL > SET ROLE NONE;                - -禁用所有的角色
Role set
SQL > SET ROLE ALL EXCEPT user_R;   - -启用全部角色,除了角色 user_R
Role set
SQL > SET ROLE ALL;                 - -启用全部角色
Role set

### 8.2.5 查看角色信息

在数据字典中有很多与角色相关的视图。这些视图包含数据库系统中所有角色与用户的相关信息、角色被授予和授予的信息、角色所拥有的系统权限和对象权限信息等。常用的与角色相关的数据字典视图见表 8.6。

表 8.6  与角色相关的数据字典视图

| 视 图 | 用户身份 | 内容说明 |
|---|---|---|
| DBA_ROLES | DBA user | 数据库所有角色 |
| DBA_ROLE_PRIVS | DBA user | 数据库所有授予用户或角色的角色 |
| USER_ROLE_PRIVS | ALL user | 当前用户的所有角色 |
| ROLE_SYS_PRIVS | ALL user | 所有角色及其拥有的系统权限 |
| ROLE_TAB_PRIVS | ALL user | 所有角色及拥有的对象权限 |
| ROLE_ROLE_PRIVS | ALL user | 所有授予其他角色的角色 |
| SESSION_ROLES | ALL user | 当前会话的所有角色 |

下面举几个查询角色的例子。

【例 8.21】 查询与用户 jxc 相关的角色信息。

```
SQL > SELECT COUNT( * ) FROM dba_roles;
COUNT( * )
----------
        55
SQL > SELECT * FROM dba_roles WHERE role IN('CONNECT','RESOURCE');
ROLE          PASSWORD_REQUIRED   AUTHENTICATION_TYPE
------------  ------------------  --------------------
CONNECT       NO                  NONE
RESOURCE      NO                  NONE
SQL > SELECT COUNT( * ) FROM dba_role_privs;
COUNT( * )
----------
       149
SQL > SELECT * FROM dba_role_privs WHERE grantee = 'JXC';
GRANTEE       GRANTED_ROLE        ADMIN_OPTION    DEFAULT_ROLE
------------  ------------------  --------------  --------------
JXC           CONNECT             NO              YES
JXC           RESOURCE            NO              YES
```

在例 8.21 中,第一条语句是查询所有角色的数量,目前有 55 个(包括用户自建的);第二条语句是查询角色 CONNECT 和 RESOURCE;第三条语句是授予其他用户或角色的角色数量,目前共 145 个;第四条语句是查询用户 jxc 所拥有的角色。

【例 8.22】 查询当前用户所拥有的角色信息。

```
SQL > SELECT * FROM user_role_privs;
USERNAME   GRANTED_ROLE   ADMIN_OPTION   DEFAULT_ROLE   OS_GRANTED
---------  -------------  -------------  -------------  ----------
JXC        CONNECT        NO             YES            NO
JXC        RESOURCE       NO             YES            NO
SQL > SELECT * FROM role_tab_privs;
ROLE      OWNER    TABLE_NAME    COLUMN_NAME   PRIVILEGE   GRANTABLE
--------  -------  ------------  ------------  ----------  ---------

SQL > SELECT * FROM session_roles;
```

ROLE
————
CONNECT
RESOURCE

例 8.22 有三条查询语句,第一条查询语句是用户目前拥有的角色信息;第二条查询语句是角色拥有的对象权限,目前还没有;第三条查询语句是用户当前会话中的所有角色。

## 8.3 概要文件

Oracle 数据库应用是从创建用户、登入数据库开始的。因此,对用户的合理化管理直接关系着数据库的安全性和可用性。Oracle 数据库为了安全采用权限,通过设置系统权限和对象权限来控制对数据库系统和对象的访问。而概要文件是对于用户的登入以及数据库系统资源的使用进行限制和管理的安全策略。

### 8.3.1 概要文件概述

概要文件(Proflie)是限制口令、限制资源的参数的集合。在安装 Oracle 数据库创建数据库实例的同时,Oracle 会自动建立名为 DEfault 的缺省 PRofile 文件。当创建用户时,如果没有指定概要文件,系统就把 DEFault Profile 分配给用户。

概要文件类似于系统初始化参数文件 INIT.ora。系统初始化参数文件对数据库系统进行了一系列的设置,而概要文件是对用户进行了一系列的限制和规定。在概要文件的使用上又与角色相类似,先把用户按照不同的应用需求、限定口令策略和资源分配策略进行分类,再根据不同类别的用户创建与之相对应的概要文件,然后把概要文件分配给各个用户。这样简化了对用户的管理,特别是对资源的管理更加规范和容易了。

**1. 概要文件的管理内容**

前面已经叙述了概要文件可以用来管理用户的口令策略和对用户所能使用的资源进行限制等。下面是概要文件所管理的主要内容。

①CPU 的时间:限制每次调用 SQL 语句期间可用的 CPU 时间,单位是 1/100 秒。

②I/O 的使用:每个会话允许读的数据块、每次 SQL 调用允许读的最大数据块等。

③IDLE TIME:限定用户空闲时间,超过时间将回滚当前事务,结束会话。

④CONNECT TIME:一个会话最长连接时间,单位是分。

⑤并发会话数量:一个用户允许同时并发会话的总数量,超过数量系统返回错误。

⑥口令机制:限制连续登入失败次数和口令的生命周期,限制口令的使用间隔等。

**2. 关于 Default Profile**

Default Profile 是系统最初安装时创建的默认文件,创建脚本的文件名 Denv.bsq 在 D:\app\product\11.2.0\dbhome_1\rdbms\admin 文件夹中。内容如下:

```
create profile "DEFAULT" limit              /* default value, always present */
    composite_limit          unlimited       /* service units */
    sessions_per_user        unlimited       /* logins per user id */
```

| | | |
|---|---|---|
| cpu_per_session | unlimited | /* cpu usage in minutes */ |
| cpu_per_call | unlimited | /* max cpu minutes per call */ |
| logical_reads_per_session | unlimited | |
| logical_reads_per_call | unlimited | |
| idle_time | unlimited | |
| connect_time | unlimited | |
| private_sga | unlimited | /* valid only with TP-monitor */ |
| failed_login_attempts | 10 | |
| password_life_time | unlimited | |
| password_reuse_time | unlimited | |
| password_reuse_max | unlimited | |
| password_verify_function | null | |
| password_lock_time | unlimited | |
| password_grace_time | unlimited | |

在创建 Default Profile 的脚本中可以看到,只限制了登入失败次数为 10。Default Profile 归纳起来有两个特点:

① 若创建用户时没有指定 Profile,则系统自动分配 Default Profile。

② Default Profile 的内容为空,对于口令和资源使用无任何限制。

**3. 启动 Profile 资源管理的参数**

通过 Profile 来分配资源限额,必须把初始化参数 Resource_limit 设置为 TRUE。初始化参数 Resource_limit 与限制口令没有关系,只要在 Profile 文件中设置了与口令相关的参数,口令的限制就会起作用。

设置语句:ALTER SYSTEM SET Resource_limit = TRUE SCOPE = BOTH;

### 8.3.2 Profile 管理参数

Profile 主要有两个方面的管理内容:一是口令的限制和管理;二是使用系统资源的限制和管理。下面分别来介绍。

**1. 口令管理参数**

当用户登入数据库时,是不允许无限制地试验口令的正确性。对于口令的失败次数、登入时间间隔及使用周期等,数据库都有一定的限制。

(1) AILED_LOGIN_ATTEMTS:限定连续登入允许失败的次数,若超过次数,则锁定账户。

(2) PASSWORD_LOCK_TIME:指定账户被锁定的天数,默认为 UNLIMITED。

这两个参数是互相配合使用的,一旦失败次数超过限制,账户就被锁定到指定的天数。系统提示错误信息:"Ora-28000: the account is locked"。这种错误可以通过手工方式解锁。

解锁语句:ALTER USER user_name ACCOUNT UNLOCK;

(3) PASSWORD_LIFE_TIME:指定口令的有效期(天),默认为 UNLIMITED。

(4) PASSWORD_GRACE_TIME:指定口令的宽限期(天),默认为 UNLIMITED。

这两个参数相互配合使用。用户实际登入天数是有效期+宽限期。但过了有效期系统会提示警告信息:"Ora-28002: the password will expire within nn day"。若过了宽限期还没有更改口令,系统则会提示错误信息:"Ora-28001: the password has expire"。

（5）PASSWORD_REUSE_TIME：指定重新使用原来口令的天数，默认为 UNLIMITED。

（6）PASSWORD_REUSE_MAX：指定重用以前口令需更改的次数，默认为 UNLIMITED。

这两个参数需要同时启用，否则无效。如果两个参数中有一个被指定为 UNLIMITED，则口令永远不能重复使用。

（7）PASSWORD_VERIFY_FUNCTION：设置口令校验复杂性，系统函数名为 VERIFY_FUNCTION。

这个参数通过调用函数 VERIFY_FUNCTION 来要求用户设置较复杂的口令。Oracle 11g 提供了更复杂的函数 VERIFY_FUNCTION_11G。该函数对设置口令有如下要求：

① 口令至少为八个字符，而且与原来的口令至少有三个不同字符。
② 口令不能与用户名、数据库名相同。
③ 口令至少有一个字符、一个数字和一个特殊符号。
④ 口令不能使用常用英文单词，如 welcome1、oracle123、abcdef12 等。

VERIFY_FUNCTION_11G 函数使用方法如下：

登入 SYS 用户后运行 D:\app\product\11.2.0\dbhome_1\rdbms\admin 文件夹中的脚本 Utlpwdmg.sql 即可。此脚本会同时更改 Default Profile 的口令校验方式。

**2. 资源管理参数**

在 Oracle 系统中，用户在数多情况下争用资源的事情是经常发生的，特别是对本来就不多的服务器 CPU、内存和 I/O 资源更是雪上加霜。如果不能很好地限制和管理用户对系统资源的使用，对数据库的运行性能就会带来直接的影响。

① CPU_PER_SESSION：指定每个会话占用 CPU 时间（1/100 秒）。
② CONNECT_TIME：指定会话最大连接时间（分钟）。
③ IDLE_TIME：指定会话最大空闲时间（分钟）。
④ LOGICAL_READS_PER_SESSION：指定一个会话的读取逻辑数据块数量。
⑤ PRIVATE_SGA：在共享方式下，指定一个会话在共享池中分配私有空间大小（字节）。
⑥ SESSIONS_PER_USER：指定一个用户最大并发会话个数。
⑦ COMPOSITE_LIMIT：指定在一个会话总计消耗资源（服务单元）。此项是通过①、②、③、④四项经过求权计算出来的。

上述七个参数都与会话有关，限制了用户使用 CPU 的时间和内存资源的占用量。

⑧ CPU_PER_CALL：指定一次 SQL 调用占用 CPU 最大时间。
⑨ LOGICAL_READS_PER_CALL：指定一次 SQL 调用读取逻辑数据块的数量。

这两个参数都与 SQL 调用有关，限制了一次调用使用 CPU 的时间和内存资源的占有量。也就是说，一次执行 SQL 语句不能占用大量的内存空间和 CPU 的时间，特别是对无条件查询是个最大的限制。

总的来说，Oracle 通过使用概要文件，不仅设置了严格的口令管理机制，而且制定了完善的资源分配机制。

在口令管理机制中采用了七个参数，从四个方面进行了限制：

① 口令设置：通过采用口令函数，要求用户设置口令需要满足一定的规则。
② 口令验证：通过设置口令的失败次数以及锁定机制解决反复试验口令弊端。
③ 口令重复使用：通过设定口令的重用和更改次数，规定相同口令重复使用机制。

④口令使用周期:通过设定口令的有效期和宽限期,限定一个口令的使用周期。

Oracle 在对系统资源的管理上,从会话级和调用级两个层面上限制了用户对系统资源的使用。当实际应用中出现了超过资源使用限制时,会发生如下情况:

(1)会话级。

如果在一个会话时间段内超过了资源限制参数的最大值,Oracle 将中断当前的会话,回退未提交的事务,并断开连接并提示错误信息。

(2)调用级。

如果在执行一条 SQL 语句中,一次调用超过了资源参数的限制,Oracle 将中断当前语句的执行,并回退该语句,但用户会话仍然连接,之前执行的所有语句不受影响,还可以选择该事务的提交(COMMIT)或回退(ROLLBACK)。

### 8.3.3 创建 Profile 语法

创建 Profile 文件实际上就是设置 16 个资源管理参数的值。语法描述:

CREATE PROFILE profile_name LIMIT
[ CPU_PER_SESSION integer|UNLIMITED|DEFAULT]
| [ CPU_PER_CALL integer|UNLIMITED|DEFAULT]
| [ CONNECT_TIME integer|UNLIMITED|DEFAULT]
| [ IDLE_TIME integer|UNLIMITED|DEFAULT]
| [ SESSIONS_PER_USER integer|UNLIMITED|DEFAULT]
| [ LOGICAL_READS_PER_SESSION integer|UNLIMITED|DEFAULT]
| [ LOGICAL_READS_PER_CALL integer|UNLIMITED|DEFAULT]
| [ PRIVATE_SGA integer{K|M}|UNLIMITED|DEFAULT]
| [ COMPOSITE_LIMIT integer|UNLIMITED|DEFAULT]
| [ FAILED_LOGIN_ATTEMPTS expr|UNLIMITED|DEFAULT]
| [ PASSWORD_LOCK_TIME expr|UNLIMITED|DEFAULT]
| [ PASSWORD_GRACE_TIME expr|UNLIMITED|DEFAULT]
| [ PASSWORD_LIFE_TIME expr|UNLIMITED|DEFAULT]
| [ PASSWORD_REUSE_MAX expr|UNLIMITED|DEFAULT]
| [ PASSWORD_REUSE_TIME expr|UNLIMITED|DEFAULT]
| [ PASSWORD_VERIFY_FUNCTION function|NULL|DEFAULT];

profile_name:概要文件名。

integer:整数。

expr:表达式。

FUNCTION:VERIFY_FUNCTION、VERIFY_FUNCTION_11G 或自定义函数。

NULL:不使用密码验证函数。

DEFAULT:忽略参数的限制。

UNLIMITED:分配的资源无限制。

### 8.3.4 创建 Profile 实例

采用自定的 Profile 文件来管理用户口令和系统资源,要完成下面几个步骤:

① 登入到具有 CREATE PROFILE 系统权限的用户。
② 使用 VERIFY_FUNCTION 函数，需要先执行 Utlpwdmg.sql 脚本。
③ 使用 Create profile 创建一个自定义的 Profile 文件。
④ 使用 Create user 或 Alter user 语句把创建好的 Profile 文件分配给用户。
⑤ 修改初始化参数 Resource_limit 为 TRUE。

【例 8.23】 创建 Profile 文件的完整例子。

SQL > @d:\app\product\11.2.0\dbhome_1\rdbms\admin\utlpwdmg.sql
Function created          --创建 Verify_function_11g 函数
Profile altered           --修改 Default Profile 中 PASSWORD_VERIFY_FUNCTION 设置
Function created          --创建 Verify_function 函数
SQL > CREATE PROFILE u_profile LIMIT
     SESSIONS_PER_USER UNLIMITED              --并发会话数不限
     CPU_PER_SESSION UNLIMITED                --每个回话占用 CPU 时间不限
     CPU_PER_CALL 3000                        --一次 SQL 调用可用 CPU 30 秒
     IDLE_TIME 30                             --空闲超过半小时，断开连接
     CONNECT_TIME 45                          --一个会话可维持 45 分钟
     LOGICAL_READS_PER_SESSION DEFAULT        --忽略一个会话读取逻辑块数
     LOGICAL_READS_PER_CALL 6000              --一次 SQL 调用可读 6 K 逻辑块
     COMPOSITE_LIMIT 6000000                  --综合资源消耗 600 万服务单元
     PRIVATE_SGA 20K                          --共享模式下共享区可私用 20 K
     FAILED_LOGIN_ATTEMPTS 5                  --口令失败 5 次后锁账号
     PASSWORD_LIFE_TIME 60                    --一个口令可以用 60 天
     PASSWORD_REUSE_TIME 60                   --60 天后允许重用口令
     PASSWORD_REUSE_MAX 5                     --使用不同口令 5 次后重用口令
     PASSWORD_LOCK_TIME 1/24                  --账户锁定后 1 小时解锁
     PASSWORD_GRACE_TIME 10                   --口令期限到期后宽限 10 天
     PASSWORD_VERIFY_FUNCTION Verify_function; --口令验证
Profile created
SQL > Alter USER scott Profile U_Profile;    --给 scott 分配了 U_profile
User altered
SQL > ALTER SYSTEM SET Resource_limit = TRUE SCOPE = BOTH;  --修改初始化参数
System altered

### 8.3.5 修改与删除概要文件

下面分别介绍概要文件的修改和删除方法。

**1. 修改概要文件**

修改概要文件一般是登入到 DBA 用户来完成的。当然，具有 ALTER PROFILE 系统权限的其他用户也可以修改 Profile 文件。语法描述：

ALTER PROFILE profile_name LIMIT
    [profile_parameter_name integer|UNLIMITED|DEFAULT] [,……];

修改概要文件的格式与创建一致，只是把 CREATE 换成 ALTER。请看下面的例子。

**【例 8.24】** 修改概要文件的会话时间和账户锁定天数。

```
SQL > ALTER PROFILE u_profile LIMIT
          CONNECT_TIME 60              - - 一个会话可维持 60 分钟
          PASSWORD_LOCK_TIME 24;       - - 账户锁定后一天解锁
Profile altered
```

**2. 删除概要文件**

通过 DROP PROFILE 语句可以删除概要文件。语法描述：

DROP PROFILE profile_name [CASCADE];

其中选项 CASCADE 是指，如果所要删除的概要文件已经启用，则必须要选该项。

**【例 8.25】** 删除概要文件 u_profile。

```
SQL > DROP PROFILE u_profile CASCADE;
Profile dropped
```

### 8.3.6 查询概要文件信息

通过查询与概要文件相关的数据字典视图，可以了解概要文件的信息。表 8.7 列出了与概要文件有关的所有视图。

表 8.7 与概要文件相关的数据字典视图

| 视图 | 用户身份 | 内容说明 |
| --- | --- | --- |
| DBA_PROFILES | DBA user | 数据库所有的概要文件及参数值 |
| DBA_USERS | DBA user | 数据库所有用户所使用的概要文件 |
| USER_PASSWORD_LIMITS | ALL user | 分配给当前用户的口令参数 |
| USER_RESOURCE_LIMITS | ALL user | 分配给当前用户的资源参数 |
| RESOURCE_COST | ALL user | 四个组合参数加权值（服务单元） |

**【例 8.26】** 查询当前用户的概要文件信息。

```
SQL > SHOW PARAMETER resource_limit
NAME                    VALUE
----------------------  --------
resource_limit          FALSE
SQL > SELECT * FROM user_password_limits;
RESOURCE_NAME                   LIMIT
------------------------------  ------------------
FAILED_LOGIN_ATTEMPTS           10
PASSWORD_LIFE_TIME              180
PASSWORD_REUSE_TIME             UNLIMITED
PASSWORD_REUSE_MAX              UNLIMITED
PASSWORD_VERIFY_FUNCTION        VERIFY_FUNCTION_11G
PASSWORD_LOCK_TIME              1
PASSWORD_GRACE_TIME             7
SQL > SELECT * FROM resource_cost;
RESOURCE_NAME                   UNIT_COST
```

| | |
|---|---|
| CPU_PER_SESSION | 0 |
| LOGICAL_READS_PER_SESSION | 0 |
| CONNECT_TIME | 0 |
| PRIVATE_SGA | 0 |

在例 8.26 中,第一条语句查询初始化参数 resource_limit 是否是 TURE;第二条语句是查询当前用户与口令有关的 Profile 参数;第三条语句是查询四个组合参数的加权值。

## 8.4 用户管理

Oracle 数据库的访问和控制是通过账户进行的。账户是 Oracle 数据库的逻辑结构,也是应用数据库的基本机制。用户是通过账户访问数据库的"人",即账户的使用者。图 8.6 所示,账户和用户指的是一件事情,都是访问数据库的基本结构,账户名就是用户名,账户口令就是用户口令。

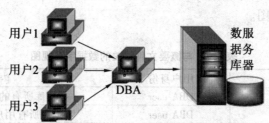

图 8.6　用户与 DBA 数据库的关系

在 Oracle 数据库中,用户管理包括两方面:一是合理分配和管理数据库的资源,使用户能够完成所要做的工作;二是通过权限和角色、口令限制机制等,保证数据库系统的安全性。用户管理的具体内容包括创建用户、控制权限、设置口令机制、分配系统资源等。

### 8.4.1　用户概述

一个用户要想访问数据库,不仅要提供合法的账户名和口令,还要有相应的权限。如果用户想使用数据库的资源,那么需要有更多的系统权限和对象权限,因此提出了对用户的安全性问题。

**1. 用户的安全性**

访问 Oracle 数据库是以用户方式进行的。Oracle 通过系统权限、对象权限、概要文件以及对表空间的使用限制等方法,保证用户有足够的权限同时,控制用户不能具有更多不必要的权限,以此来维护数据库的安全性。

用户对数据库的安全性可分为两类,即系统安全性和数据安全性。

(1)系统安全性是指系统级控制用户对数据库的存取和使用机制。它包括以下四个方面:

①用户名与口令的组合:合法的用户名及口令。

②用户连接权限的设定:是否具有 CONNECT 权限。

③用户使用资源的限制:是否分配概要文件和表空间的限制。
④用户资源消耗的审计:利用审计跟踪用户的活动情况及统计系统资源的总消耗。
(2)数据安全性:是指对象级控制用户对数据库的存取和使用机制。它包括以下两方面:
①用户是否有创建对象的权限。
②用户是否有对象的增、删、查、改等操作权限。

### 2. 用户与方案

用户(User)是用来连接数据库访问数据库的,而方案(Schema,用户模式)是数据库对象的集合。用户是各种对象的所有者,方案是对象的组织形式。用户与方案是一一对应的,而且名字也完全相同,如图 8.7 所示。

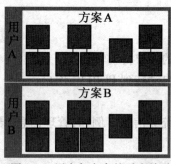

图 8.7 用户与方案的对应关系

当创建一个账户时,与之对应的方案也随之产生。当用户在该账户上创建了对象,那么方案中也有了相应的对象。访问对象有下列三个规则:
①对用户自己方案的对象,具有全部的操作权限。
②用户访问其他方案的对象时,要获得该对象的访问权限。
③访问其他方案的对象时,要冠上对方方案的名字。
下面是实际操作例子。

【例 8.27】 用户与模式的相关查询。

SQL > CONN jxc/jxc@ orcl

Connected to Oracle Database 11g Release 11.2.0.1.0

Connected as jxc@ orcl

SQL > GRANT SELECT ON t_spml TO scott;

Grant succeeded

SQL > CONN scott/tiger@ orcl

Connected to Oracle Database 11g Release 11.2.0.1.0

Connected as scott@ orcl

SQL > SELECT * FROM jxc.t_spml WHERE rownum < 4;

| SPBM | SPMC | SPGG | SPCD | JLDW | GHDW | XSJG | XXSL | ZFRQ |
|------|------|------|------|------|------|------|------|------|
| 3220031 | 鳄鱼恤钱夹 | | | 广州 | 个 | G30025 | 135.00 | 17 |
| 3220053 | 金利来钱夹 | | | 广州 | 个 | G30025 | 240.00 | 17 |
| 3230001 | 袋鼠包 | | | 广东 | 个 | G30025 | 87.00 | 17 |

例 8.27 中,首先以用户名 jxc 登入,并把对象 t_spml(商品目录)的 SELECT 权限授予了

scott 用户,然后再以用户名 scott 登入,查询了方案 jxc 的对象 t_spml。其中 WHERE rownum < 4 表示只查询三行记录。

**3. 系统预定义用户**

Oracle 11g 按缺省方式创建数据库时,创建了 30 多个用户。在这里主要介绍三个最常用的预定义用户。

(1) SYS 用户。

SYS 用户数据库最主要的用户,拥有除了全局队列用户角色(Global_Aq_User_Role)和文件管理角色(Wm_Admin_Role)和的权限的所有权限。SYS 用户的特点:

① 被授予 DBA 权限。
② 数据字典的所有者。
③ 只能用 SYSDBA 身份登入。
④ 任何以 SYSDBA 身份登入的用户自动转到 SYS 用户。
⑤ 以 SYSOPER 身份登入时,自动转到 PUBLIC 用户。

(2) SYSTEM 用户。

数据库的 DBA 用户,存放系统级信息。例如,管理信息、语句的选项、系统所需的工具等信息。SYSTEM 用户的特点:

① 被授予 DBA 权限。
② 数据库的 DBA。
③ 只能用 Normal 身份登入,即使用 SYSDBA 身份登入,也会自动转成 SYS 用户。

(3) scott 用户。

纯粹的学习用账户,即使被删除,也不会影响系统的正常运行。

### 8.4.2 创建用户

创建一个新用户要登入具有 DBA 权限用户。创建用户的同时,同名的方案也被创建。

**1. 创建用户语法**

语法描述:

CREATE USER user_name { IDENTIFIED BY password | IDENTIFIED EXETERNALLY }
　　[DEFAULT TABLESPACE tablespace_name]
　　[TEMPORARY TABLESPACE temptablespace_name]
　　[QUOTA { integer {K|M} | UNLIMITED } ON tablespace_name]
　　[PROFILES profile_name|DEFAULT]
　　[PASSWORD EXPIRE]
　　[ACCOUNT LOCK | ACCOUNT UNLOCK];

其中:

user_name:用户名。

password:用户口令。

IDENTIFIED EXETERNALLY:表示用户名在操作系统下验证。

tablespace_name:默认的表空间。

temptablespace_name：默认的临时表空间。
QUOTA {integer {K|M}|UNLIMITED} ON tablespace_name：可用的表空间的字节数。
PROFILES profile_name|DEFAULT：概要文件的名称,或者缺省概要文件。
PASSWORD EXPIRE：立即将口令设成过期状态,用户在登入前必须修改口令。
ACCOUNT LOCK | ACCOUNT UNLOCK：用户是否被加锁,在默认情况下是不加锁的。

创建用户时需要注意以下几点：

①新创建的用户没有任何权限,也不能进行任何操作。因此,至少直接授予 CONNECT 角色权限。
②最好采用数据库验证方式,不要采用操作系统验证方式。
③如果没有指定默认表空间,则系统把 SYSTEM 表空间作为用户的默认表空间。
④如果没有指定默认临时表空间,则系统把数据库的默认临时表空间作为用户的默认临时表空间。
⑤如果没有 Profile 选项,则用户自动把 Default Profile 分配给用户。
⑥临时表空间的段是系统自动分配的,没有必要为临时表空间指定配额。
⑦如果既没有 QUOTA 选项,又没有 Unlimited Tablespace 权限,用户则不能创建需要分配段的对象。
⑧具有 Unlimited Tablespace 权限的用户,即使有 QUOTA 选项,也是不起作用的。
⑨当给用户授予 Resource 或 Dba 角色权限同时,系统自动授予用户 Unlimited Tablespace 权限。
⑩当解除 Unlimited Tablespace 权限时,对表空间的配额也同时被解除,需重新分配表空间配额。

**2. 创建用户实例**

【例 8.28】 创建用户的过程。

```
SQL > CREATE USER n_user IDENTIFIED BY user_0501
        DEFAULT TABLESPACE users TEMPORARY TABLESPACE temp1
        QUOTA 500M ON users QUOTA 200M ON user_data1
        PROFILE u_profile PASSWORD EXPIRE；
Grant succeeded
```

例 8.28 创建了用户 n_user、口令 user_0501,默认表空间 users、临时表空间 temp1,表空间配额在 users 表空间可用 500 M,user_data1 表空间可用 200 M,概要文件分配了 u_profile,第一次登入要求更改口令。

### 8.4.3 维护用户

维护用户主要是指对用户的修改、删除和查询等操作。

**1. 修改用户**

利用 ALTER USER 语句可以对用进行修改操作。它主要是修改口令、默认表空间、临时表空间、表空间配额、概要文件、口令过期及是否锁账户等。

语法描述：

ALTER USER user_name { IDENTIFIED BY password | IDENTIFIED EXETERNALLY }

```
[ DEFAULT TABLESPACE tablespace ]
[ TEMPORARY TABLESPACE temptablespace ]
[ QUOTA { integer {K|M} | UNLIMITED } ON tablespace ] [ …… ]
[ PROFILES profile_name|DEFAULT ]
[ PASSWORD EXPIRE ]
[ ACCOUNT LOCK | ACCOUNT UNLOCK ]
[ DEFAULT ROLE { role_name[ ,role_name ]
               |ALL [ EXCEPT role_name[ ,role_name ] ]
               |NONE };
```

在上面的语法描述中,只有 DEFAULT ROLE 部分在创建语句中是没有的。DEFAULT ROLE 是为该用户设置缺省角色的。设置了缺省角色以后,每次登入时这些缺省角色自动有效,而没有设置为缺省角色的角色是不起作用的,也就是说处于禁用状态。

【例 8.29】 修改用户的过程

```
SQL> ALTER USER n_user identified by user_0601;
User altered                                           --修改口令
SQL> ALTER USER n_user PROFILE DEFAULT;
User altered                                           --重新分配概要文件
SQL> ALTER USER n_user QUOTA 200M ON users QUOTA 100M ON user_data1;
User altered                                           --表空间重新配额
SQL> ALTER USER n_user DEFAULT ROLE ALL;
User altered                                           --把所有的角色都作为缺省
SQL> ALTER USER n_user ACCOUNT UNLOCK;
User altered                                           --账户解锁
```

**2. 删除用户**

语法描述:

DROP USER user_name [ CASCADE ];

选项 CASCADE 是删除拥有对象的用户。如果用户的方案中建有对象时,不选 CASCADE 选项是删不掉的。另外正在访问中的用户是删不掉的。

【例 8.30】 删除用户 n_user。

```
SQL> DROP USER n_user CASCADE;
User dropped
```

**3. 查询用户**

查询用户数据字典视图比较多,把常用的并在前面章节未介绍过的列于表 8.8 中。

表 8.8 与用户相关的常用数据字典视图

| 视 图 | 用户身份 | 视图内容说明 |
| --- | --- | --- |
| DBA_USERS | DBA user | 数据库所有用户的详细信息 |
| DBA_TS_QUOTAS | DBA user | 数据库所有用户表空间配额(除了没有配额的用户) |
| ALL_USERS | ALL user | 数据库所有的用户名 |
| USER_USERS | ALL user | 当前用户的大概信息 |
| USER_TS_QUOTAS | ALL user | 当前用户在各个表空间的配额 |

【例8.31】 与用户相关的数据字典视图查询。
```
SQL > SELECT * FROM dba_users WHERE username = 'SYS';
USERNAME   ACCOUNT_STATUS   DEFAULT_TABLESPACE   TEMPORARY_TABLESPACE   PASSWORD_VERSIONS
--------   --------------   ------------------   --------------------   -----------------
SYS        OPEN             SYSTEM               G_1                    10G 11G
SQL > SELECT * FROM dba_ts_quotas;
TABLESPACE_NAME   USERNAME      BYTES       MAX_BYTES   BLOCKS   MAX_BLOCKS
---------------   --------      -----       ---------   ------   ----------
SYSAUX            OLAPSYS       3801088     -1          464      -1
SYSAUX            SYSMAN        94306304    -1          11512    -1
SYSAUX            FLOWS_FILES   0           -1          0        -1
SYSAUX            APPQOSSYS     0           -1          0        -1
SQL > SELECT * FROM user_users;
USERNAME ACCOUNT_STATUS EXPIRY_DATE DEFAULT_TABLESPACE TEMPORARY_TABLESPACE CREATED
-------- -------------- ----------- ------------------ -------------------- -------
SYS      OPEN           2012-9-5 18 SYSTEM             G_1                  2010-4-2 13
```

在例8.31的查询当中去掉了一些列。第一条语句中使用了条件查询,只查找了SYS用户的信息。第二条语句查出了带有表空间配额的用户。另外查询内容中"-1"代表无限制。

## 8.5 习题与上机实训

### 8.5.1 习题

1. 什么是权限?超级系统权限是哪些?
2. 什么是系统权限?什么是对象权限?
3. 系统权限有哪几类?对象权限有哪几类?
4. 什么是角色?简述角色的五个特点。
5. 举出五个系统预定义角色。
6. 什么是概要文件?概要文件限制管理有哪两类内容?
7. 用户的系统安全性包括哪几个方面?
8. 用户的数据安全性包括哪几个方面?
9. 简述用户与方案的关系。
10. 创建用户 my_user。

### 8.5.2 上机实训

**1. 实训目的**

数据库是通过用户的形式运行和应用的,用户的安全直接关系到数据库的安全。通过上机实训进一步了解权限机制,掌握系统权限、对象权限的概念和区别,如何利用角色方式授予用户。

①系统权限和对象权限的授予与回收方法。
②角色的组织与作用。
③创建用户并授予相应权限。

**2. 实训任务**

(1) 权限练习。

①系统权限。

登入 SYS 用户,为 jxc 用户授予创建和删除公用同义词权限。

登入 jxc 用户对表 t_spml 创建了公有同义词 S_spml。

登入 scott 用户查询 S_spml,最后删除公有同义词 S_spml。

收回授予 jxc 用户创建和删除公用同义词的权限。

②对象权限。

登入 jxc 用户,把表 t_spxsrb(商品销售日报)结构的修改权限授予了 xnps 用户。

把 jxc 用户的表 t_zgml(职工目录)的查询和创建索引的权限授予了所有的用户。

登入 xnps 用户,把表 t_khml(客户目录)中的列 khmc(客户名称)的修改权限授予用户 jxc。

收回上述授予的所有对象权限。

(2) 角色练习。

①查询 CONNECT、RESOURCE 权限。

②创建与删除角色。

登入 SYS 用户创建角色 my_role,并授予 CREATE VIEW、CREATE ANY INDEX 权限;

把角色授予 scott 用户,并登入 scott 用户,随意创建和删除 DEPT 与 EMP 视图;

删除上述所有创建的对象及收回所有权限。

(3) 概要文件。

参照例 8.23 创建概要文件 my_profile。

(4) 用户练习。

参照例 8.28 创建用户 my_user,并授予 CONNECT 和 RESOURCE 权限。

# 第 9 章 Oracle 数据库的启动与关闭

本章将介绍 Oracle 11g 用于数据库启动的参数文件和如何管理参数文件;数据库启动与关闭的过程;数据库启动与关闭的方法及数据库不同状态的特征及其转换。

## 9.1 管理初始化参数文件

在启动数据库的过程中,必须要提供一个准确的初始化参数文件,无论是文本参数文件还是服务器参数文件。下面首先来了解 Oracle 的初始化文件。

### 9.1.1 Oracle 初始化参数文件概述

在 Oracle 9i 之前,Oracle 使用的初始化参数文件(Text Initialization Parameter File,PFile)时,该文本文件的默认名称为 Init < SID > . ora,默认存放位置为 < OracleHome > \database。无论启动本地数据库还是远程数据库,都需要读取一个本地的初始化参数文件,并使用其中的设置来配置数据库和实例。因此如果要启动远程数据库,则必须在本地的客户机中保存一份文本初始化参数文件的副本。此外,文本初始化参数文件的修改必须通过管理员手动进行。虽然可以在数据库运行过程中执行 ALTER SYSTEM 语句来修改初始化参数,并且不需要重新启动数据库就可以生效,但是修改信息并不写入初始化参数文件中,下次启动数据库时依然使用原来的配置。如果要永久性修改某个初始化参数,则只能通过编辑初始化参数文件才能生效。

正是由于以上原因,在 Oracle 9i 之后的数据库中引入了服务器初始化参数文件(Server Parameter File,SPFile),但保留了 PFile。

服务器初始化参数文件是一个保存在数据库服务器端的二进制文件。如果管理员需要远程启动数据库实例,并不需要在客户机中保存一份初始化参数文件副本,实例会自动从服务器中读取服务器初始化参数文件。这样做的另一个优点是,确保同一个数据库的多个实例都具有相同的初始化参数设置。此外,如果在数据库的任何一个实例中执行 ALTER SYSTEM 语句对初始化参数进行了修改,那么在默认情况下(SCOPE = BOTH)都会永久地记录在服务器初始化参数文件中。当数据库下次启动时,这些修改会自动继续生效。

### 9.1.2 参数文件的作用

初始化参数文件在 Oracle 系统中起着关键的作用。在启动过程中,Oracle 根据初始化参数的设置分配 SGA,启动后台进程。数据库启动后,还是依据初始化参数设置运行数据库。

在启动数据库的过程中,必须要提供一个准确的初始化参数文件,无论是文本参数文件还是服务器参数文件。系统按照如下顺序寻找初始化参数文件:

①检查是否使用 PFile 参数指定了的文本初始化参数文件。

②如果没有使用 PFile 文件,则在默认位置寻找服务器初始化参数文件 SPFile。

③如果没有找到默认的服务器初始化参数文件 SPFile,则在默认位置寻找默认的文本初始化参数文件 PFile。

Oracle 9i 以后的 Oracle 版本,初始化参数文件有 SPfile 和 PFile,Oracle 在启动过程中也是按照这个顺序依次查找初始化参数文件。若最终没有找到,则数据库启动失败,同时 Alert_sid.log 报错。

Oracle 11g 的默认启动使用 SPFile 参数文件启动,当然也可以指定 PFile 参数文件来启动 Oracle。SPFile 文件名的格式为 SPFile<SID>.ora,而 PFile 文件名的格式为 Init<SID>.ora。注意:默认启动不访问磁盘 SPFile 文件。

利用文本编辑器来打开二进制形式的服务器参数文件,并查看相关的内容,但切不可在这里对此文件进行更改。若在这里直接进行更改,则会导致初始化参数文件损坏,以致数据库无法正常启动。要更改服务器参数文件,最好是将其转换为 PFile 文件后再进行更改。更改完成后直接使用文本参数文件启动或者转换为服务器参数文件再启动数据库系统。

另外,通过命令来直接进行更改参数文件。通过命令对参数所做的任何更改,在数据库关闭后会被保存在服务器的初始化文件中。为此,数据库管理员不用担心数据库重新启动后参数丢失的问题。

两个参数文件 Pfile 和 SPfile 可以相互创建,创建默认目录为 $Oracle_HOME\database。

创建 SPFile:CREATE SPFile FROM PFile;

创建 PFile:CREATE PFile FROM SPFile;

### 9.1.3 导出服务器参数文件

在数据库安装部署完成之后或者对初始化参数文件进行修改之前,管理员都需要对参数文件进行备份。无论是服务器参数文件还是文本参数文件,这个备份都是避免不了的。因为任何数据库管理员都不能保证以后这个参数文件是否会出现损坏的情况。对服务器参数文件或者文本参数文件进行备份是提高数据库安全的一个重要举措。

由于不能通过文本编辑器直接对二进制的服务器参数文件进行更改,数据库管理员往往会将服务器参数文件利用数据库提供的命令将其转换为文本文件进行更改。最后再将其转换为服务器参数文件。在导出数据库服务器参数文件时,需要注意以下几点:

①需要具有相关的权限。根据 Oracle 数据库的要求,如果要导出数据库服务器参数文件,则必须需要数据库的 SYSDBA 或者 SYSOPER 权限。如果用户没有类似权限,那么在利用命令导出服务器参数文件过程中,会出现"权限不足"的错误提示。

②可以直接利用 CREATE PFile FROM SPFile 命令,将服务器参数文件导出为文本文件。在导出时,不要关闭原有的例程。如果没有指定目录与名称,则数据库会把它存放在默认的目录中。有时为了方便起见,可以在命令中指定存储的路径。指定路径需要采用" = "和"'",如采用 PFile = '路径名'的形式。

例如,导出文本初始化参数文件的语句为:

```
SQL > CREATE PFile = 'D:\app\product\11.2.0\dbhome_1\database\InitORCL.ora'
         FROM SPFile;
```

③在导出过程中,服务器还会将原先二进制文件中的一些行注释也导出到文本文件中,以方便管理员进行略读。同理,在将文本文件转换为二进制的服务器参数文件时,也会将行注释存储在二进制文件中。不过只保存行注释,而不会保存其他注释。所以在初始化参数文件中编写注释时,最好采用行注释。

### 9.1.4 创建服务器初始化参数文件

当服务器参数文件出现损坏而无法启动数据时,就有可能需要重新创建服务器参数文件。服务器参数文件是无法手工编辑与创建的,为此必须通过文本参数文件来创建服务器参数文件。为了在服务器参数文件出现损坏时有一个补救,最好在平时将服务器参数文件进行备份,或者将其导出为文本参数文件。

注意:创建服务器初始化文件,必须在实例启动之前进行。

创建服务器初始化参数文件的基本步骤为:

①创建一个文本初始化参数文件,文件中包含所有参数设置,并将该文件放在数据库服务器上。

②以 SQLPLUS /nolog 连接到 Oracle 数据库。

③利用文本初始化参数文件创建服务器初始化参数文件。

利用文本初始化参数文件创建服务器初始化参数文件的语法为:

CREATE SPFile[ = 'path\filename'] FROM PFile[ = 'path\filename'];

其中,SPFile 子句指定创建的服务器初始化参数文件的名称及存放路径。如果省略该参数设置,则新建的 SPFile 名称和存放位置为默认值,即文件名为 SPFile < SID > .ora,存放位置为 < ORACLE HOME > \database 目录。PFile 子句指出文本初始化参数文件的名称和位置,若 PFile 使用默认名称并放在默认位置,则可以省略该文件的名称和位置。

例如,文本初始化参数文件创建服务器初始化参数文件的语句为:

```
SQL > CREATE SPFile FROM PFile = 'D:\Oracle\admin\orcl\PFile\initORCL.ora';
```

在执行 CREATE SPFile 语句时不能启动数据库实例。如果已经启动了数据库实例,则系统会提示错误信息 ORA - 32002:无法创建已由实例使用的 SPFile。

### 9.1.5 修改初始化参数文件

修改 SPFile 参数可通过 CREATE SPFile 语句重新创建初始化参数,也可以在数据库运行过程中,利用 ALTER SYSTEM 语句对初始化参数值进行修改。

**1. 通过文本编辑器修改初始化参数**

修改 PFile 参数:可用文本编辑器直接修改 Init < SID > .ora,并使用 PFile 参数重新启动数据库才能生效。

**2. 在命令下修改初始化参数**

ALTER SYSTEM 语句的语法格式为:

ALTER SYSTEM SET parameter_name = value SCOPE = {SPFile|MEMORY|BOTH};

SCOPE 参数有三个选项：

(1) MEMORY：修改只对当前运行的实例有效。

对参数的修改仅记录在内存中，只适合动态参数的修改，修改后立即生效。由于修改结果并不会保存到服务器初始化参数文件中，因此下一次启动数据库实例时仍然采用修改前的参数设置。

(2) SPFile：修改 SPfile 设置。

对参数的修改仅记录在服务器初始化参数文件中，对动态参数和静态参数都适用，修改后的参数在下一次数据库启动时生效。

(3) BOTH：同时修改了 SPfile 和当前实例。

对参数的修改同时保存到服务器初始化参数文件和内存中，只适合对动态参数的修改，更改后立即生效，并且下一次启动数据库实例时将使用修改后的参数设置。当执行 ALTER SYSTEM 语句时，如果没有指定 SCOPE 子句，那么 Oracle 默认将 SCOPE 设置为 BOTH。

注意：在修改静态参数时必须得指定 SPfile 参数，否则会报错，即修改静态参数时 SCOPE 参数不允许为 BOTH。

### 9.1.6 查看初始化参数设置

初始化文件可以通过以下方法查看参数的设置情况。

(1) SHOW PARAMETERS 命令。

在 SQL * Plus 中使用该命令可以查看当前数据库实例正在使用的所有参数或某个参数的参数值。例如：

```
SQL > SHOW PARAMETERS
```

| NAME | TYPE | VALUE |
| --- | --- | --- |
| ldap_directory_sysauth | string | no |
| license_max_sessions | integer | 0 |
| license_max_users | integer | 0 |
| license_sessions_warning | integer | 0 |
| listener_networks | string | |
| local_listener | string | LISTENER_ORCL |

……

```
SQL > SHOW PARAMETERS db file
```

| NAME | TYPE | VALUE |
| --- | --- | --- |
| db_16k_cache_size | big integer | 0 |
| db_2k_cache_size | big integer | 0 |
| db_32k_cache_size | big integer | 0 |
| db_4k_cache_size | big integer | 0 |
| db_8k_cache_size | big integer | 0 |
| db_block_buffers | integer | 0 |

……

(2) V $ parameter 或 V $ spparameter。

在 SQL*Plus 中，查询 V$parameter 或 V$spparameter 动态性能视图可以得到当前数据库实例正在使用的参数的设置情况。例如：

SQL> SELECT NAME,VALUE FROM V$parameter WHERE NAME='db_files';
NAME                VALUE
────────────────    ──────
db_files            200

（3）CREATE PFILE。

使用 CREATE PFILE 语句将二进制的服务器初始化参数文件导出为可读的文本初始化参数文件，可以查看初始化参数文件中所有参数的设置情况。

（4）V$spparameter。

在 SQL*Plus 中查询 V$spparameter 动态性能视图，可以查看包含在服务器初始化参数文件中的所有初始化参数的设置情况。

SQL> SELECT NAME,VALUE FROM V$spparameter;

## 9.2 关于 SYS 用户

SYS 是数据库内置的超级用户，数据库内有很多重要的内容（如数据字典表、内置包、静态数据字典视图等）都属于这个用户，SYS 用户必须以 SYSDBA 身份登入。

SYS 是数据库中具有最高权限的数据库管理员，可以启动、修改和关闭数据库，拥有数据字典。SYSTEM 是一个辅助的数据库管理员，不能启动和关闭数据库，但可以进行其他一些管理工作，如创建用户、删除用户等。

### 9.2.1 Oracle 登入身份

当用户登入数据库时，以什么身份登入决定了用户所有的系统权限。登入数据库的身份有 Normal、SYSDBA、SYSOPER 三种。

（1）Normal。

普通用户身份，只有通过被授权（GRANT）之后才可以对数据库进行操作。

（2）SYSOPER。

数据库操作员身份，登入后用户是 PUBLIC。主要权限：

①打开/关闭数据库服务器。

②备份/恢复数据库。

③日志归档/会话限制。

（3）SYSDBA。

数据库管理员身份。SYSDBA 拥有特殊权限，登入后用户是 SYS，而且只有 SYS 用户才能登入 SYSDBA。主要权限：

①打开/关闭数据库服务器。

②备份/恢复数据库。

③日志归档/会话限制。

④创建/管理数据库。

### 9.2.2 SYS 用户口令验证方法

**1. 数据库身份认证**

数据库用户口令以加密方式保存在数据库内部,当用户连接数据库时必须输入用户名和口令,通过数据库认证后才可以登入数据库。验证过程如图9.1所示。

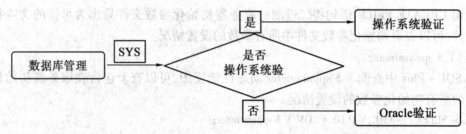

图 9.1 SYS 用户口令验证

**2. 外部身份认证**

当使用外部身份认证时,用户的账户由 Oracle 数据库管理,但口令管理和身份验证由外部服务完成。外部服务可以是操作系统或网络服务。当用户试图建立与数据库的连接时,数据库不会要求用户输入用户名和口令,而从外部服务中获取当前用户的登入信息。

在 Windows 操作系统下 SYS 口令验证是操作系统进行的。方法如下:
①操作系统用户是管理员账户,一般为 Administrator。
②安装数据库时在操作系统中自动创建了用户组 ORA_DBA,该组特权是:
Menbers can connect to the Oracle Database as a DBA without a password。
③该操作系统用户属于 ORA_DBA 组。
满足以上三条时登入 SYS 用户,按操作系统验证不用输入口令。

**3. 全局身份认证**

当用户试图建立与数据库连接时,Oracle 使用网络中的安全管理服务器(Oracle Enterprise Security Manager)对用户进行身份认证。Oracle 的安全管理服务器可以提供全局范围内管理数据库用户的功能。

### 9.2.3 SYS 用户的登入方法

**1. 本地 SYS 用户登入的情况**

①检查初始化文件的参数 REMOTE_LOGIN_PASSWORDFILE 设置为 EXCLUSIVE。即:
REMOTE_LOGIN_PASSWORDFILE = EXCLUSIVE
其中:Init<SID>.ora 文件在<Oracle_HOME 主目录>\Database\。
　　EXCLUSIVE 表示仅有一个实例可以使用口令文件。
②检查在<ORACLE>\network\admin\ 目录下查看 Sqlnet.ora。
默认值为:
SQLNET.AUTHENTICATION_SERVICES = (NTS)

NAMES.DIRECTORY_PATH = (TNSNAMES, EZCONNECT)

此时本地 SYS 用户的认证方式为系统外部身份认证,即可以 conn /as sysdba 方式登入,不检查口令文件。

修改 Sqlnet.ora 文件中设置,在下列行前加上#号：
#SQLNET.AUTENTICATION_SERVICES = (NTS)

其中,#号代表注销操作系统方式验证的语句。

则本地 SYS 用户必须以 SQLPLUS SYS/××××× AS SYSDBA 方式登入。

此时本地 SYS 用户认证方式为口令认证,需要检查口令文件,口令文件名格式为 ORAPW <SID>。如口令文件丢失,则报 Ora-01031。

**2. 远程 SYS 用户登入的情况：**

远程 SYS 用户登入,一律以 SQLPLUS SYS/×××××@orcl AS SYSDBA 的方式登入(无论服务器端 Sqlnet.ora 中如何设置)。

注意：如果初始化参数 remote_login_passwordfile 设置为 NONE,Sqlnet.ora 中的默认设置为 #SQLNET.AUTENTICATION_SERVICES = (NTS),此时远程 SYS 用户无法登入。

### 9.2.4　SYS 用户口令验证方法

上面我们已经说过,在 Oracle 数据库系统中,用户如果要以特权用户身份(SYSDBA)登入,Oracle 数据库则可以有两种身份验证的方法：即使用与操作系统集成的身份验证或使用 Oracle 数据库的口令文件进行身份验证。因此,管理好口令文件,对于控制授权用户从远端或本机登入 Oracle 数据库系统、执行数据库管理工作具有重要的意义。

**1. 创建口令文件**

Oracle 数据库的口令文件存放有超级用户 SYS 的口令及其他特权用户的用户名/口令,它一般存放在 <Oracle_HOME>\database 目录下。

Oracle 创建一数据库实例时,在 <Oracle_HOME>\database 目录下还自动创建了一个与之对应的口令文件,文件名为 PWD<SID>.ora,其中 <SID> 代表相应的 Oracle 数据库系统标识符。此口令文件是进行初始数据库管理工作的基础。在此之后,管理员也可以根据需要,使用工具 ORAPWD.EXE 手工创建口令文件,命令格式如下：

C:\> ORAPWD FILE = filename PASSWORD = password ENTRIES = max_users

其中各命令参数的含义为：

filename：口令文件名。

password：设置 INTERNAL/SYS 账号的口令。

max_users：口令文件中可以存放的最大用户数,对应于允许以 SYSDBA/SYSOPER 权限登入数据库的最大用户数。由于在以后的维护中,若用户数超出此限制,则需要重建口令文件,所以此参数可以根据需要设置得大一些。

有了口令文件之后,需要设置初始化参数 REMOTE_LOGIN_PASSWORDFILE 来控制口令文件的使用状态。

**2. 设置初始化参数 REMOTE_LOGIN_PASSWORDFILE**

在 Oracle 数据库实例的初始化参数文件中,此参数控制着口令文件的使用及其状态。它可以有以下几个选项：

①NONE：指示 Oracle 系统不使用口令文件，特权用户的登入通过操作系统进行身份验证；此时不能使用任何口令文件来登入数据库，只能在本地通过操作系统认证来起停数据库，远程 SYSDBA 登入是不被允许的，即使有口令文件。这样类似在别的机器上使用 SQLPLUS SYS/Oracle@ orcl AS SYSDBA 语句的登入都会报错。

②EXCLUSIVE：指示只有一个数据库实例可以使用此口令文件。只有在此设置下的口令文件可以包含有除 SYS 以外的用户信息，即允许将系统权限 SYSOPER/SYSDBA 授予除 SYS 以外的其他用户。

③SHARED：指示可有多个数据库实例可以使用此口令文件。在此设置下只有 SYS 账号能被口令文件识别，即使文件中存有其他用户的信息，也不允许他们以 SYSOPER/SYSDBA 的权限登入。如果本地没有口令文件或者口令文件丢失，也是不能登入成功的，此时可以使用 ORAPWD 重新创建口令文件。当 REMOTE_LOGIN_PASSWORDFILE = SHARED 时，更改 SYS 用户口令是不被允许的。

在 REMOTE_LOGIN_PASSWORDFILE 参数设置为 EXCLUSIVE、SHARED 的情况下，Oracle 系统搜索口令文件的次序为：在系统注册库中查找 ORA_SID_PWFILE 参数值（它为口令文件的全路径名）；若未找到，则查找 ORA_PWFILE 参数值；若仍未找到，则使用缺省值 < ORACLE _HOME > \database\PWD < SID > . ora，其中 SID 代表相应的 Oracle 数据库系统标识符。

当初始化参数 REMOTE_LOGIN_PASSWORDFILE 设置为 EXCLUSIVE 时，系统允许除 SYS 以外的其他用户以管理员身份从远端或本机登入到 Oracle 数据库系统，执行数据库管理工作；这些用户名必须存在于口令文件中，系统才能识别它们。由于不管是在创建数据库实例时自动创建的口令文件，还是使用工具 ORAPWD. EXE 手工创建的口令文件，都只包含 SYS 用户的信息，为此在实际操作中，可能需要向口令文件添加或删除其他用户账号。

由于仅被授予 SYSOPER/SYSDBA 系统权限的用户才存在于口令文件中，所以当向某一用户授予或收回 SYSOPER/SYSDBA 系统权限时，他们的账号也将相应地被加入到口令文件或从口令文件中删除。由此，向口令文件中增加或删除某一用户，实际上也就是对某一用户授予或收回 SYSOPER/SYSDBA 系统权限。

### 9.2.4 SYS 用户口令修改

修改 SYS 用户口令的方法很多，下面介绍三种方法：

(1)重新创建口令文件。

在 Oracle 验证 SYS 口令方式下，丢失口令将无法启动数据库。在 < Oracle_Home > \database 中，删除口令文件 WPD < sid > . ora，通过命令 Orapwd 重新创建口令文件。

C:\ > ORAWPS FILE = 路径\pwd < sid > PASSWORD = 新口令 ENTRIES = n

其中 PWD < sid > . ora 中的 < sid > 是数据库名。

ENTRIES 是可以保存的记录个数。

C > ORAWPS FILE = oracle\database\wpdoracle. ora PASSWORD = sys11 ENTRIES = 15

(2)方法 2：使用管理员用户进行口令更改。

SQL > ALTER USER SYS IDENTIFIED BY sys11；

SQL > ALTER USER SYSTEM IDENTIFIED BY sys11；

SQL > GRANT CONNECT TO SYS IDENTIFIED BY sys11；
SQL > GRANT CONNECT TO SYSTEM IDENTIFIED BY sys11；
(3)方法3：PASSWORD SYSTEM方式。
SQL > PASSWORD SYSTEM：需输入旧口令及两次新口令

## 9.3 Oracle 数据库的启动

### 9.3.1 Oracle 数据库的启动步骤

Oracle 数据库的启动过程是分步骤完成的,主要包含以下三个步骤：启动实例、加载数据库和打开数据库。

**1. 创建并启动与数据库对应的实例(Start An Instance)——NOMOUNT**

在启动实例时,将为实例创建一系列后台进程,并且在内存中创建 SGA 区等内存结构。在实例启动的过程中只会使用到初始化参数文件,数据库是否存在对实例的启动没有影响。如果初化参数设置有误,实例则无法启动。

具体过程：
①读取参数文件(SPFile 或 PFile)。
②Oracle 根据参数文件中的参数,分配系统全局区(SGA)。
③启动后台进程(如 DBWR 数据库写进程、LGWR 志写进程、CKPT 检查点进程、SMON 系统监控进程、PMON 进程监控进程等)。SGA 和后台进程组成了 Oracle 实例(Oracle Instance)。参数文件(SPFile 或 PFile)还指定了控制文件(Control File)的位置。

**2. 为实例加载数据库(Mount The Database)——MOUNT**

加载数据库时,实例将打开数据库的控制文件(Control File),从控制文件中获取数据库名称、数据文件(Data File)和联机日志文件(Redo Log File)的位置和名称等有关数据库物理结构的信息,为打开数据库做好准备。这时,Oracle 已经把实例和数据库关联起来。对于普通用户,数据库还是不可访问。

如果控制文件损坏,则实例将无法加载数据库。在加载数据库阶段,实例并不会打开数据库的数据文件和重做日志文件。

**3. 将数据库设置为打开状态(Open The Database)——OPEN**

打开数据库时,实例将打开所有处于联机状态的数据文件和重做日志文件。若控制文件中的任意一个数据文件或重做日志文件无法正常打开,数据库都将返回错误信息。只有将数据库设置为打开后,才处于正常状态,这时普通用户才能够访问数据库。

在有些情况下,启动数据库时并不是直接完成上述三个步骤,而是分步完成,在启动过程中可执行一些管理操作,然后才使数据库进入正常运行状态。所以也有了各种不同的启动模式。

### 9.3.2 在 SQL * Plus 中启动数据库

在 SQL * Plus 中启动数据库的基本语法格式是：

STARTUP ［NOMOUNT|MOUNT|OPEN|FORCE］［RESTRICT］．［PFile = filename］

### 1. STARTUP NOMOUNT

非安装启动。在这种方式下启动数据库，将读取数据库初始化参数文件，创建并启动数据库实例。此时，用户可以与数据库通信，查询与 SGA 区相关的数据字典视图，但不能使用数据库中的任何文件。在 NOMOUNT 模式下用户可以重建控制文件、重建数据库。

### 2. STARTUP MOUNT ［<dbname>］

安装启动。在这种方式下，先启动数据库实例，然后根据初始化参数中的 Control_Files 参数找到数据库的控制文件，从控制文件获取数据库的物理结构信息，确认数据文件和联机日志文件的位置，实现数据库的装载。此时，用户不仅可以查询与 SGA 相关的数据字典视图，也可以访问与控制文件相关的数据字典视图。

用户在这种方式启动下可执行的操作有如下几种：

①数据库日志归档。
②数据库介质恢复。
③使数据文件联机或脱机。
④重新定位数据文件，重做日志文件。

### 3. STARTUP ［OPEN ［<dbname>］］

在这种方式下，数据库执行了"NOMOUNT"和"MOUNT"两个步骤，并完成数据库打开。此时，任何具有 Create Session 权限的用户都可以连接到数据库，并进行基本的数据访问操作。这种方式等同于执行了以下三个命令：

①STARTUP NOMOUNT；②ALTER DATABASE MOUNT；③ALTER DATABASE OPEN。

### 4. STARTUP RESTRICT

约束方式启动。在这种方式下，只有具有 Create Session 和 Restricted Session 系统权限的用户才可以连接数据库。非特权用户访问时，会出现以下提示：

ERROR：ORA -01035：Oracle 只允许具有 Restricted Session 权限的用户使用。

下列操作需要使用 STARTUP RESTRICTED 方式启动数据库：

①执行数据库数据的导出或导入操作。
②执行数据装载操作。
③暂时阻止普通用户连接数据库。
④进行数据库移植或升级操作。

### 5. STARTUP FORCE

强制启动方式。用于当各种启动模式都无法成功启动数据库时采用。在这种方式下，先关闭数据库，再执行正常启动数据库命令。

在下列情况下，需要使用 STARTUP FORCE 命令启动数据库：

①无法使用 SHUTDOWN NORMAL、SHUTDOWN IMMEDIATE 或 SHUTDOWN TRANSAC-TION 语句关闭数据库实例时。
②在启动实例时出现无法恢复的错误时。

### 6. STARTUP PFile = 参数文件名

带初始化参数文件的启动方式。先读取参数文件，再按参数文件中的设置启动数据库。

STARTUP PFile = E:\Oracle\admin\oradb\pfile\init<SID>.ora

下面通过实例看看在各种模式下启动数据库。

【例9.1】 以 SQL * Plus 为例，分步骤启动数据库。

首先我们用 SQL * Plus 来连接到 Oracle。

C:> SQLPLUS /nolog

SQL> CONNECT /AS SYSDBA

注意：SQLPLUS /nolog 是以不连接数据库的方式启动 SQL * Plus；CONNECT /AS SYSDBA 是以 DBA 身份连接到 Oracle。

①在 SQLPLUS 中执行。

SQL> STARTUP NOMOUNT

Oracle 例程已经启动。

| | |
|---|---|
| Total System Global Area | 535662592 bytes |
| Fixed Size | 1375792 bytes |
| Variable Size | 255853008 bytes |
| Database Buffers | 272629760 bytes |
| Redo Buffers | 5804032 bytes |

此时启动例程，Oracle 实例已经被创建，数据库处于 NOMOUNT 状态。

②改变数据库到 MOUNT 状态。

SQL> ALTER DATABASE MOUNT;

数据库已更改。

③打开数据库。

SQL> ALTER DATABASE OPEN;

数据库已更改。

此时数据库打开，数据库启动完成，用户可以正常连接数据库，可执行数据库操作。

【例9.2】 使用 STARTUP RESTRICT 命令启动数据库。

SQL> STARTUP RESTRICT

ORACLE 例程已经启动。

| | |
|---|---|
| Total System Global Area | 535662592 bytes |
| Fixed Size | 1375792 bytes |
| Variable Size | 255853008 bytes |
| Database Buffers | 272629760 bytes |
| Redo Buffers | 5804032 bytes |

数据库装载完毕。

数据库已经打开。

使用 ALTER SYSTEM Disable Restricted Session 命令即可以将受限状态改变为非受限状态。

SQL> ALTER SYSTEM Disable Restricted Session;

系统已更改。

使用 ALTER SYSTEM Enable Restricted Session 命令可以将非受限状态变为受限状态。

SQL> ALTER SYSTEM Enable Restricted Session;

系统已更改。

## 9.4 数据库关闭

Oracle 数据库的关闭也要经历三个阶段：
①关闭数据库(Close the Database)。
②卸载数据库(Unmount the Database)。
③关闭实例(Shut Down the Instance)。

关闭数据库时，Oracle 首先把 SGA 中的数据写到数据文件和联机日志文件中。然后 Oracle 关闭所有的数据文件和联机日志文件。此时，数据库已经不可以被访问。

数据库第一阶段完成之后，Oracle 将分离数据库和实例之间的关系，这个阶段称为卸载数据库或者 Unmount 数据库。这个阶段实例仍然在内存中，但控制文件被关闭。

关闭实例是关闭数据库的最后一个阶段，这个阶段 Oracle 将从内存中移出 SGA 和终止正在进行的后台进程(Background Processes)。至此，数据库关闭已经完成。

### 9.4.1 数据库的关闭方式

**1. Nomal(正常关闭方式)**

命令：SHUTDOWN Nomal

在此方式下正常方式关闭数据时，Oracle 执行如下操作：
①阻止任何用户建立新的连接。
②等待当前所有正在连接的用户主动结束事务，退出数据库断开连接。
③若所有的用户都断开连接，则立即关闭、卸载数据库，并终止实例。

以正常方式关闭数据库时，应通知所有在线的用户尽快断开连接。这是最慢的关闭方式。

**2. IMMEDIATE(立即关闭方式)**

命令：SHUTDOWN IMMEDIATE

在此种方式下正常方式关闭数据时，Oracle 执行如下操作：
①阻止任何用户建立新的连接，同时阻止当前连接的用户开启任何新的事务。
②Oracle 不等待在线用户主动断开连接，强制终止用户的当前事务，将撤销任何未提交的事务。如果此时存在太多未提交的事务，将会耗费很长时间终止和回退事务。
③直接关闭、卸载数据库，并终止实例。

以 IMMEDIATE 方式关闭数据库不需要实例恢复，是最安全的关闭方式。推荐使用这种方式关闭数据库。

**3. TRANSACTIONAL(事务关闭方式)**

命令：SHUTDOWN TRANSACTIONAL

这种方式介于正常关闭方式与立即关闭方式之间，响应时间会比较快，处理也将比较得当。执行过程如下：
①阻止任何用户建立新的连接，同时阻止当前连接的用户开启任何新的事务。
②等待所有未提交的活动事务提交完毕，然后立即断开用户的连接。

③直接关闭、卸载数据库,并终止实例。

这种关闭方式不会使客户端的数据丢失。这种关闭方式不需要实例恢复,但关闭速度没有 IMMEDIATE 方式快。

**4. ABORT(终止关闭方式)**

命令:SHUTDOWN ABORT

这是比较粗暴的一种关闭方式,当前面三种方式都无法关闭时,可以尝试使用终止方式来关闭数据库。但是以这种方式关闭数据库将会丢失一部分数据信息,当重新启动实例并打开数据库时,后台进程 SMON 会执行实例恢复操作。一般情况下,应当尽量避免使用这种方式来关闭数据库。执行过程如下:

①阻止任何用户建立新的连接,同时阻止当前连接的用户开启任何新的事务。

②立即终止当前正在执行的 SQL 语句。

③任何未提交的事务均不被撤销,直接中断数据丢失。

④直接断开所有用户的连接,关闭、卸载数据库,并终止实例。

只有数据库出现问题时,才使用这种方式关闭数据库。这是关闭数据库最快的一种方式。

【例 9.2】 以 SQL * Plus 为例,关闭数据库。

①首先我们采用正常方式关闭数据库。

SQL > SHUTDOWN NORMAL

数据库已经关闭。

已经卸载数据库。

Oracle 例程已经关闭。

②重新启动数据库。

SQL > STARTUP

Oracle 例程已经启动。

| | |
|---|---|
| Total System Global Area | 535662592 bytes |
| Fixed Size | 1375792 bytes |
| Variable Size | 201327056 bytes |
| Database Buffers | 327155712 bytes |
| Redo Buffers | 5804032 bytes |

数据库装载完毕。

数据库已经打开。

③用立即关闭方式关闭数据库。

SQL > SHUTDOWN IMMEDIATE

数据库已经关闭。

已经卸载数据库。

ORACLE 例程已经关闭。

④重新启动后,用终止关闭方式关闭数据库。

SQL > SHUTDOWN ABORT

Oracle 例程已经关闭。

数据库历程直接关闭。

## 9.4.2 使用 DOS 命令启动和关闭监听器

Oracle 监听进程接受远程对数据库的接入申请并转交给 Oracle 的服务器进程。所以如果不是使用远程的连接,Listener 进程就不是必需的,同样如果关闭 Listener 进程,则不会影响已经存在的数据库连接。Listener.ora 是监听器进程的配置文件。监听器启动可以使用 DOS 命令,也可以利用 Windows 的服务管理。

【例 9.3】 通过 LSNRCTL.EXE 启动监听器。

D:\> LSNRCTL START

LSNRCTL for 32 – bit Windows:Version11.2.0.1.0 – Production on 12 – 9 月 2012 16::22:20

Copyright (c)1991,2010,Oracle. All rights reserved.

启动 tnslsnr:请稍候...

TNSLSNR for 32 – bit Windows:Version 11.2.0.1.0 – Production

系统参数文件为 D:\app\product\11.2.0\dbhome_1\network\admin\listener

写入 d:\app\diag\tnslsnr\lll\listener\alert\log.xml 的日志信息

监听:(DESCRIPTION = (ADDRESS = (PROTOCOL = ipc)(PIPENAME = \\.\pipe\EXTPRO

监听:(DESCRIPTION = (ADDRESS = (PROTOCOL = tcp)(HOST = 127.0.0.1)(PORT = 152

正在连接到 (DESCRIPTION = (ADDRESS = (PROTOCOL = IPC)(KEY = EXTPROC1521)))

LISTENER 的 STATUS

------------------------

| | |
|---|---|
| 别名 | LISTENER |
| 版本 | TNSLSNR for 32 – bit Windows:Version 11.2. |
| 启动日期 | 12 – 9 月 – 2012 16:22:25 |
| 正常运行时间 | 0 天 0 小时 0 分 1 秒 |
| 跟踪级别 | off |
| 安全性 | ON:Local OS Authentication |
| SNMP | OFF |
| 监听程序参数文件 | D:\app\product\11.2.0\dbhome_1\network\ad |
| 监听程序日志文件 | d:\app\diag\tnslsnr\lll\listener\alert\lo |

监听端点概要...

  (DESCRIPTION = (ADDRESS = (PROTOCOL = ipc)(PIPENAME = \\.\pipe\EXTPROC152

  (DESCRIPTION = (ADDRESS = (PROTOCOL = tcp)(HOST = 127.0.0.1)(PORT = 1521)))

服务摘要...

服务 "CLRExtProc" 包含 1 个实例。

  实例 "CLRExtProc",状态 UNKNOWN,包含此服务的 1 个处理程序...

服务 "orcl" 包含 1 个实例。

  实例 "orcl",状态 UNKNOWN,包含此服务的 1 个处理程序...

命令执行成功。

此时,监听器正常启动。

【例 9.4】 通过 LSNRCTL.EXE 关闭监听器。

C:\> LSNRCRI STOP

LSNRCTL for 32 – bit Windows:Version11.2.0.1.0 – Production on 12 – 9 月 – 2012 19:00:44

Copyright (c)1991,2010,Oracle. All rights reserved.

正在连接到(DESCRIPTION = (ADDRESS = (PROTOCOL = IPC)(KEY = EXTPROC1521)))
命令执行成功
此时,监听器正常关闭。

### 9.4.3 利用Windows服务启动和关闭数据库

在Windows操作系统下安装Oracle 11g时会安装很多服务,并且其中一些配置在Windows启动时启动。运行Oracle会消耗很多资源,并且有些服务可能我们并不需要。我们可以通过Windows控制台来启动和关闭数据库。点击桌面【我的电脑】→【管理】→【服务】启动服务控制台,如图9.2所示。

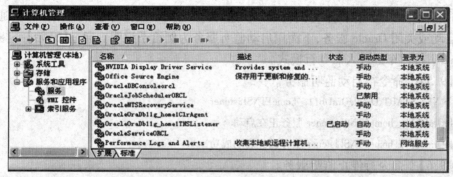

图9.2  Windows服务控制台

**1. Oracle服务**

下面列出一些常用服务,这里的SID代表数据库标识,HOME_NAME代表Oracle Home名称,如OraHome92、OraDb11g_home1等。

(1) OracleService < SID >。

数据库服务,这个服务会自动地启动和停止数据库。如果安装了一个数据库,它的缺省启动类型为自动,默认安装SID = ORCL,服务进程为ORACLE.EXE。

(2) Oracle < HOME_NAME > TNSListener。

监听器服务只有在数据库需要远程访问时才需要(无论是通过另外一台主机还是在本地通过Oracle * Net 网络协议,都属于远程访问)。不用这个服务只可以访问本地数据库,它的缺省启动类型为自动,HOME_NAME = OraDb11g_home1。服务进程为TNSLSNR.EXE,参数文件为Listener.ora,日志文件为Listener.log,控制台为LSNRCTL.EXE,默认端口为1521、1526。

**2. Oracle服务的启动与关闭**

我们可以通过Windows图形界面就可以快速、完全地关闭数据库。先启动Windows服务控制台,然后通过"启动"、"停止"按钮,开启后停止Oracle服务。

找到要启动的Oracle服务,启动OracleServiceORCL服务,如图9.3所示。

图 9.3 启动 OrcaleServiceORCL 服务

有时不使用 Windows 图形界面就可以快速、完全地关闭数据库会很有用。可以通过 NET 命令来启动或关闭 Oracle 服务,下面用启动监听服务为例给予说明。通过【开始】→【运行】中输入"cmd",按回车键进入命令行模式。

【例 9.5】 命令行启动监听服务。

C:\ > NET START OracleOraDb11g_home1TNSListener

OracleOraDb11g_home1TNSListener 服务正在启动

OracleOraDb11g_home1TNSListener 服务已经启动成功

【例 9.6】 命令行停止监听服务。

在命令行模式输入:

C:\ > NET STOP OracleOraDb11g_home1TNSListener

OracleOraDb11g_home1TNSListener 服务正在停止

OracleOraDb11g_home1TNSListener 服务已成功停止

我们可以将启动、停止服务的操作写在一个批处理文件中方便使用。下面写一个启动及停止 Oracle 11g 服务的批处理文件内容,Oracle 实例名称以 orcl 为例。

【例 9.7】 启动 Oracle 11g 相关服务的批处理。

@ ECHO OFF

@ ECHO 启动 Oracle11g 服务

NET START "OracleOraDb11g_home1TNSListener"

NET START "OracleServiceORCL"

@ ECHO 启动完毕 按任意键继续

PAUSE

EXIT

【例 9.8】 停止 Oracle 11g 相关服务的批处理。

@ ECHO OFF

@ ECHO 停止 Oracle 11g 服务

NET STOP "OracleOraDb11g_home1TNSListener"

NET STOP "OracleServiceORCL"

@ ECHO 停止完毕 按任意键继续

PAUSE

EXIT

## 9.5 习题与上机实训

### 9.5.1 习题

1. Oracle 数据库启动与关闭管理的工具有哪些？
2. 简述 Oracle 数据库的启动过程。
3. 简述 Oracle 数据库的关闭步骤。
4. 在数据库启动和关闭过程中，简述初始化参数文件、控制文件、重做日志文件的作用。
5. 在 SQL*Plus 环境中，数据库关闭有哪些方法？各有什么特点？
6. 在数据库 Startup Nomount、Startup Mount 模式下，可以进行哪些管理操作？
7. 数据库启动模式有哪些？
8. 为了修改数据文件名称，应启动数据库到哪种模式？简述其过程。
9. 怎样以受限方式打开数据库？数据库打开后，怎样改变数据库状态为非受限状态？
10. 数据库静默状态与挂起状态有何区别？

### 9.5.2 上机实训

**1. 实训目的**

本章介绍 Oracle 11g 用于数据库启动的参数文件和如何管理参数文件；数据库启动与关闭的过程；数据库启动与关闭方法及数据库不同状态的特征及其转换。所以在本实训中要求了解数据库启动的参数文件，掌握数据库各种启动与关闭方法。

**2. 实训任务**

（1）数据库启动的参数文件。
①查看数据库启动的参数文件。
SHOW PARAMETERS
②创建数据库参数文件。
CREATE SPFILE [ = 'path\filename'] FROM PFILE = 'path\filename';
③编辑修改数据库参数文件 PFile。
④修改动态数据库参数文件 SPFile。
ALTER SYSTEM SET parameter_name = value SCOPE = [SPFILE|MEMORY|BOTH];
注意三个参数选项的区别。
（2）在 SQL*Plus 中启动、关闭数据库。
①启动数据库。
命令：STARTUP [NOMOUNT|MOUNT|OPEN|FORCE][RESTRICT][PFILE = filename]
练习各种启动模式。
②关闭数据库。
命令：SHUTDOWN

练习各种关闭方式。

③Windows 服务启动和关闭数据库。

(3) 监听器启动和关闭。

①通过 LSNRCTL.EXE 启动监听器。

②通过 LSNRCTL.EXE 关闭监听器。

③通过 Windows 服务启动和关闭监听器。

(4) SYS 用户的登入方法。

①本地 SYS 用户的登入情况。

初始化参数 REMOTE_LOGIN_PASSWORDFILE 设置为 EXCLUSIVE。即：

REMOTE_LOGIN_PASSWORDFILE = EXCLUSIVE

其中：EXCLUSIVE：表示仅有一个实例可以使用口令文件。

SHARED：表示口令文件可以供多个实例使用。

②在 < ORACLE_HOME > \network\admin\ 目录下查看 sqlnet.ora。

NAMES.DIRECTORY_PATH = (TNSNAMES, EZCONNECT)

此时本地 SYS 用户的认证方式为系统外部身份认证，即以 SQLPLUS / AS SYSDBA 方式登入，不检查口令文件。

③修改 Sqlnet.ora 文件中的设置。

SQLNET.AUTHENTICATION_SERVICES = (NTS)

SQLNET.AUTHENTICATION_SERVICES = (NONE)

则本地 SYS 用户必须以 SQLPLUS SYS/××××× AS SYSDBA 方式登入。

此时本地 SYS 用户认证方式为口令认证，需要检查口令文件，口令文件格式为 ORAPW < SID >。如口令文件丢失，则报 Ora – 01031。

(5) 创建口令文件。

C:\ > ORAPWD FILE = filename PASSWORD = password ENTRIES = max_users

(6) 使用管理员用户进行口令更改。

SQL > ALTER USER SYS IDENTIFIED BY A123;

SQL > ALTER USER SYSTEM IDENTIFIED BY A123;

SQL > GRANT CONNECT TO SYS IDENTIFIED BY A123;

SQL > GRANT CONNECT TO SYSTEM IDENTIFIED BY A123;

(7) PASSWORD SYSTEM 方式修改口令。

SQL > PASSWORD SYSTEM #

需输入旧口令及两次新口令。

# 第10章 网络服务与网络配置

互联网的高速发展加快了云计算信息化应用的步伐。云计算的应用离不开适应多种操作系统的计算机,跨越空间地区的互联网,更离不开大型网络化的数据库系统。

当前作为世界上最先进的 Oracle 数据库是网络数据库的典型代表。Oracle 通过互联网在多种操作系统的计算机中实现了分布式数据库结构,不仅做到了数据共享,而且为连接性、管理性以及网络安全等方面提供了完善的解决方案。

## 10.1 Oracle 数据库的标识

Oracle 数据库系统是一个大型的分布式数据库系统,在实际应用中需要在多个地方配置多个数据库系统。为了保障每个服务器、每个数据库名字的唯一性,Oracle 系统不仅为数据库本身设立了多种标识,还借鉴了域名的命名规则,通过使用数据库的标识结合域名结构来命名分布在各地的数据库。

### 10.1.1 数据库名

Oracle 11g 数据库安装后的结构如图 10.1 所示,一台服务器中安装了一套 Oracle 11g 数据库,并创建了两个数据库。为了容易区分,把这两个数据库称为数据库实例,这里的 MY_DB_1 和 MY_DB_2 就是两个数据库名。因此,数据库名是区分一个 Oracle 数据库系统的内部标识,也就是说,当一台服务器的 Oracle 数据库中创建了多个数据库实例时,为了区分不同的数据库实例而起的名字。同样有多组初始化文件(PFile)、多组 Oracle 物理文件系统。

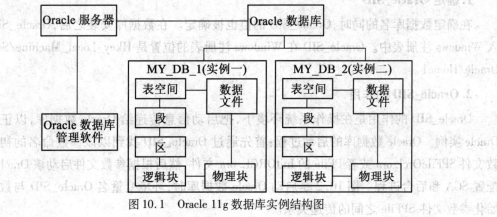

图 10.1 Oracle 11g 数据库实例结构图

**1. 数据库名的确定**

创建一个数据库(实例)的同时要确定数据库名(DB_NAME)。创建结束后,数据库名被写入 SPFile 文件和控制文件中。修改数据库名要同时修改 SPFile 文件和控制文件(原则上不允许修改)。

**2. 数据库名的作用**

数据库名是一个 Oracle 数据库系统的内部标识,它的使用范围是在一个数据库系统内部,主要用于创建数据库和控制文件,修改数据库结构、备份数据库等。

数据库名作为物理文件结构的存放目录,如 D:\app\Oradata\数据库名。例如,图 10.1 中两个数据库实例 MY_DB_1 和 MY_DB_2 的物理文件分别存放在目录 D:\app\Oradata\my_db_1 和 D:\app\Oradata\my_db_2 中。

**3. 数据库名查询**

查询数据库名有两种方法:一是以 SYSDBA 登入 SQL * Plus,查询数据字典 V$database;二是通过 SHOW 命令查询。

【例 10.1】 查询数据库名。

```
SQL > SELECT name 数据库名,created 建立日期,log_mode 归档模式 FROM V$database;
数据库名         建立日期          归档模式
_____      _____       _____
ORCL            2012-3-9 18      NOARCHIVELOG
SQL > SHOW PARAMETER db_name
NAME            TYPE             VALUE
_____      _____       _____
db_name         string           orcl
```

## 10.1.2 数据库环境变量名

数据库环境变量名(Oracle_SID)是数据库在操作系统内部的环境变量名,其值是要启动的 Oracle 数据库实例名。

**1. 确定 Oracle_SID**

在确定数据库名的同时,Oracle_SID 的值也被确定。在数据库安装之后,Oracle_SID 被写入 Windows 注册表中。Oracle_SID 在 Windows 注册表的位置是 Hkey_Local_Machine/Software/Oracle/Home1。

**2. Oracle_SID 的作用**

Oracle_SID 的作用是在操作系统环境下,把启动信息传递给 Oracle 数据库,以正确启动 Oracle 实例。Oracle 数据库的启动过程:首先通过 Oracle_SID 找到以该参数命名的初始化参数文件 SPFileOrcl.ora 或者 PFile 的 InitORCL.ora 文件,然后根据参数文件启动该 Oracle 实例,配置 SGA 和后台进程。图 10.2 是启动 Oracle 数据库时,环境变量名 Oracle_SID 与数据库初始化参数文件 SPFile 之间的传递关系。

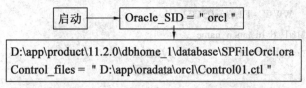

图 10.2　Oracle_SID 与参数文件关系

【例 10.2】　数据库名与环境变量名之间的关系以及初始化参数文件名的形成。

设数据库名 DB_Name = "orcl"，

则 ORACLE_SID = "Orcl"，SPFile = = > SPFileOrcl.ora，PFile = = > INITOrcl.ora

### 10.1.3　Oracle 实例名 Instance_name

首先回忆一下 Oracle 实例的概念。实例是 Oracle 内存结构的 SGA 和 Oracle 后台进程的组合，如图 10.3 所示。Oracle 实例名是数据库和操作系统关系用的数据库标识，也是数据库的外部标识。在操作系统中要取得与数据库之间的交互，必须使用 Oracle 实例名。

图 10.3　Oracle 实例结构图

**1. 确定 Instance_name**

从 Oracle 10g 开始，参数文件 SPFile 和 PFile 中就不再用设置 Instance_name 参数了。Oracle 实例名是启动实例的同时由 Oracle_SID 的值直接产生，因此，Oracle 实例名 = Oracle_SID。

**2. Instance_name 与数据库名的关系**

① 在单服务器结构中，数据库与 Oracle 实例之间是一一对应的关系，有一个数据库名就有一个 Oracle 实例名。如果在一个服务器中创建两个数据库，则有两个数据库名。如果两个数据库同时运行，则产生两个 Oracle 实例名，有两个 Oracle 实例在同时运行。

② 在集群（RAC）结构中，数据库与 Oracle 实例之间是一对多的关系，一个数据库名对应多个实例名，同一时间内用户只能与一个 Oracle 实例相关系。若某一实例出现故障，其他实例则自动服务，以保证数据库安全运行。

**3. Instance_name 与 Oracle_SID 的区别**

① Instance_name 是实例数据库的参数名，是数据库与操作系统的桥梁。

② Oracle_SID 是操作系统环境变量，也是操作系统参数名，操作系统与数据库的桥梁。

**4. Oracle 实例名查询**

Oracle 名有两种查询方法：一是以 SYSDBA 登入 SQL * Plus，查询数据字典 V $ instance；二是通过 SHOW 命令查询。

【例 10.3】　查询实例名。

SQL > SELECT instance_name,host_name,thread# FROM V $ instance；
INSTANCE_NAME　　HOST_NAME　　　　THREAD#

```
orcl                                    WWW - F2A36305CC2   1
SQL > SHOW PARAMETER Instance_name
NAME                    TYPE                    VALUE
------                  ------                  ------
INSTANCE_NAME           string                  orcl
```

### 10.1.4 数据库域名及全局数据库名

在分布式数据库系统中,不同的操作系统及不同版本的数据库服务器之间都可以通过数据库链路进行远程访问。数据库域名(DB_Domain)是在分布式系统中唯一区分数据库的网络域名。数据库的域名结构类似于网络域名,在图10.4中有两个域名。

图10.4  数据库域名及全局数据库名

① 商业大学南区:SOUTH. EDU. HRBCU。
② 商业大学北区:NORTH. EDU. HRBCU。

**1. 确定数据库域名**

在架构分布式 Oracle 数据库的结构时,要先考虑好数据库域名的方案,在安装 Oracle 数据库时再确定数据库域名。在单服务器的 Oracle 数据库的结构中可以省略数据库域名。需要注意的是,数据库的域名形式上与网络域名一致,但实际意义完全不同。数据库的域名格式是任意的。例如,把 SOUTH. EDU. HRBCU 可以改成 MyDomain。

数据库安装后,数据库域名被写入数据库参数文件 SPFile 中,用参数 DB_Domain 表示。

**2. 数据库域名查询**

数据库域名有两种查询方法:一是以 SYSDBA 登入 SQL * Plus,查询数据字典 V $ parameter;二是通过 SHOW 命令查询。

【例10.4】 查询数据库域名。
```
SQL > SELECT name,value FROM V $ parameter WHERE name LIKE '% db_domain%';
NAME              VALUE
------            ------

db_domain
SQL > SHOW PARAMETER domain;
NAME              TYPE              VALUE
------            ------            ------
db_domain         string
```

**3. 缺省数据库域名(US. ORACLE. COM)**

在安装数据库时,如果没有设置数据库域名,则在初始化参数文件中 DB_Domain 的值是空的。在没有设置数据库域名,数据库还是分布式结构的前提下,为了创建服务器之间链路,把数据库域名默认为 US. ORACLE. COM,全局数据库名 = 数据库名. US. ORACLE. COM。

**4. 全局数据库名**

全局数据库名(Global_Dname)是对一个数据库(实例)的唯一标识,Oracle 建议用此种方法命名数据库。该值是在创建数据库时决定的,构造方式 = DB_Name.DB_Domain。在图 10.4 中,共有四个数据库,全局数据库名分别为:

①南区全局数据库名:orcl_A.SOUTH.EDU.HRBCU。
②南区全局数据库名:orcl_B.SOUTH.EDU.HRBCU。
③北区全局数据库名:orcl_C.NORTH.EDU.HRBCU。
④北区全局数据库名:orcl_D.NORTH.EDU.HRBCU。

**5. 全局数据库名查询**

全局数据库有两种查询方法:一是以 SYSDBA 登入 SQL * Plus,查询数据字典 V $ global_name;二是通过 SHOW 命令查询。

【例 10.5】 查询全局数据库名。

SQL > SELECT * FROM global_name;
GLOBAL_NAME
——————
ORCL

SQL > SELECT * FROM global_name;
GLOBAL_NAME
——————
ORCL

在安装数据库时,如果没有设置数据库域名,则全局数据库名 = 数据库名。

### 10.1.5 数据库服务名

客户端与数据库连接用的主机串就是数据库服务名(Service_Names)。Oracle 8i 版之前用的是 Oracle_SID,即数据库环境变量名。Oracle_SID 指的是在服务器上通过 Oracle 实例正在运行的数据库。在分布式数据库结构中,可能存在相同的数据库名,采用 Oracle_SID 无法确定唯一的数据库,因此引进了 Service_Name 参数,该参数能够唯一对应一个正在运行的 Oracle 实例的数据库。该参数的缺省值为 DB_Name.DB_Domain,即等于全局数据库名 Global_Name。

**1. 确定数据库服务名**

当数据库有数据库域名时,数据库服务名 = 全局数据库名。
当数据库没有数据库域名时,数据库服务名 = 数据库名。
在数据库参数文件 SPFile < SID >.ora 中,用参数 Service_Names 表示。

**2. 数据库服务名的作用**

①能够唯一确定数据库服务的最短名称。
②在设置网络连接时使用数据库服务名。

**3. 数据库服务名查询**

数据库服务名有两种查询方法:一是以 SYSDBA 登入 SQL * Plus,查询数据字典 V $ parameter;二是通过 SHOW 命令查询。

【例 10.6】 查询数据库服务名。

```
SQL > SELECT name,value FROM V $ parameter WHERE name = 'service_names';
NAME                          VALUE
Service_names                 orcl
SQL > SHOW PARAMETER service_names
NAME                          TYPE        VALUE
service_names                 string      orcl
```

## 10.2　Oracle 连接配置结构

连接配置结构是指客户端和服务器端的连接方法。在客户机/服务器工作方式下,用户执行两个代码模块来完成对数据库实例的访问:一是客户端向数据库发出 SQL 命令;二是服务器软件负责解释和处理来自客户的 SQL 语句。Oracle 数据库有三种连接结构:组合用户与服务器结构,专用服务器结构,多线程服务器结构。

### 10.2.1　组合用户与服务器结构

图 10.5 所示,这种连接方式用在早期的 Oracle 数据库版本中,多数是 DOS 版本的单用户系统。客户端与服务器同处于一台机器中,对于每一个用户,其应用程序(如 SQL * Plus)与服务器程序组合成单个服务器进程。在这种连接配置中,没有必要设置监听器。现在的计算机技术,即使最简单的计算机也都采用了多用户操作系统,因此这种组合用户与服务器配置结构基本上不实用了。

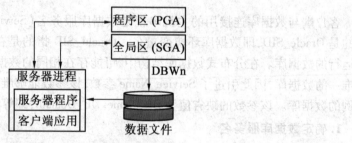

图 10.5　组合用户与服务器结构

### 10.2.2　专用服务器结构

专用服务器结构(Dedicated Server)是指在用户每次对 Oracle 进行访问时,创建一个用户进程向服务器发出请求。Oracle 服务器的监听器会得到这个访问请求,并为这个用户进程创建一个服务器进程来进行服务。对于每一个客户端的访问,都会生成一个服务器进程进行服务,用户进程与服务器进程之间是一一对应的关系,如图 10.6 所示。

第10章 网络服务与网络配置 245

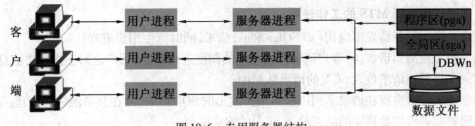

图 10.6 专用服务器结构

**1. 专用服务器结构的工作过程**

①客户端向服务器发出应用(如 SQL * Plus)请求,同时产生用户进程。
②服务器的监听器建立用户与服务器连接,并为用户进程创建一个专用服务器进程。
③客户直接与专用服务器进程进行会话,在共享池处理 SQL 语句。
④会话在 PGA 中建立一个专用 SQL 区,专用服务器进程检查用户存取权限。
⑤服务器进程从 SGA 的数据缓存区读取相应数据块,按用户要求处理应用。
⑥服务器进程把处理结果返回给用户。

**2. 专用服务器结构的特点**

①客户端的用户进程与服务器端进程是一一对应的,相对占用内存较多。
②由于用户全局区(UGA)被分配在程序全局区(PGA)中,因此更多地占用 PGA 空间。
③适用于客户端少用户数不多,且处理数据量大的系统。
④Oracle 数据库特别要求在数据仓库及数据挖掘类的应用系统中采用专用服务器结构。
⑤联机事务处理系统。由于该系统要求客户端用户长时间连接着服务器,处理事务速度要快。
⑥在客户端 Tnsnames.ora 配置文件中,要有 Server = Dedicated。

### 10.2.3 多线程服务器结构

多线程服务器结构(Multithreaded Server,MTS 结构,也称为共享服务器)允许多个用户进程连接到少数的服务器进程。在这种连接结构下,多个用户进程共用一个服务器进程,客户端的用户进程与服务器进程是多对一的关系。

图 10.7 所示,在共享服务器结构下,为了解决用户进程与服务器进程多对一的关系,引入了调度进程概念。当监听器接到客户端应用请求后,不是把它交给服务器进程,而是交给调度进程 Dnnn,再由调度进程把用户请求放入请求队列中。当服务器进程处于空闲时,去查找请求队列,发现有用户请求就进行处理,并把结果送回响应队列。最后由调度进程从响应队列取出结果送给用户进程。因此,在共享服务器结构中,由调度进程来管理用户进程与服务器进程交互。

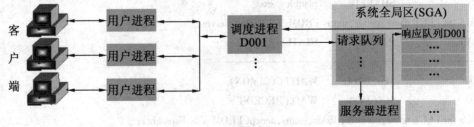

图 10.7 多线程服务器结构

**1. 多线程服务器 MTS 的工作过程**

①客户端向服务器发出应用(如 SQL＊Plus)请求,同时产生用户进程。
②监听器检测到请求,将客户请求导向相应的调度进程,并向用户返回连接成功信息。
③调度进程把请求放入 SGA 的请求队列中。
④空闲服务器进程在请求队列中检索用户发出的 SQL 语句,并在共享池进行处理。
⑤服务器进程把处理完的结果放入 SGA 的响应队列中。
⑥调度进程检查响应队列把请求结果送回用户进程。

**2. 多线程服务器的结构特点**

①客户端的用户进程与服务器端进程是多对一的关系。由于服务器进程相对少,因此占用内存也较少。
②由于用户全局区(UGA)被分配在系统全局区(SGA)的大池中,因此占用 PGA 空间减少。
③监听器与调度程序关系,调度程序负责调度 MTS 中的各个共享服务器进程。
④客户端数量比较大,大量用户需要连接到数据库并且需要使用系统资源。
⑤需要服务器连接共享、连接集中与负载均衡等技术时。专用服务器结构不支持。
⑥在客户端 Tnsnames.ora 配置文件中要有 Server = Shared。
⑦用户会话的连接和断开很频繁,数据库进程的创建和删除的开销会非常大。

**3. 多线程服务器的缺点**

①速度慢。共享服务器需要通过调度进程与用户进程交互,不像专用服务器那么直接。
②容易死锁。一个服务器进程要响应一连串用户进程,只要一个连接阻塞,则该服务器进程上的所有用户都被阻塞。
③长期独占事务。如果一个会话的事务时间过长,会独占共享资源,其他用户只能等待。
④数据库功能受限。如启动和关闭实例及介质恢复等。
⑤不适合执行某些管理任务。如批量装入、索引与表的重建以及表分析等。

**4. 服务器的连接信息查询**

【例 10.7】 与服务器结构相关的三个查询。

```
SQL> SELECT username,server,program FROM V$session WHERE username IS NTO NULL;
USERNAME        SERVER          PROGRAM

SYS             DEDICATED       plsqldev.exe
JXC             DEDICATED       plsqldev.exe
SYS             SHARED          plsqldev.exe
SQL> SELECT name,paddr,status FROM V$shared_server;
NAME            PADDR           STATUS

S000            5C45D4BC        WAIT(COMMON)
S002            5C463804        WAIT(RECEIVE)
SQL> SELECT name,network,paddr,status,accept FROM V$dispatcher;
```

| NAME | NETWORK | PADDR | STATUS |
|---|---|---|---|
| D000 | (ADDRESS=(PROTOCOL=tcp)(HOST=WWW-F2A36305CC2)(PORT=1896)) | 5C45C9B4 | WAIT |

例 10.7 中,第一条语句是通过会话数据字典视图,了解会话用户连接服务器的方式、使用的应用程序;第二条语句是查询共享服务器的状态;第三条语句是查看队列进程的状态。

## 10.3 Oracle 网络服务概述

Oracle 作为分布式的网络数据库,用户要访问它就必须在服务器端和客户端之间、服务器端和服务器端之间,建立网络连接和进行相关的配置。这样用户就能通过网络访问服务器的数据库,而且也可以从一个服务器访问另一个服务器的数据库。Oracle 网络服务的最基本功能就是在各种异构网的环境中,建立和维护用户应用程序与服务器之间的连接、服务器与服务器之间的连接,使得 Oracle 真正能够实现跨平台数据的分布、数据的安全传输及数据的共享。

Oracle 网络有自己的体系结构和网络驱动程序,也提供网络互联的各种解决方案。例如,Oracle 不仅引入了数据库服务名、全局数据库名、环境变量名等概念,还设置了主机命名方法、本地命名方法、服务器监听器三个网络配置文件以及网络服务的基本组件 Oracle Net Services。

### 10.3.1 网络服务组件

网络服务组件(Oracle Net Services)为 Oracle 分布式网络环境提供了一个安全、可靠、易于使用的网络基础组件。它简化了网络配置和管理的复杂性,提高了网络安全性和诊断功能。

**1. Oracle Net Services 的作用**

Oracle 网络服务是一套网络组件,在分布式的异构计算机环境中,提供企业范围的连接解决方案。Oracle 网络服务能够从一个应用程序会话通过网络连接到一个数据库实例,或从一个数据库实例连接到另一个数据库实例,如图 10.8 所示。

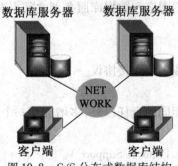

图 10.8　C/S 分布式数据库结构

Oracle 网络服务有以下几个作用:

(1)连接性。

支持从客户端应用程序到 Oracle 数据库服务器端的网络会话,并实现客户端应用程序和数据库服务器之间的数据传递,以及在它们之间交换消息。它负责建立和维护客户端应用程序和数据库服务器之间的连接。

(2) 位置透明性。

服务使数据库客户端可以识别目标数据库服务器。为了实现此目标,Oracle 数据服务器提供了以下几种命名方法,如 Oracle 网络目录命名、本地命名、主机命名和外部命名等。

(3) 集中配置和管理。

使大型网络环境中的管理员可以轻松访问中央信息库,从而指定和修改网络配置。

(4) 快速安装和配置。

在大多数环境中,Oracle 数据库服务器和客户端预先做了网络配置,并采用多种命名方法对 Oracle 数据库服务进行解析。因此,客户端和服务器在安装后可立即连接。

(5) 可扩展性。

采用共享服务器、数据库连接池及可扩展性的事件模型(轮询)等连接方式,使得用户连接数据具有高可扩展性。

(6) 网络安全性。

Oracle 网络服务,使用防火墙访问控制和协议访问控制的特性,实现数据库访问控制。

(7) 可诊断性。

Trace Assistant 这个诊断和性能分析工具会在出现问题时提供有关问题的起源和上下文的详细信息。

**2. 网络驱动程序组件(Oracle Net)**

Oracle Net 是 Oracle 网络服务的组件,也是数据库的主要通信基础。在以前版本称为 SQL * NET、SQL * NET 8、SQL * NET 8i 等。

Oracle Net 通过网络的配置,确定服务节点的地址和协议来访问数据库的。Oracle Net 用于在网络中客户端与服务器、服务器与服务器之间建立各种应用的连接。Oracle Net 主要由以下几个部分构成:

(1) Oracle Net 驱动程序。

Oracle Net 驱动程序包括两个部分:

● Oracle 网络基础层(Oracle Net Foundation Layer)。

负责建立和维护客户端应用程序和数据库服务器之间点对点的通信。

在客户端它的责任是:

①定位服务器。

②确定该连接涉及的一个或多个连接协议。

③怎样处理异常和中断。

在服务器端除了有客户端相同的责任以外,多增加了一个责任:从 Listener 端接收连接请求。

● Oracle 协议支持(Oracle Protocol Support)。

负责将 Oracle Net 功能映射到在客户机与服务器之间的连接中所使用的行业标准协议。该层支持下列网络协议:

①TCP/IP。

②具有 SSL 的 TCP/IP。

③命名管道。

④LU6.2。

⑤VI(Virtual Interface)。

(2) Oracle Net 监听器。

它是服务器的一个进程,主要作用是接收来自客户端的初始连接请求,然后告诉 Oracle 创建服务器进程来响应客户端的请求。一旦客户端与服务器连接完成,就不再需要监听器了。

(3) 网络配置工具(Oracle Net Configuration Assistant)。

可以完成监听器、命名方式和目录服务等网络组件的配置工作。

(4) Oracle 网络管理器(Oracle Net Manager)。

对 Oracle 网络进行集中化管理,可以对网络进行进一步的调整与配置。

(5) 监听器命令工具(LSNRCTL)。

服务器端 Oracle Net Listener 的命令行配置工具。负责启动和关闭监听器以及查询监听器状态等。

(6) 测试命令工具(Tnsping)。

Oracle 的 Tnsping 测试程序,是客户端使用的测试网络的工具。通过 Tnsping 命令可以验证两件事情:

①验证网络服务名是否解析正确。

②验证服务器端 Listener 是否启动。

Tnsping 在命令提示符下使用,命令格式:

C > Tnsping Hostname|IP

### 10.3.2 Oracle NET 连接

Oracle NET 通过网络的配置、节点的位置、网络协议及 Oracle 应用等环节,在客户端与服务器之间建立连接。连接有两种类型:一是 C/S 应用连接;二是 WEB 客户端应用连接。

**1. C/S 应用连接**

图 10.9 所示是在 C/S 结构中,客户端和服务器数据库的连接配置。

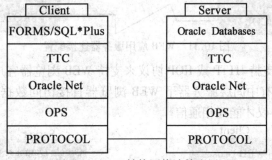

图 10.9  C/S 结构网络连接配置

FORMS/SQL * Plus:像 SQL * Plus 或是 FORMS 使用 Oracle Call Interface(OCI)与服务器进行访问。OCI 是一个软件组件,提供了 Client 应用和 Server 解释 SQL 语言的一个接口。

TTC:TTC(Two-Task Commom)提供字符集和数据类型在客户端和服务器中不同字符集、格式的转换。

Oracle Net:网络驱动程序。客户端和服务器必须都有 Oracle Net 驱动程序,是网络协议的上一层。负责建立并维持客户端应用与服务器之间的连接。

OPS：Oracle 协议适配器，协议栈 OPS（Oracle Procotol Stack）负责将客户端与服务器之间连接使用的工业标准协议映射到 Oracle Net 函数上。

PROTOCOL：网络协议（Network Protocol）。

**2. WEB 客户端应用（WEB Client Application）连接**

客户端通过 IE Web 浏览器模式访问数据库。下面介绍两种比较常用的连接方式。

①使用一个 WEB Server 作为中间层，来实现 WEB 应用访问数据库。中间层使用是 JDBC OCI（Oracle Call Interface）驱动程序。

中间层使用该驱动连接时，中间层和服务器都必须安装 Oracle Net 组件。OCI 是性能最好的模式，能够实现网络和应用层的负载均衡。

如图 10.10、10.11 所示是 WEB Server 作为客户端，通过写在 WEB Server 上的 Java 应用来连接数据库的。

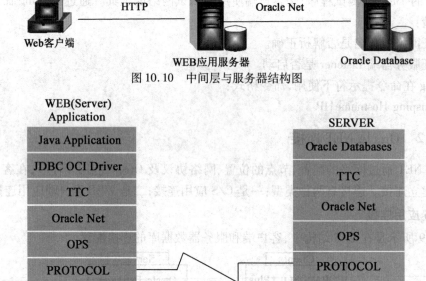

图 10.10　中间层与服务器结构图

图 10.11　WEB 应用服务器连接配置

②使用 Oracle Net 支持 HTTP 或 IIOP 协议来支持 WEB 浏览器客户端直接访问数据库。

图 10.12 所示是没有中间层服务器下 WEB 浏览器直接访问数据库。这时 Oracle Net 必须支持 HTTP 或 IIOP 协议才能互相通信。

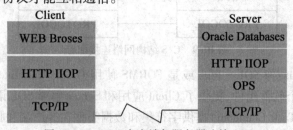

图 10.12　WEB 客户端与服务器连接配置

## 10.3.3 网络服务的命名方法

当 Oracle 客户端连接数据库服务器时,并不会直接使用数据库名等信息,而是使用连接标识符。连接标识符通过命名方法文件(Sqlnet.ora)解析成连接描述符。解析连接标识符的方法一般有五种。

### 1. 主机命名(Host Naming)方法

适合于只有几个数据库的小型组织,使用主机命名方法将名称存储在现有名称解析服务中,使得 TCP/IP 环境中的用户通过其现有名称解析服务来解析连接标识符。

主机命名方法的优点是用户配置最少。用户只需在设置命名方式文件 Sqlnet.ora 中提供主机名即可,无需创建与维护本地名称配置文件(Tnsnames.ora)。

主机命名方法的缺点是不能访问主机中建有多个数据库的环境。主机命名方式是通过主机名或 IP 地址寻找数据库的,因此在主机中只能建有一个数据库。

主机命名方法配置要求:

①必须在客户机和服务器端都安装 TCP/IP 协议,同时安装 Oracle Net Services 和 TCP/IP 协议适配器。

②客户端配置 Sqlnet.ora 文件;服务器端配置 Listener.ora 文件。

### 2. 本地命名方法

本地命名是最常用的命名方法。它是通过在每个客户端的 Tnsnames.ora 文件中配置和存储的信息查找主机的网络地址和数据库实例的。

本地命名方法有以下优点:

①提供了一种相对简单、明了的解析网络服务名地址的方法。

②可对使用不同协议的异构网络,跨网络解析服务名。

③通过使用 Oracle Net Configuration Assistant 图形配置工具轻松配置。

本地命名方法配置要求:

①必须在客户机和服务器端都要安装 Oracle Net Services 组件。

②客户端配置 Sqlnet.ora 文件和 Tnsnames.ora 文件;服务器端配置 Listener.ora 文件。

### 3. 目录命名方法

目录命名方法是将数据库服务或网络服务名解析为连接描述符,并存储在中央目录服务器中。当用户使用目录命名方式连接时,连接语法与本地连接基本一样,区别在于一个是在目录服务器中查找服务名,而另一个是直接解析服务名。

目录命名的一个优点是新服务名添加到目录服务器后,即可供用户连接使用,不需要配置 Tnsnames.ora 文件。

### 4. Easy Connect Naming 方法

这是 Oracle 10g 新增的简单连接命名方法。该方法类似于主机命名方法,不需要配置本地服务名 tnsnames.ora 文件。与主机名方法不同的是,不仅指定了主机名和端口,还增加了服务名选项,可以唯一指定服务器中 Oracle 实例所对应的数据库。简单连接命名方法弥补了主机名方法在一台服务器中创建多个数据库实例时,不能唯一指定数据库实例的不足。

**5. 外部命名方法**

外部命名方法是指第三方命名服务,从概念上讲,外部命名类似于目录命名。外部命名方法将网络服务名存储在支持的非 Oracle 命名服务中,包括:网络信息服务(NIS)外部命名、分布式计算环境单元目录服务(CDS)等。在目前的 Oracle 应用中很少采用。

### 10.3.4 监听器配置

监听器是 Oracle Net Services 的一个重要组件,是 Oracle 基于服务器端的一种网络服务。它负责管理 Oracle 数据库和客户端之间的通信,监听客户端向数据库服务器端提出的连接请求。

**1. 监听器的主要功能**

(1)监听客户端请求。

监听器是运行在数据库服务器上的一个进程,守候在服务器制订的端口(默认为:1521),监听客户端的请求。

(2)为客户端请求分配服务器进程。

监听器接听客户端的用户进程请求之后,为其分配一个服务器进程,然后将请求转接给服务器进程,使客户端的用户进程与服务器进程直接相连。

(3)注册服务实例。

监听器与实例之间的关系是通过注册过程来实现的。注册的过程就是实例告诉监听器数据库实例的名称(Instance_name)和服务名(Service_names)。当监听器接听到客户端的请求之后,根据监听的注册信息,找到正确的服务实例。

(4)错误转移 Failover。

错误转移是 RAC(集群)架构中容错的一个重要功能。当一个数据库实例崩溃时,可以自动将请求转移到其他可用实例上。

(5)负载均衡衡量。

在 RAC 架构中,Oracle 实现了负载均衡。当一个客户请求到来时,Oracle 会根据当前 RAC 集群环境中所有实例的负载情况,避开负载较高的实例,将请求转移到负载较低的实例进行处理。

**2. 监听器的工作原理**

监听器是运行在服务器端的一个进程,它通过网络端口(默认为1521)等待客户请求到来,并为客户端与服务器建立连接。下面介绍监听器的工作原理。

①客户端用户通过用户进程向数据库发出应用请求。

②服务器端监听器接收到用户请求,对照已经注册的服务列表查找对应的数据库实例,获得该实例的 Oracle_Home 路径。

③监听器进程从 Oracle 实例中为用户进程分配一个服务器进程与之对应。

④服务器进程与监听器进程相互交换信息。服务器进程把自身在 OS 中的进程编号、连接地址发给监听器进程,而监听器将客户端用户进程信息发给服务器进程。

⑤监听器进程把收到的服务器信息通过用户进程返回给客户端。客户端接到监听器发来的信息,进行重新连接,通过服务器进程与服务器的端口进行关系。

⑥客户端通过用户进程、服务器进程及服务器的端口建立的连接进行用户名、口令的验证，并登入数据库用户。

这时监听器完成了它的监听使命，客户端与服务器建立了连接，并建立了会话。

### 3. 监听器的配置方法

监听器的配置涵盖了数据库实例名和服务名的注册。目前 Oracle 支持两种注册方式：静态注册和动态注册。下面分别介绍这两种注册方式下的监听器配置方法。

（1）静态注册。

静态注册指通过指定的 Listener.ora 配置文件，显式地指定出监听器程序要为那个实例以哪个服务名做监听。下面是 Oracle 11g 中一个典型的 Listener.ora 配置文件的结构。

【例 10.8】 监听器的静态注册配置文档。

```
# listener.ora Network Configuration File:
# D:\app\product\11.2.0\dbHome_1\network\admin\listener.ora
LISTENER = – – – – – – – – – – – – – – – – – – – – – – – – – – – 监听器名称
  (DESCRIPTION_LIST =
    (DESCRIPTION =
      (ADDRESS = (PROTOCOL = IPC)(KEY = EXTPROC0))
      (ADDRESS = (PROTOCOL = TCP)(HOST = 127.0.0.1)(PORT = 1521))
    )
  )
SID_LIST_LISTENER =
  (SID_LIST =
    (SID_DESC =
      (GLOBAL_DBNAME = Orcl)
      (ORACLE_HOME = D:\app\product\11.2.0\dbhome_1)    此三句是静态注册
      (SID_NAME = Orcl)
    )
  )
ADR_BASE_LISTENER = D:\app
```

例 10.8 中，监听器由 LISTENER、SID_LIST_LISTENER 及 ADR_BASE_LISTENER 组成。

①LISTENER：指定网络协议、服务器名或 IP 及使用的端口。其中 Address =（Protocol = IPC）（Key = Extproc0）是 IPC 协议地址监听，用于外部调用。如果没有外部调用，则可以删除。

②SID_LIST_LISTNER：配置静态注册。每段 SID_DESC 都是配置静态注册的节点项目。通过多个 SID_DESC 进行配置多个 Oracle 实例注册。其中：

GLOBAL_DBNAME 是全局数据库名。

SID_NAME 是 ORACLE_SID，也是 ORACLE 实例中的数据库名。

ORACLE_HOME 是配置 Oracle 数据库软件安装的基本目录。

③ADR_BASE_LISTENER。这部分是 Oracle 11g 新增内容。ADR（Automatic Diagnostic Repository）是自动诊断信息库。ADR_BASE_LISTENER 指定了自动诊断信息库的位置。

（2）动态注册。

动态注册是与静态注册相对应的一种注册方法，也是通过 Listener.ora 进行配置。动态注册的主要作用是支持错误转移（Failover）。

【例10.9】 监听器的动态注册配置文档。

```
# listener.ora Network Configuration File：
# D:\app\product\11.2.0\dbHome_1\network\admin\listener.ora
LISTENER =
  (DESCRIPTION_LIST =
    (DESCRIPTION =
      (ADDRESS = (PROTOCOL = TCP)(HOST = 127.0.0.1)(PORT = 1521))
    )
  )
SID_LIST_LISTENER =
  (SID_LIST =
    (SID_DESC =
      (SID_NAME = PLSExtProc)
      (ORACLE_HOME = D:\app\product\11.2.0\dbhome_1)
      (PROGRAM = extproc)
    )
  )
ADR_BASE_LISTENER = D:\app
```

例10.9的内容与例10.7相比，服务名注册部分完全不同。只有协议、主机地址和端口信息。动态注册是由主机上Oracle实例完成的。实例的后台进程PMON，每隔一段时间就会将实例的参数信息注册到监听器上，实现动态注册。因此，当启动监听器时，并没有进行服务名注册。

这里的SID_LIST_LISTENER部分是为了外部调用而设置的，可以删除。其中：

①PLSExtProc是PL/SQL External Procedure的意思，在PL/SQL中调用外部语句。

②PROGRAM = Extproc：表示该服务是使用于外部进程调用。

Oracle 11g已经没有必要配置这类外部调用了，目前还保留的目的是为了保证与旧版本兼容。监听器中设置外部调用容易被外部客人登入，因此不需要的服务项目删掉为好。

动态注册的信息来源于数据库参数Service_name和Instance_name。可以通过SHOW PARAMETER命令查看。

【例10.10】 查询实例名和数据库服务名。

```
SQL > SHOW PARAMETER instance_name
NAME                 TYPE        VALUE
-----------------------------------------
instance_name        string      Orcl
SQL > SHOW PARAMETER service_names
NAME                 TYPE        VALUE
-----------------------------------------
service_names        string      Orcl
```

这两个参数都被设置在初始化参数文件中。如果没有显式地指定这两个参数，那么PMON不会进行周期性注册，只有在初始化参数文件中显式地设置两个值的情况下，PMON才会周期性地注册服务信息。通过下面的命令行,也可以强迫 PMON 立即执行一次服务名注册操作。

【例 10.11】 进程 PMON 立即执行监听器服务名注册。

SQL > ALTER SYSTEM REGISTER;
System altered

**4. 监听器命令及操作**

监听器的名字是 LISTENER,但它的操作命令是 LSNRCTL。以 Windows 平台操作,监听器动态注册方式为例,介绍主要命令的操作方法。

在 Windows 命令行提示符下输入"LSNRCTL"就可以进入监听器控制窗口,如图 10.13 所示。

图 10.13 监听器控制窗口

(1)启动监听器。

直接输入"Start"后按回车键即可,如图 10.14 所示。

图 10.14 启动监听器界面

(2)查看监听器状态,如图 10.15 所示。

直接输入"Status"回车即可。

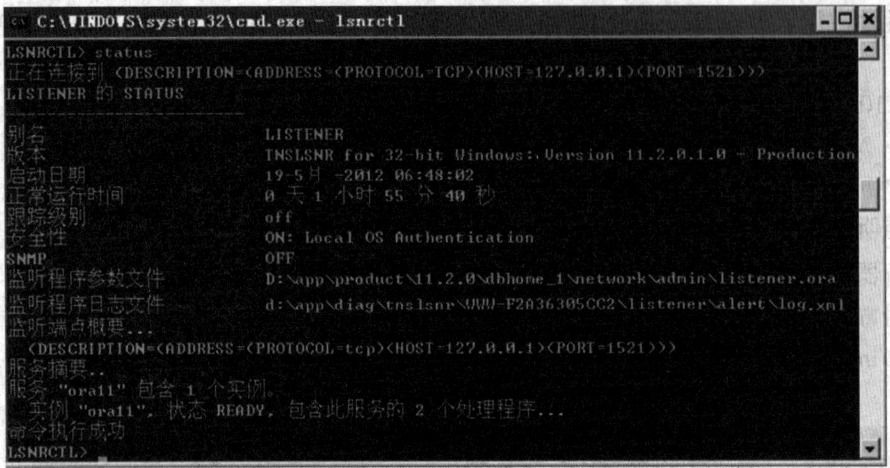

图 10.15 查看监听器状态界面

(3) 关闭监听器。

直接输入"Stop"后按回车键即可,如图 10.16 所示。

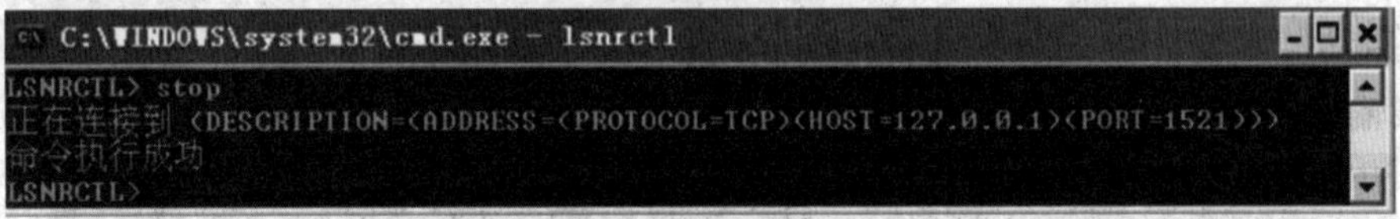

图 10.16 关闭监听器界面

在 LSNRCTL>提示符下输入"EXIT"后按回车键就退出监听器控制窗口,回到 C\> 提示符下。

### 10.3.5 命名方法及本地命名配置

当客户端利用 CONN jxc/jxc@ orcl 命令连接数据库时,@ 后面的字串 orcl 就是连接字符串。连接字符串通过命名方法(Sqlnet.ora)和本地命名(Tnsmanes.ora)被解析为连接描述符,帮助客户端应用程序准确地连接到指定的数据库服务器。下面分别介绍这两个配置文件。

**1. 命名方法文件配置**

Oracle 客户端在连接数据库时,并不会直接使用数据库名等信息,而是使用连接字符串。连接字符串要通过命名方法文件 Sqlnet.ora 来获得解析方法。Sqlnet.ora 文件如同一种规则一样,存放了允许采用的命名方法和解析顺序。下面是 Oracle 11g 常用的 Sqlnet.ora 配置文件内容。

【例 10.12】 命名方法文件 SQLnet.ora 的配置。

```
# sqlnet.ora Network Configuration File:
# D:\appClient\product\11.2.0\client_1\network\admin\sqlnet.ora
# Generated by Oracle configuration tools.
# NAMES.DEFAULT_DOMAIN = com
  SQLNET.AUTHENTICATION_SERVICES = (NTS)
  NAMES.DIRECTORY_PATH = (TNSNAMES,HOSTNAME,EZCONNECT)
```

在例10.12中共有三个语句。下面分别介绍这三条语句的作用。

(1) NAMES.DEFAULT_DOMAIN = com。

这条语句是早期版本采用的连接字符串命名方式。它的作用是在连接字符串后面自动加上.com(域名)。例如,连接字符串是W,则在TNSNAMES.ORA文件中,定义W时后面要加上.com,如orcl.com。

(2) SQLNET.AUTHENTICATION_SERVICES = (NTS)。

这条语句的作用是采用什么方式来验证"/AS SYSDBA"身份登入的口令。有三种选择:
① NTS:表示以操作系统身份验证。
② NONE:表示以Oracle数据库身份验证。
③ NTS,NONE:表示以两种方式可以并用。

(3) NAMES.DIRECTORY_PATH = (TNSNAMES,HOSTNAME,EZCONNECT)。

这条语句的作用是制订了解析命名方法。在本例子中,首先是用本地名方法解析,其次是主机命名方法解析,最后是简单连接命名方法解析。

**2. 本地命名方法文件配置**

如果客户端采用本地命名方法,那么一定要配置本地命名方法文件(Tnsnames.ora)。客户端输入的连接字符串通过本地命名配置文件解析为与之对应的网络协议、主机名及端口地址,并且得到数据库的服务名和数据库服务器的连接方式。下面是Oracle 11g常用的一种Tnsnames.ora文件的配置内容。

【例10.13】 本地命名文件下的tnsnames.ora配置。

```
# tnsnames.ora Network Configuration File:
# D:\appClient\product\11.2.0\client_1\NETWORK\ADMIN\tnsnames.ora
# Generated by Oracle configuration tools.
orcl = (DESCRIPTION =
        (ADDRESS_LIST =
         (ADDRESS = (PROTOCOL = TCP)(HOST = 127.0.0.1)(PORT = 1521))
        )
        (CONNECT_DATA =
         (SERVER = SHARED)
         (SERVER = DEDICATED)
         (SERVICE_NAME = Orcl)
        )
       )
```

例10.13中每个语句的含义和作用如下:

Orcl:连接字符串。可以按一般命名规则自己随意定义。
DESCRIPTION:连接描述符,固定用法。
ADDRESS – LIST:地址描述行,一次可以描述若干个地址。
ADDRESS:具体地址描述。指定采用的网络协议、主机名及端口地址。
CONNECT_DATA:数据库连接描述行,一次描述若干个数据库的连接方式及服务名。
SERVER = SHARED:支持服务器共享连接方式。
SERVER = DEDICATED:支持服务器专用连接方式。

SERVICE_NAME = orcl:指定数据库的服务名。

## 10.4 网络配置实例

前面的章节介绍了关于网络服务与网络配置内容,本节通过实例来演示 Oracle 数据库网络的配置过程。在此,先对下面的演示过程中采用的标识先作个说明:

操作系统:Windows XP。
Oracle 11g 数据库缺省方式安装在 D:\app 中。
全局数据库名:Global_DBName = orcl。
数据库服务名:Service_name = orcl。
系统环境名 SID_name = orcl。
客户端用户名及口令 = jxc/jxc。
连接字符串 = orcl。

### 10.4.1 服务器端配置

一般来说,服务器端起着双重作用,既是服务器,又是客户端。因此,对服务器端三个配置文件都要进行配置。要先准备好服务器端配置参数。
Oracle 11g 监听器的位置在 D:\app\product\11.2.0\dbHome_1\network\admin\中。

#### 1. 配置监听器 Listener.ora

监听器分为静态注册和动态注册,下面分别给出 Oracle 11g 两种监听器的配置。
(1)静态配置。
```
LISTENER =
  (DESCRIPTION =
    (ADDRESS = (PROTOCOL = TCP)(HOST = 127.0.0.1)(PORT = 1521))
  )
SID_LIST_LISTENER =
  (SID_DESC =
    (GLOBAL_DBNAME = orcl)
    (ORACLE_HOME = D:\app\product\11.2.0\dbhome_1)
    (SID_NAME = orcl)
  )
ADR_BASE_LISTENER = D:\app
```
(2)动态配置。
```
LISTENER =
  (DESCRIPTION =
    (ADDRESS = (PROTOCOL = TCP)(HOST = 127.0.0.1)(PORT = 1521))
  )
ADR_BASE_LISTENER = D:\app
```

#### 2. 命名方法文件 Sqlnet.ora 配置

命名方法文件与监听器同在一个文件夹中。如果服务器端安装了客户端软件,则到安装客户端软件的文件夹中配置。本例客户端软件安装在 D:\appClient 中,Sqlnet.ora 文件位置在 D:\appClient\product\11.2.0\client_1\network 文件夹中。文件内容如下:
  SQLNET.AUTHENTICATION_SERVICES = (NTS)
  NAMES.DIRECTORY_PATH = (TNSNAMES,HOSTNAME,EZCONNECT)

**3. 本地命名方法文件 Tnsnames.ora 配置**

  本地命名方法根据服务器的连接配置不同有一些区别,下面给出的是适合专用、共享两种结构通用的配置。本地命名方法文件的位置与 Sqlnet.ora 相同。

  该文件的位置在 D:\appClient\product\11.2.0\client_1\network 文件夹中。

```
orcl = (DESCRIPTION =
        (ADDRESS_LIST =
          (ADDRESS = (PROTOCOL = TCP)(HOST = 127.0.0.1)(PORT = 1521))
        )
        (CONNECT_DATA =
          (SERVER = SHARED)
          (SERVER = DEDICATED)
          (SERVICE_NAME = orcl)
        )
      )
```

## 10.4.2 客户端配置

  客户端的配置相对简单,如果采用主机名方法或简单连接命名方法,只需配置 Sqlnet.ora 即可。下面介绍的是本地命名方法的配置方法。另外,客户端安装的工具如果都要访问数据库,则都需要进行针对性配置。由于不同工具安装的位置不同,所以配置文件 Sqlnet.ora 和 Tnsnames.ora 存放的位置也不同,需要逐个进行配置。

**1. Sqlnet.ora 配置**

  作为客户端尽可能满足多种命名方法为好。下面设置了三种解析规则。配置如下:
  SQLNET.AUTHENTICATION_SERVICES = (NONE)
  NAMES.DIRECTORY_PATH = (TNSNAMES,HOSTNAME,EZCONNECT)

  上面配置内容中,验证口令方式只允许数据库方式。作为客户端一般没有必要设置成操作系统方式验证口令。

**2. Tnsmanes.ora 配置**

  配置 Tnsnames.ora 文件需要五个重要参数:网络协议、主机 IP 地址、端口地址、服务名及服务器的连接模式(专用和共享)。如果服务器的连接模式是共享的,则在配置文件中一定要加上(SERVER = SHARED)语句,并且不要有(SERVER = DEDICATED)语句。

```
orcl = (DESCRIPTION =
        (ADDRESS_LIST =
          (ADDRESS = (PROTOCOL = TCP)(HOST = 127.0.0.1)(PORT = 1521))
        )
        (CONNECT_DATA =
          (SERVER = SHARED)           --若专用模式,该行前面加上#号
```

```
        (SERVER = DEDICATED)          --若共享模式,该行前面加上#号
        (SERVICE_NAME = orcl)
    )
)
```

### 10.4.3 解析客户端用户的登入过程

客户端登入服务器数据库的要求:

(1)服务器端:服务器的 Oracle 实例启动,并已经打开数据库;监听器 Listener.ora 已启动。
(2)客户端:Sqlnet.ora 配置正确;Tnsnames.ora 配置正确。

通过客户端命令 C\> SQLPLUS jxc/jxc@orcl 来解析本地命名方法中的登入过程,如图 10.17 所示。

①查询命名方法文件 Sqlnet.ora,获得名称的解析方式,找到 Tnsnames.ora 文件。
②通过连接字符串 orcl,在 Tnsnames.ora 文件中找到 orcl 的连接描述块。
③在 Tnsnames.ora 文件的 orcl 块中,获得通信协议、主机名、端口地址及数据库服务名。
④根据在 orcl 描述块中获得的信息与 Listener 建立关系,并获得对应 Oracle 实例信息。
⑤监听器根据不同的服务器连接方式,为客户端用户配置服务器进程。
⑥监听器为用户进程与服务器进程建立连接,监听器进程的使命完成。

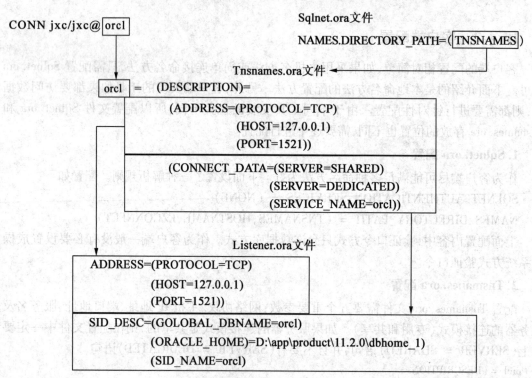

图 10.17 CONNECT 命令解析

## 10.5 习题及上机实训

### 10.5.1 习题

1. 解释数据库名、Oracle 实例名、Oracle_SID、全局数据库名及数据库服务名。
2. 简述专用服务器连接方式的特点。
3. 简述共享服务器连接方式的工作原理。
4. Oracle Net Services 由哪几个部分组成？简述每个部分的作用。
5. 简述网络服务的五个命名方法。
6. 服务器端配置哪些文件？客户端配置哪些文件？
7. 简述监听器的工作原理，并说出静态监听器与动态监听器的区别。
8. 写出标准监听器配置文件内容(静态注册)。
9. 写出标准本地命名服务文件内容。
10. 简述 CONNECT 语句的连接过程。

### 10.5.2 上机实训

**1. 实训目的**

Oracle 作为网络数据库，具有强大的网络服务功能。通过上机实训进一步了解 Oracle 数据库的各种标识、不同的连接配置结构及网络配置方法。掌握服务器端及客户端的各种网络配置方法。
① 查询及了解数据库的各种标志。
② 静态及动态注册监听器配置方法。
③ 客户端配置文件的建立和配置方法。

**2. 实训任务**

(1) 查询数据库的各种标志。
① 数据库名。
② 环境变量名。
③ Oracle 实例名。
④ 数据库域名及全局数据库名。
⑤ 数据库服务名。
(2) 服务器连接结构。
查询服务器连接结构信息。
(3) 监听器练习。
① 建立静态监听器 mjlistener，关闭当前的监听器，启动自己创建的监听器。
② 建立动态监听器 mdlistener，关闭当前的监听器，启动自己创建的监听器。
③ 恢复原有的监听器 listener，并删掉刚刚创建的监听器。
(4) 客户端配置练习。
① 查看本地命名方法文件 Sqlnet。
② 配置本地网络服务名 Snsnames，以新的网络服务名登入。

# 第11章 Oracle闪回技术

本章将介绍 Oracle 11g 数据库用于数据恢复的最新技术——闪回技术。闪回技术包括闪回查询、闪回版本查询、闪回事务查询、闪回表、闪回删除、闪回数据库及闪回数据存档。用户的任何误操作都可以利用闪回技术快速、高效地恢复。

## 11.1 闪回技术概述

在 Oracle 9i 之前的数据库系统中,当发生数据丢失、错误操作等问题时,解决的主要方法是利用预先做好的数据逻辑备份或物理备份进行恢复,而且恢复的程度取决于备份与恢复的策略。这种方法既耗时又使数据库系统不能提供服务,对于一些偶尔误删除数据这类小错误来说有些费事。那么如何来恢复这种偶然的错误操作造成的数据丢失?在 Oracle 10g 以上版本中,利用闪回技术实现数据库恢复成为历史上一次重大的进步,从根本上改变了数据恢复。传统的恢复技术复杂、低效,为了恢复误操作而被更改的数据,整个数据文件或数据库都需要恢复,而且还要测试应该恢复到何种状态,需要很长的时间。采用闪回技术,可以针对行级和事务级发生过变化的数据进行恢复,减少数据恢复的时间,而且操作简单,通过 SQL 语句就可以实现数据的恢复,大大提高了数据库恢复的效率。

Flashback(闪回)是 Oracle 10g 里新加入的一个非常有用的一个特性。Oracle 10g 数据库提供了五个新的闪回功能:闪回版本查询、闪回事务查询、闪回删除、闪回表和闪回数据库。Oracle 11g 数据库提供了一个有趣的新的闪回功能——闪回数据存档,它允许一个 Oracle 数据库管理员维护一个记录,对指定时间范围内对所有表的改变情况进行记录。

通过 Flashback 的功能,我们可以避开传统的 Recover 的方式去恢复一些我们进行的误操作。不过相对 Recovery 来说,这两个还是有差别的。

① Recovery 的恢复是基于数据文件的,先要 Restore 备份好的数据文件,Flashback 是基于 Flashback Log 文件的,所以基点不一样,Recovery 是基于备份的时间上的,可以恢复到备份至完整归档的任何一个时刻,而 flashback 是基于 Flashback Log 的,而 Log 的存储时效是受限于 DB_fLASHBACK_RETENTION_TARGER 这个参数的(以分钟为单位,默认为 1 440 分钟,即 24 小时)。

② Recovery 的恢复是应用 Redo 记录的,所以会对恢复期间我们不关心的数据也进行修补,而 Flashback 可以只对我们关心的数据进行修补。

③ Recovery 的恢复可以恢复数据文件物理损坏或者日志物理损坏,而 Flashback 是基于 Flashback Log 的,只能处理由于用户的错误的逻辑操作,如删除表,删除了用户等。

由此可见，其实 Flashback 和 Recovery 的恢复还是有不少本质的差别的，因此我们要针对相应的情况来进行相应的选择。

在 Oracle 11g 中，闪回技术可以具体分为以下几种。

①闪回查询(Flashback Query)：查询过去某个时间点或某个 SCN 值时表中的数据信息。

②闪回版本查询(Flashback Version Query)：查询过去某个时间段或某个 SCN 段内表中数据的变化情况。

③闪回事务查询(Flashback Transaction Queq)：查看某个事务或所有事务在过去一段时间对数据进行的修改。

④闪回表(Flashback Table)：将表恢复到过去的某个时间点或某个 SCN 值时的状态。

⑤闪回删除(Flashback Drop)：将已经删除的表及其关联对象恢复到删除前的状态。

⑥闪回数据库(Flashback Database)：将数据库恢复到过去某个时间点或某个 SCN 值时的状态。

⑦闪回数据存档(Flashback Archive)：它允许一个 Oracle 数据库管理员维护一个记录，对指定时间范围内对所有表的的改变情况进行记录。

其中，闪回查询、闪回版本查询、闪回事务查询以及闪回表主要是基于撤销表空间中的回滚信息实现的，而闪回删除、闪回数据库是基于 Oracle 11g 中的回收站(Recycle Bin)和闪回恢复区(Flash Recovery Area)特性实现的。为了使用数据库的闪回技术，必须启用撤销表空间自动管理回滚信息。如果要使用闪回删除技术和闪回数据库技术，还需要启用回收站、闪回恢复区。

## 11.2 闪回查询技术

### 11.2.1 闪回查询概述

闪回查询主要是指利用数据库回滚段存放的信息查看指定表中过去某个时间点的数据信息，或过去某个时间段数据的变化情况，或某个事务对该表的操作信息等。

要支持闪回查询，数据库必须使用系统管理的撤销功能来自动管理回滚段；用户可以询问 DBA 以确定环境中是否启用了此功能。DBA 必须创建一个撤销表空间，启用自动撤销管理(Automatic Undo Management)，并创建一个撤销保留时间窗。闪回查询可以对远程数据库执行。Oracle 将试图在撤销表空间中维护足够的撤销信息，以便在保留时间段内支持闪回查询。保留时间设置和撤销表空间中的可用空间的大小将极大地影响执行闪回查询的能力。

为了使用闪回查询功能，需要启动数据库撤销表空间来管理回滚信息。与撤销表空间相关的参数包括 UNDO – MANAGEMENT、UNDO – TABLESPACE 和 UNDO – RETENTION。

UNDO – MANAGEMENT：指定回滚段的管理方式，如果设置为 AUTO，则采用撤销表空间自动管理回滚信息。

UNDO – TABLESPACE：指定用于回滚信息自动管理的撤销表空间名。

UNDO – MTENTION：指定回滚信息的最长保留时间。

可以用 SQL * Plus 在 SYS 用户中查看当前数据库中这三个参数的设置情况。查询语句及结果如例 11.1 所示。

【例11.1】 查看撤销表空间初始化参数。
SQL > SHOW PARAMETER UNDO

| NAME | TYPE | VALUE |
| --- | --- | --- |
| undo_management | string | AUTO |
| undo_retention | integer | 900 |
| undo_tablespace | string | UNDOTBS1 |

### 11.2.2 闪回查询

闪回查询可以返回过去某个时间点已经提交事务操作的结果。作为其读取一致性模型的一部分，Oracle 可以显示已经提交给数据库的数据。用户可以查询事务提交前已存在的数据。如果不小心提交了一个错误的 Update 或 Delete 操作，那么可以使用闪回查询(Flashback Query)功能查看提交前存在的数据，也可以使用闪回查询的结果还原数据。

注意：为了使用闪回查询的某些功能，必须拥有对 DBMS_FLASHBACK 程序包的 EXECUTE 权限。大多数用户并不需要对该程序包拥有权限。

基本语法：
SELECT column_name [,…] FROM table_name
　　　　　　　　　[AS OF SCN|TIMESTAMP expression] [WHERE condition];

其中，AS OF 用于指定闪回查询时查询的时间点或 SCN。

**1. 基于 AS OF TIMESTAMP 的闪回查询**

为了方便显示，将日期格式修改为"年-月-日 小时:分:秒"的格式显示。设置语句如例11.2 所示。

【例11.2】 修改日期格式。
SQL > ALTER SESSION SET NLS_DATE_FORMAT = 'YYYY - MM - DD HH24:MI:SS';
SQL > SET TIME ON
23:04:45 SQL >

以 jxc 用户下的 t_spml 表为例，查询当前商品编码为 3440444 的商品信息，然后将此商品名称 spmc 进行三次修改，并分别提交，形成三个事务，然后通过闪回查询某一个事务的结果。语句及结果分别如例11.3 所示。

【例11.3】 查询当前 spmc 值。
23:05:02 SQL > SELECT spbm,spmc FROM t_spml WHERE spbm = '3440444';

| SPBM | SPMC |
| --- | --- |
| 3440444 | 兰西新生命之水香水 |

第一次修改 spmc 值
23:06:08 SQL > UPDATE t_spml SET spmc = '兰西新生命之水香水1' WHERE spbm = '3440444';
已更新 1 行。
23:06:36 SQL > COMMIT;
23:06:36 SQL > 提交完成。

第二次修改 spmc 值

```
23:07:09 SQL > UPDATE t_spml SET spmc = '兰西新生命之水香水 2' WHERE spbm = '3440444';
已更新 1 行。
23:07:11 SQL > COMMIT;
提交完成。
```

第三次修改 spmc 值

```
23:09:11 SQL > UPDATE t_spml SET spmc = '兰西新生命之水香水 3' WHERE spbm = '3440444'
已更新 1 行。
23:09:51 SQL > COMMIT;
提交完成。
```

最终修改后 spms 值

```
23:09:51 SQL > UPDATE t_spml SET spmc = '兰西新生命之水香水 4' WHERE spbm = '3440444';
已更新 1 行。
23:10:01 SQL > COMMIT;
提交完成。
```

查询 3440444 号商品第一次 SPMC 修改前的值,可以认为一个小时前 spmc 没有修改查询语句及结果:

```
23:10:30SQL > SELECT spbm,spmc FROM t_spml AS OF TIMESTAMP SYSDATE - 1/24
                    WHERE spbm = '3440444';

SPBM         SPMC
_____     _____

3440444      兰西新生命之水香水
```

查询第一个提交事务,第二个事务还没提交时 3440444 号商品的 spmc,查询结果:

```
23:10:30 SQL > SELECT spbm,spmc FROM t_spml AS OF TIMESTAMP
                    TO_TIMESTAMP ('20120603 230911','YYYYMMDD HH24MISS')
                    WHERE SPBM = '3440444';

SPBM         SPMC
_____     _____

3440444      兰西新生命之水香水 1
```

查询第二个修改提交,第三个修改还没提交时 3440444 号商品的 SPMC,查询结果:

```
23:26:28 SQL > SELECT spbm,spmc FROM t_spml AS OF TIMESTAMP
                    TO_TIMESTAMP ('20120603 230951','YYYYMMDD HH24MISS')
                    WHERE spbm = '3440444';

SPBM         SPMC
_____     _____

3440444      兰西新生命之水香水 2
```

将数据恢复到过去某个时刻的状态。

**【例 11.4】** 将 3440444 号商品的 spmc 修改到第二次提交的状态。

```
23:31:01 SQL > UPDATE t_spml SET spmc = (SELECT spmc FROM t_spml AS OF TIMESTAMP
                    TIMESTAMP('20120603 230951','YYYYMMDD HH24MISS')
                    WHERE spbm = '3440444') WHERE spbm = '3440444';
已更新 1 行。
23:31:03 SQL > COMMIT;
提交完成。
```

```
23:31:06 SQL> SELECT spbm,spmc FROM t_spml WHERE spbm = '3440444';
SPBM        SPMC
————————   ————————
3440444     兰西新生命之水香水2
```

### 1. 基于 AS OF SCN 的闪回查询

如果要恢复的表相互之间有外键约束,使用 AS OF TIMESTAMP 方式,可能会由于时间不统一造成恢复失败,这时需要使用 AS OF SCN 方式,确保约束一致性。

执行基于时间的闪回操作时,实际在执行基于 SCN 的闪回操作;用户正在依靠 Oracle 查找接近于所指定时间的 SCN。如果知道准确的 SCN,则可以精确地执行闪回操作。

为启动基于 SCN 的闪回,必须先知道事务的 SCN。可以使用 COMMIT 命令得到最近的更改号,然后使用 SELECT 命令的 AS OF SCN 子句。可以在执行事务前,执行 DBMS_FLASHBACK 程序包的 GET_SYSTEM_CHANGE_NUMBER 函数来查找当前的 SCN。系统时间与 SCN 之间的对应关系可以通过查询 SYS 模式下的 SMON_SCN_TIME 表获得。

```
SQL> SELECT scn, TO_CHAR(time_dp,'YYYY-MM-DD HH24:MI:SS') time_dp FROM SYS.SMON_SCN_TIME;
```

继续使用上例,说明一下 AS OF SCN 闪回查询方式应用。

注意:在执行以下示例之前,必须拥有 DBMS_FLASHBACK 程序包的 EXECUTE 权限。

先查询当前的 SCN 号及 3440444 商品名称,然后将 spmc 进行两次修改后提交。然后利用前期查询的 SCN 号查询当时的工作情况。

【例 11.5】 AS OF SCN 闪回查询应用。

```
23:31:18 SQL> SELECT current_scn FROM V$database;
CURRENT_SCN
——————————
1041681

23:31:06 SQL> SELECT spbm,spmc FROM t_spml WHERE spbm = '3440444';
SPBM        SPMC
————————   ————————
3440444     兰西新生命之水香水2
```

修改 spmc 并提交。

```
23:38:01 SQL> UPDATE t_spml SET spmc = '兰西新生命之水香水5' WHERE spbm = '3440444';
已更新 1 行。
23:38:12 SQL> COMMIT;
提交完成。
23:38:15 SQL> UPDATE t_spml SET spmc = '兰西新生命之水香水6' WHERE spbm = '3440444';
已更新 1 行。
23:38:26 SQL> COMMIT;
提交完成。
```

查询当前 SCN 号及前期 SPMC 情况。

```
23:38:29 SQL> SELECT current_scn FROM V$database;
CURRENT_SCN
——————————
```

```
1041833
23:38:41 SQL > SELECT spbm,spmc FROM t_spml AS OF SCN 1041681 WHERE spbm = '3440444';
SPBM            SPMC
————            ————
3440444         兰西新生命之水香水2
```

注意：Oracle 使用撤销功能回滚事务处理，并支持闪回查询。Oracle 使用重做信息（在联机重做日志文件中捕获的信息）在数据库恢复过程中应用事务。

在局部恢复操作中，闪回查询是非常重要的工具。一般来说，由于闪回查询取决于应用程序开发人员控制之外的系统元素（例如，在某个时间段中的事务的数量以及撤销表空间的大小），因此不应该依赖于闪回查询设计应用程序的某一部分，而应该把闪回查询作为在测试、支持和数据恢复这些关键时期的一个选项。例如，可以使用闪回查询及时地在过去的不同时刻创建表的副本，以重构改变的数据。

**2. 闪回查询失败的后果**

如果在撤销表空间中没有足够的空间来维持闪回查询所需的数据，查询就会失败。即使DBA 创建了一个巨大的撤销表空间，一系列大型事务可能还会使用全部可用的空间。每个失败查询的一部分信息会写入数据库的警告日志中。

从用户试图恢复旧数据的角度来说，应当尽可能正确、及时地恢复数据。一般来说，可能需要执行多个闪回查询来确定返回多长时间之前成功查询的数据，然后保存可以访问的最早的数据和最接近出错时刻的数据。一旦最早的数据从撤销表空间中删除，就再也不能使用闪回查询重新得到了。

如果不可能通过闪回取得很早之前的数据，就需要执行某种数据库恢复操作——闪回整个数据库或者通过传统的 DBA 方法恢复特定的表和表空间。如果总是出现问题，则应当增加撤销保留时间，增加分配给撤销表空间的空间，并检查应用程序的使用情况以确定为什么有问题的事务总是不断发生。

## 11.3 闪回版本查询

### 11.3.1 闪回版本查询概述

Oracle 数据库已经推出了以闪回查询形式表示的"时间机器"。该特性允许 DBA 看到特定时间的列值，只要在还原段中提供该数据块此前镜像的拷贝即可。但是，闪回查询只提供某时刻数据的固定快照，而不是在两个时间点之间被更改数据的运行状态表示。某些应用，可能需要了解一段时期内数值数据的变化，而不仅仅是两个时间点的数值。闪回版本查询（Flashback Version Query）特性能够更方便、高效地执行该任务。

### 11.3.2 使用闪回版本查询

利用闪回版本查询，可以查看一行记录在一段时间内的变化情况，即一行记录的多个提交的版本信息，从而可以实现数据的行级恢复。基本语法：

```
SELECT column_name[,…] FROM table_name [VERSIONS BETWEEN SCN|TIMESTAMP
        MINVALUE|expression AND MAXVALUE|expression]
        [AS OF SCN|TIMESTAMP expression] WHERE condition;
```

参数说明：

VERSIONS BETWEEN：用于指定闪回版本查询时查询的时间段或 SCN 段。

AS OF：用于指定闪回查询时查询的时间点或 SCN。

在闪回版本查询的目标列中，可以使用下列几个伪列返回版本信息。

VERSIONS_STARTTIME：基于时间的版本有效范围的下界。

VERSIONS_STARTSCN：基于 SCN 的版本有效范围的下界。

VERSIONS_ENDTIME：基于时间的版本有效范围的上界。

VERSIONS_ENDSCN：基于 SCN 的版本有效范围的上界。

VERSIONS_XID：操作的事务 ID。

VERSIONS_OPERATION：操作的类型，I 表示 Insert，D 表示 Delete，U 表示 Update。

注意：闪回版本查询要求 DBA 已经把 UNDO_RETENTION 初始化参数设置为一个非零值。如果 UNDO_RETENTION 值很小，那么可能遇到 ORA - 30052 错误。

在本示例中，我们继续使用进销存系统数据库，其数据库含有一个名称为商品目录的表 (t_spml)，用于记录商品信息。

【例 11.6】 列出商品目录 t_spml 的表结构。

```
SQL > DESC t_spml
```

| 列名 | 可空值否 | 类型 |
| --- | --- | --- |
| SPBM | NOT NULL | CHAR(7) |
| SPMC |  | VARCHAR2(20) |
| SPGG |  | VARCHAR2(15) |
| SPCD |  | VARCHAR2(10) |
| JLDW |  | CHAR(2) |
| GHDW | NOT NULL | CHAR(6) |
| XSJG | NOT NULL | NUMBER(8,2) |
| XXSL | NOT NULL | NUMBER(2) |
| ZFRQ |  | CHAR(8) |

该表显示商品目录信息，当此商品销售价格（xsjg）更新时，我们需要记载销售价格的变动历史，并追述一些商品的历史记录。以往，我们唯一的选择是创建一个商品目录历史表来存储信息的变更，然后查询该表是否提供历史记录。但是在 Oracle 11g 数据库中，闪回版本查询特性不需要维护历史表。使用该特性，用户不必进行额外的设置，即可获得某行在过去特定时间的值。

例如，假定我们在正常业务过程中数次更新某一商品的价格，甚至删除了某行并重新插入该行。

```
SQL > SELECT spmc,ghdw,xsjg FROM t_spml WHERE spbm = '3440444';
SPMC                    GHDW           XSJG
```

兰西新生命之水香水2            G30008    88
SQL > UPDATE t_spml SET xsjg = 81 WHERE spbm = '3440444';

更新一个记录。

SQL > COMMIT;

完全提交。

SQL > UPDATE t_spml SET xsjg = 82 WHERE spbm = '3440444';

更新一个记录。

SQL > COMMIT;

完全提交。

SQL > DELETE t_spml WHERE spbm = '3440444';

删除一个记录。

SQL > COMMIT;

完全提交。

SQL > INSERT INTO t_spml (spbm,spmc,ghdw,xsjg)
            VALUES('3440444','兰西新生命之水香水','G30008',83);

插入一个记录。

SQL > COMMIT;

完全提交。

SQL > UPDATE t_spml SET xsjg = 84 WHERE spbm = '3440444';

更新一个记录。

SQL > COMMIT;

完全提交。

在进行了这一系列操作后,DBA 将通过以下命令获得 xsjg 列的当前提交值

SQL > SELECT spmc,ghdw,xsjg FROM t_spml WHERE spbm = '3440444';

| SPMC | GHDW | XSJG |
| --- | --- | --- |
| 兰西新生命之水香水 | G99001 | 84 |

此输出显示 t_spml 的当前值,没有显示从第一次修改该行以来发生的所有变更。这时使用闪回查询,用户可以找出给定时间点的值;但我们对构建变更的审计线索更感兴趣,有些类似于通过便携式摄像机来记录变更,而不只是在特定点拍摄一系列快照。以下查询显示了对表所做的更改:

SQL > SELECT versions_starttime, versions_endtime, versions_xid, versions_operation,
        xsjg FROM t_spml versions BETWEEN timestamp minvalue AND maxvalue
    WHERE spbm = '3440444' ORDER BY versions_starttime;

| VERSIONS_STARTTIME | VERSIONS_ENDTIME | VERSIONS_XID | V | XSJG |
| --- | --- | --- | --- | --- |
| 05 - 6 月 - 12 08.14.33 下午 | 05 - 6 月 - 12 08.14.51 下午 | 0600170040030000 | U | 81 |
| 05 - 6 月 - 12 08.14.51 下午 | 05 - 6 月 - 12 08.15.12 下午 | 040005006D020000 | U | 82 |
| 05 - 6 月 - 12 08.15.12 下午 |  | 07000A0091020000 | D | 82 |
| 05 - 6 月 - 12 08.16.23 下午 | 05 - 6 月 - 12 08.16.38 下午 | 03001C0024030000 | I | 83 |
| 05 - 6 月 - 12 08.16.38 下午 |  | 0600160040030000 | U | 84 |
| 05 - 6 月 - 12 08.14.33 下午 |  |  |  | 88 |

注意:此处显示了该行上的所有更改及被删除和重新插入的情况。Version_Operation 列显示对该行执行的操作(Insert/Update/Delete)。所做的这些工作不需要历史表或额外的列。

在上述查询中,列 versions_starttime、versions_endtime、versions_xid、versions_operation 是伪列,与 Rownum、Level 等其他熟悉的伪列相类似。其他伪列,如 versions_startSCN 和 versions_EndSCN,显示了该时刻的系统更改号。列 versions_xid 显示了更改该行的事务标识符。有关该事务的更多详细信息可在视图 FlashBack_Transaction_Query 中找到,其中列 xid 显示事务 id。

```
SQL > SELECT undo_sql FROM flashback_transaction_query WHERE xid = '0600170040030000';
UNDO_SQL
────────────────────────────────────────────────────────
UPDATE t_spml SET xsjg = 84 WHERE spbm = '3440444';
```

除了实际语句之外,该视图还显示提交操作的时间标记和 SCN、查询开始时的 SCN 和时间标记以及其他信息。

现在让我们来看如何有效地使用这些信息。假设我们需要找出下午 08.15.12 时 xsjg 列的值。我们可以执行:

```
SQL > SELECT xsjg FROM t_spml VERSIONS BETWEEN timestamp
        TO_DATE('05 - 6 月 - 12 08.15.12','mm/dd/yyyy hh24.mi.ss') AND
        TO_DATE('05 - 6 月 - 12 08.16.38','mm/dd/yyyy hh24.mi.ss');
xsjg
────
82
83
```

此查询与闪回查询类似。还可以使用 SCN 来找出过去的版本值。可以从伪列 versions_StartSCN 和 versions_EndSCN 中获得 SCN 号。以下是一个示例:

```
SQL > SELECT xsjg, versions_starttime, versions_endtime FROM t_spml versions
                          BETWEEN scn 1000 AND 1001;
```

使用关键词 MinValue 和 MaxValue,可以显示还原段中提供的所有变更。用户甚至可以提供一个特定的日期或 SCN 值作为范围的一个端点,而另一个端点是文字 MinValue 或 MaxValue。例如,以下查询提供那些只从下午 08.15.12 之前的变更,而不是全部范围的变更:

```
SQL > SELECT versions_starttime, versions_endtime, versions_xid, versions_operation, xsjg
        FROM t_spml versions BETWEEN timestamp minvalue AND
            TO_DATE('05/06/12 08.15.12', 'mm/dd/yyyy hh24.mi.ss')
        ORDER BY version_starttime;
```

| VERSIONS_STARTTIME | VERSIONS_ENDTIME | VERSIONS_XID | V | XSJG |
|---|---|---|---|---|
| 05 - 6 月 - 12 08.14.33 | 下午 05 - 6 月 - 12 08.14.51 | 下午 0600170040030000 | U | 81 |
| 05 - 6 月 - 12 08.14.51 | 下午 05 - 6 月 - 12 08.15.12 | 下午 040005006D020000 | U | 82 |

闪回版本查询随取随用地复制表变更的短期易变数值审计。这一优点使得 DBA 能够获得过去时间段中的所有变更而不是特定值,只要还原段中提供数据,就可以尽情使用。因此,最大的可用版本依赖于 UNDO_RETENTION 参数。

## 11.4 闪回表

### 11.4.1 闪回表概述

闪回表(Flashback Table)是将表恢复到过去的某个时间点的状态,为 DBA 提供了一种在线、快速、便捷地恢复对表进行的修改、删除、插入等错误的操作。

与闪回查询不同,闪回查询只是得到表在过去某个时间点上的快照,并不改变表的当前状态,而闪回表则是将表及附属对象一起恢复到以前的某个时间点。

利用闪回表技术恢复表中数据的过程,实际上是对表进行 DML 操作的过程。Oracle 自动维护与表相关联的索引、触发器、约束等,不需要 DBA 参与。

**1. 闪回表的特性**
① 在线操作。
② 恢复到指定的时间点(或者 SCN)的任何数据。
③ 自动恢复相关属性。
④ 满足分布式的一致性。
⑤ 数据的一致性,所有相关对象将自动一致。

**2. 使用数据库闪回表功能必须满足的条件**
① 普通用户中需要有 FLASHBACK ANY TABLE 的系统权限。命令如下:
GRANT FLASHBACK ANY TABLE TO scott;
② 用户具有所操作表的 Select、Insert、Delete、Alter 对象权限。
③ 数据库采用撤销表空间进行回滚信息的自动管理,合理设置 UNDO_RETENTIOIN 参数值,保证指定的时间点或 SCN 对应信息保留在撤销表空间中。
④ 必须保证该表有 ROW MOVEMENT(行移动)特性,可以采用下列方式进行设置:
ALTER TABLE table ENABLE ROW MOVEMENT。

### 11.4.2 闪回表的使用

**1. 闪回表的语法**
FLASHBACK TABLE [schema.] <table_name> TO {[BEFORE DROP[RENAME TO table]]
　　　　　　　　　[SCN|TIMESTAMP]expr[ENABLE|DISABLE]TRIGGERS};

其中的各项参数说明如下:
schema:模式名,一般为用户名。
TO TIMESTAMP:系统邮戳,包含年、月、日、时、分、秒。
TO SCN:系统更改号,可从 FLASHBACK_TRANSACTION_QUERY 数据字典中查到,如 FLASHBACK TABLE spmlloye TO SCN 3698893。
ENABLE TRIGGERS:表示触发器恢复以后为 Enable 状态,而默认为 Disable 状态。
TO BEFORE DROP:表示恢复到删除之前。

RENAME TO table：表示更换表名。

### 2. 使用闪回表的具体示例

从 FLASHBACK TABLE 命令的语法来看，可恢复到之前的某个时间戳、SCN 号或者之前的任何 Drop 动作。下面分别给出这几种情况的恢复示例。

【例 11.7】 为了不影响当前数据库的数据记录，我们建立一个 t_spml 的备份表 sh_spml 来进行闪回表的恢复操作。

```
创建 t_spml 的备份表 sh_spml 表
SQL > CREATE TABLE sh_spml AS SELECT * FROM t_spml;
表已创建。
查询 sh_spml 表中数据量
SQL > SELECT COUNT( * ) FROM sh_spml;
COUNT( * )
_____
78


删除 sh_spml 表中数据
SQL > DELETE FROM sh_spml;
SQL > COMMIT;
提交完成。
查询删除数据后的 sh_spml,确定其表中已没有数据
SQL > SELECT COUNT( * ) FROM sh_spml;
COUNT( * )
_____
0


确保该表中的行迁移(ROW MOVEMENT)功能
SQL > ALTER TABLE sh_spml ENABLE ROW MOVEMENT;
表已更改。
恢复 SH_SPML 表到刚记录的时间点(或 scn);
SQL > FLASHBACK table sh_spml TO TIMESTAMP
to_timestamp('2012 - 06 - 05 13:02:37', 'yyyy - mm - dd hh24:mi:ss');
查看恢复结果表明,所有记录都已经恢复。
SQL > SELECT COUNT( * ) FROM sh_spml;
COUNT( * )
_____
78
```

注意：

① FLASHBACK TABLE 在真正的高要求环境中使用意义不大,受限比较多,要必须确保行迁移功能。

② 在 FLASHBACK TABLE 过程中,阻止写操作。

③ 表中数据能恢复,而表中索引确不能正常恢复。
④ 由于利用其 UNDO 信息来恢复其对象,因此也不能恢复 TRUNCATE 数据。
⑤ 恢复数据用 FLASHBACK QUERY 实现比较好。

### 11.4.3 闪回删除

使用 Oracle 11g 中的闪回表特性,可以毫不费力地恢复被意外删除的表。如果用户或 DBA 意外地删除了一个非常重要的表,则需要尽快地恢复。虽然 Oracle 9i 数据库推出了闪回查询选项的概念,以便检索过去某个时间点的数据,但它不能闪回 DDL 操作,如删除表的操作。唯一的恢复方法是在另一个数据库中使用表空间的时间点恢复,然后使用导出/导入或其他方法,在当前数据库中重新创建表。这一过程需要 DBA 进行大量工作并且耗费宝贵的时间,更不用说还要使用另一个数据库进行克隆。现在使用 Oracle 11g 中的闪回表特性,它使得被删除表的恢复过程如同执行几条语句一样简单。

闪回删除(Flashback Drop)可恢复使用 DROP TABLE 语句删除的表,是一种对意外删除的表的恢复机制。闪回删除功能的实现主要是通过 Oracle 数据库中的"回收站"技术实现的。

在 Oracle 11g 数据库中,当执行 DROP TABLE 操作时,并不立即回收表及其关联对象的空间,而是将它们重命名后放入一个称为"回收站"的逻辑容器中保存,直到用户决定永久删除它们或存储该表的表空间存储空间不足时,表才真正被删除。

注意:为了使用闪回删除技术,必须开启数据库的"回收站"。

### 11.4.4 闪回回收站

回收站是所有丢弃表及其相依赖于表存在的对象的逻辑存储容器。当一个表被丢弃时(DROP),回收站会将该表及其相依赖于表存在的对象存储在回收站中。存储在回收站中的表的相依赖于表存在的对象包括索引、约束、触发器、嵌套表、大的二进制对象(LOB)段和 LOB 索引段。

Oracle 回收站将用户所进行的 DROP 语句的操作记录在一个系统表里,即将被删除的对象写到一个数据字典表中,确定是不再需要的被删除对象时,可以使用 PURGE 命令对回收站空间进行清除。

为了避免被删除表与同类对象名称的重复,被删除表(及相依对象)放到回收站中后,Oracle 系统对被删除的对象名进行了转换。被删除对象(如表)的名字转换格式如下:

BIN $ globalUID $ version

globalUID 是一个全局唯一的、24 个字符长的标识对象,它是 Oracle 内部使用的标识,对于用户来说没有任何实际意义,因为这个标识与对象未删除前的名称没有关系。

$ version 是 Oracle 数据库分配的版本号。

Recycle Bin 只是一个保存 DROP 的对象的一个数据字典表。所以可以通过如下语句查询回收站中的信息:

SELECT * FROM recyclebin;

除非拥有 SYSDBA 权限,否则每个用户只能看到属于自己的对象。所以对于用户来说,好像每个人都拥有自己的回收站。即使用户有删除其他 SCHEMA 对象的权限,也只能在 recyclebin 中看到属于自己的对象。

(1) 启动"回收站"。

要使用闪回删除功能,需要启动数据库的"回收站",即将参数 recyclebin 设置为 ON。在默认情况下"回收站"已启动。

```
SQL > SHOW PARAMETER recyclebin
SQL > ALTER SYSTEM SET recyclebin = ON;
```

(2) 查看"回收站"。

当执行 DROP TABLE 操作时,表及其关联对象被命名后保存在"回收站"中,可以通过查询 User_Recyclebin、DBA_Recyclebin 视图获得被删除的表及其关联对象信息。User_Recyclebin 或 Recyclebin 可以查看已经删除的所有对象;DBA_recyclebin 显示所有用户已删除的以及仍驻留在回收站中的所有对象。

original_name:是对象删除前的名称。

object_name:是对象删除后的系统生成名称。

type:是对象的类型。

ts_name:是对象所属的表空间的名称。

droptime:是删除对象的日期。

related:是已删除对象的对象标识符。

space:是对象当前使用的块数。

```
SQL > DROP TABLE sh_spml;
SQL > SELECT object_name,original_name,type FROM User_recyclebin;
```

| OBJECT_NAME | ORIGINAL_NAME | TYPE |
| --- | --- | --- |
| BIN $ KXq99hirQTabbj6GoZnprA = = $ 0 | SH_SPML | TABLE |

(3) 清除回收站。

由于被删除表及其关联对象的信息保存在"回收站"中,其存储空间并没有释放,因此需要定期清空"回收站",或清除"回收站"中没用的对象(表、索引、表空间),释放其所占的磁盘空间。

清除回收站语法为:

PURGE [TABLE table | INDEX index] | [RECYCLEBIN | DBA_RECYCLEBIN] |
　　　　[TABLESPACE tablespace [USER user]];

【例 11.8】 清除回收站。我们建立一个表,同时为表建立索引,可以更清楚地了解表删除后回收站里的内容。

① 先准备数据,建立表 r1:

```
SQL > CREATE TABLE r1(id int);
```

表已创建。

② 建立索引:

```
SQL > CREATE INDEX i_r1 ON r1(id);
```

索引已创建。

③ 修改表:

```
SQL > ALTER TABLE r1 ADD CONSTRAINT con_r1_pk PRIMARY KEY (id) USING INDEX i_r1;
```

表已更改。

④删除表:
SQL > DROP TABLE r1;
表已删除。
⑤查询回收站:
SQL > SHOW RECYCLEBIN

| ORIGINAL NAME | RECYCLEBIN NAME | OBJECT TYPE | DROP TIME |
|---|---|---|---|
| R1 | BIN $ vify/ + P9SWyZKZAgwAakTw = = $ 0 | TABLE | 2012 - 06 - 11:15:11:11 |

SQL > SELECT object_name,original_name,type FROM recyclebin;

| OBJECT_NAME | ORIGINAL_NAME | TYPE |
|---|---|---|
| BIN $ vify/ + P9SWyZKZAgwAakTw = = $ 0 | r1 | TABLE |
| BIN $ mv47WpNyQMu1YQdh9KQa5g = = $ 0 | i_r1 | INDEX |

⑥清空回收站里表 r1 信息;
SQL > PURGE TABLE r1;
表已清除。
这里也可以这样用:PURGE TABLE 'BIN $ vify/ + P9SWyZKZAgwAakTw = = $ 0';
注意:PURGE TABLESPACE tablespace_name 可以清除 RecycleBin 属于指定 TABLESPACE 的所有对象。
SQL > PURGE TABLESPACE users;
表空间已清除。
PURGE TABLESPACE tablespace_name USER user_name 可以清除 Recycle 中属于指定 tablespace 和指定 user 的所有对象。
SQL > PURGE TABLESPACE users USER scott;
表空间已清除。
⑦清空回收站:
SQL > PURGE RECYCLEBIN;

### 11.4.5 使用闪回删除

如果要对已 DROP 的表进行恢复操作,可以使用以下语句:
SQL > FLASHBACK TABLE table_name TO BEFORE DROP
为了帮助读者理解回收站在使用中的操作过程,下面给出较详细的回收站操作步骤。为方便起见,本例采用 Oracle 默认安装用户 Soctt。

【例 11.9】 本例给出数据准备、删除表、查询回收站信息、恢复及查询恢复后的情况。
SQL > CREATE TABLE my_spml AS SELECT * FROM t_spml;
表已创建。
SQL > SELECT COUNT( * ) FROM my_spml;
COUNT( * )
―――――――
78

(1)删除表结构。

```
SQL > SELECT * FROM tab;
TNAME                TABTYPE      CLUSTERID

MY_SPML              TABLE
T_BMML               TABLE
T_GHDWML             TABLE
T_SPBJMX             TABLE
T_SPFCMX             TABLE
T_SPKCMX             TABLE
T_SPML               TABLE
T_SPRKMX             TABLE
T_SPXSMX             TABLE
T_SPXSRB             TABLE
T_ZGML               TABLE
```
已选择 11 行。
```
SQL > DROP TABLE my_spml;
```
表已删除。

（2）删除（DROP）表后的数据字典。
```
SQL > SELECT * FROM tab;
TNAME                                    TABTYPE      CLUSTERID

BIN $ ehgHmmqJQNy5kGODjw57aw = = $ 0     TABLE
T_BMML                                   TABLE
T_GHDWML                                 TABLE
T_SPBJMX                                 TABLE
T_SPFCMX                                 TABLE
T_SPKCMX                                 TABLE
T_SPML                                   TABLE
T_SPRKMX                                 TABLE
T_SPXSMX                                 TABLE
T_SPXSRB                                 TABLE
T_ZGML                                   TABLE
```
已选择 11 行。

当 my_spml 表被删除以后，在数据库回收站里变成了 BIN $ POiMOEfPgU3gQAB/AQASlg = = $ 0，version 是 0。

（3）查看 user_recyclebin 回收站，可以看到删除的表对应的记录。
```
SQL > SELECT object_name,original_name FROM user_recyclebin;
OBJECT_NAME                              ORIGINAL_NAME

BIN $ ehgHmmqJQNy5kGODjw57aw = = $ 0     MY_SPML
```
（4）利用 user_recyclebin 中的记录，使用 FLASHBACK 从回收站恢复表 MY_SPML。
```
SQL > FLASHBACK TABLE my_spml TO BEFORE DROP;
```

闪回完成。
```
SQL > SELECT COUNT( * ) FROM my_spml;
COUNT( * )
----------
    78
```
以上是恢复完成后的查询结果。

### 11.4.6 管理回收站

回收站是丢弃对象的逻辑存储容器，它以表空间中现有的已经分配的空间为基础，这意味着系统并没有给回收站预留空间。这使回收站空间依赖于现有表空间中的可用空间（也就是说，丢弃表占据的空间仍然需要计入表空间配额），因此并不能总是保证丢弃对象在回收站中的最小时间。

如果不对回收站进行清除操作，丢弃对象就会一直保存在回收站内，一直到丢弃对象所属的表空间无法再分配新的存储区域，这种状态称之为空间压力。有时，用户的表空间限额也会导致空间压力状态的出现，即使表空间中仍然存在自由空间。

当空间压力出现时，Oracle 会覆盖些回收站对象，从而自动回收表空间。Oracle 根据先进先出的原则来选择丢弃对象进行删除，所以最先被丢弃的对象也最先被清除。而对象的清除仅仅是为了解决产生的空间压力问题，所以会尽可能清除少的对象来满足空间压力的要求。这样处理，既最大限度地保证了对象在回收站中的可用时间，又减少了 Oracle 在事物处理时的性能影响。

DBA 需要关注回收站的空间利用情况，掌握清除回收站对象从而释放空间的办法，这可用 PURGE 命令来完成。PURGE 命令可从回收站中删除表或索引，并释放有关表和索引所占用的空间；用 PURGE 命令也可清除整个回收站或清除被删除的表空间的所有部分。

值得一提的是，当用 PURGE 命令清除掉被删除的对象后，该对象确实是被完全清除掉而不能再重建了。

**1. 清除回收站中的对象释放空间的几种方式**

（1）使用 PURGE TABLE original_table_name。

这里的 original_table_name 表示表在 DROP 以前的名称（源名称），使用该操作可以从回收站中永久地删除对象并释放空间。

（2）使用 PURGE TABLE recyclebin_object_name。

这里的 recyclebin_object_name 表示回收站中的对象名称，使用该操作可以从回收站中永久地删除对象并释放空间。

（3）使用 PURGE TABLESPACE tablespace_name。

从回收站清除一个特定表空间的所有对象。该命令从指定的表空间中清除所有的丢弃对象及相依对象。因为相依对象（如 LOB、嵌套表、索引和分区等）未必与基表存储在同一个表空间，该命令会将相依对象从其所在的表空间中进行清除。

（4）使用 PURGE TABLESPACE tablespace_name USER user_name。

从回收站中清除属于某个特定用户的所有丢弃对象（当然也包括基表的相依对象）。

（5）使用 DROP USER user_name CASCADE。

直接删除指定用户及其所属的全部对象。也就是说,DROP USER 命令会绕过回收站直接进行删除。同时,如果回收站中也有该用户的所属对象,则也会从回收站中清除掉。

(6)使用 PURGE RECYCLEBIN。

可以清除用户自己的回收站。该命令从用户回收站中清除所有的对象并释放与这些对象关联的空间。

(7)使用 PURGE DBA_RECYCLEBIN。

从所有用户的回收站清除所有对象。该命令能高效地完全清空回收站,当然,执行该命令必须具有 SYSDBA 系统管理权限才可以。

**2. 表版本和闪回的功能**

用户可能会经常多次创建和删除同一个表,如:

```
SQL > CREATE TABLE test (col1 NUMBER);
SQL > INSERT INTO test VALUES(1);
SQL > COMMIT;
SQL > DROP TABLE test;
SQL > CREATE TABLE test (col1 NUMBER);
SQL > INSERT INTO test VALUES (2);
SQL > COMMIT;
SQL > DROP TABLE test;
SQL > CREATE TABLE test (col1 NUMBER);
SQL > INSERT INTO test VALUES (3);
SQL > COMMIT;
SQL > DROP TABLE test;
```

此时,如果用户要对表 test 执行闪回操作,那么列 col1 的值应该是什么?常规想法可能认为从回收站取回表的第一个版本,列 col1 的值是 1。实际上,取回的是表的第三个版本,而不是第一个。因此列 col1 的值为 3,而不是 1。

此时用户还可以取回被删除表的其他版本。但是表 test 的存在不允许出现这种情况。用户有两种选择:

```
FLASHBACK TABLE test TO BEFORE DROP RENAME TO test2;
FLASHBACK TABLE test TO BEFORE DROP RENAME TO test1;
```

这些语句将表的第一个版本恢复到 test1,将第二个版本恢复到 test2。test1 和 test2 中的列 col1 的值将分别是 1 和 2。

注意:取消删除特性使表恢复其原始名称,但是索引和触发器等相关对象并没有恢复原始名称,它们仍然使用回收站的名称。在表上定义的源(如视图和过程)没有重新编译,仍然保持无效状态。必须手动得到这些原有名称并应用到闪回表。

## 11.5 闪回事务查询

### 11.5.1 闪回事务查询概述

事务是访问数据库时一系列的逻辑相关动作。Oracle 11g 的闪回事务查询(Flashback

Transaction Query)就是对过去某段时间内所完成的事务的查询和撤销。

Oracle Flashback Transaction Query 特性确保检查数据库的任何改变在一个事务级别,可以利用此功能进行诊断问题、性能分析和审计事务。它其实是 Flashback Version Query 查询的一个扩充,Flashback Version Query 说明了可以审计一段时间内表的所有改变,但是也仅仅是能发现问题,对于错误的事务,没有好的处理办法。而 Flashback Transaction Query 提供了从 FlashBack_Transaction_Query 视图中获得事务的历史以及 UNDO_SQL(回滚事务对应的 SQL 语句),也就是说,审计一个事务到底做了什么,甚至可以回滚一个已经提交的事务。

闪回事务查询的基础是依赖于撤销数据(Undodata),它也是利用初始化的数据库参数 Undo_ Retention 来确定已经提交的撤销数据在数据库中的保存时间。

### 11.5.2 使用闪回事务查询

要使用 Flashback Version Query 功能,需要用到 FlashBack_Transaction_Query 视图,见表 11.1 的解释。

表 11.1 FLASHBACK_TRANSACTION_QUERY 的列的解释

| 列名称 | 类型 | 解释 |
| --- | --- | --- |
| XID | RAW(8) | 事务标识 |
| START_SCN | NUMBER | 事务起始 SCN |
| START_TIMESTAMP | DATE | 事务起始时间 |
| COMMIT_SCN | NUMBER | 事务提交 SCN |
| COMMIT_TIMESTAMP | DATE | 事务提交时间戳 |
| LOGON_USER | VARCHAR2(30) | 登入的用户名 |
| UNDO_CHANGE# | NUMBER | 撤销改变号 |
| OPERATION | VARCHAR2(32) | 前滚操作 |
| TABLE_NAME | VARCHAR2(256) | 表名 |
| TABLE_OWNER | VARCHAR2(32) | 表拥有者 |
| ROW_ID | VARCHAR2(19) | 唯一的行标识 |
| UNDO_SQL | VARCHAR2(4000) | 撤销的 SQL 语句 |

【例 11.10】 以具体事例来演示闪回事务查询功能。

(1)先初始化一些数据。

SQL > CREATE TABLE test (t VARCHER2(10));

SQL > INSERT INTO test VALUES('1');

SQL > COMMIT;

执行删除操作,再恢复。

SQL > DELETE test WHERE t = '1';

SQL > COMMIT;

(2)查看的操作发生情况。

SQL > SELECT t,sal,versions_operation,versions_xid,versions_starttime FROM test
　　　　versions BETWEEN timestamp minvalue AND maxvalue ORDER BY t,versions_starttime;

T    V    VERSIONS_XID         VERSIONS_STARTTIME

| | | | |
|---|---|---|---|
| 1 | I | 07000700DC020000 | 14-6月 -12 06.57.48 下午 |
| 1 | D | 020010005F030000 | 14-6月 -12 07.09.45 下午 |

（3）找出 xid 为 020010005F030000 的语句的撤销操作（UNDO_SQL）。
```
SQL > SELECT table_name,undo_sql FROM flashback_transaction_query
                  WHERE xid = '020010005F030000';
```

| TABLE_NAME | UNDO_SQL |
|---|---|
| TEST | INSERT INTO "JXC"."TEST"("T") VALUES('1'); |

（4）运行上面找出的 SQL 语句，即可将以前删除的数据恢复回来。
```
SQL > INSERT INTO "JXC"."TEST"("T") VALUES('1');
```

## 11.6 闪回数据库

### 11.6.1 闪回数据库概述

闪回数据库（Flashback Database）技术是将数据库快速恢复到过去的某个时间点或 SCN 值时的状态，以解决由于用户错误操作或逻辑数据损坏引起的问题。这对于数据库从逻辑错误中恢复特别有用，而且也是大多数逻辑损害时恢复数据库的最佳选择。

闪回数据库操作不需要使用备份重建数据文件，而只需要应用闪回日志文件和归档日志文件。Oracle 系统为了使用数据库的闪回功能，特别创建了另外一组日志，就是 Flashback_logs（闪回日志），记录数据库的闪回操作。为了使用数据库闪回技术，需要预先设置数据库的闪回恢复区和闪回日志保留时间。闪回恢复区用于保存数据库运行过程中产生的闪回日志文件，而闪回日志保留时间是指闪回恢复区中的闪回日志文件保留的时间，即数据库可以恢复到过去的最大时间。

使用闪回数据库恢复比使用传统的恢复方法要快得多，这是因为恢复不再受数据库大小的影响。也就是说，传统的恢复时间（MTTR）是由所需重建的数据文件的大小和所要应用的归档日志的大小决定的。而使用闪回数据库恢复，恢复时间是由恢复过程中需要备份的变化的数量决定的，而不是数据文件和归档日志的大小。

闪回数据库的结构是由恢复写入器（RVWR）后台进程和闪回数据库日志组成的。如果要启用闪回数据库功能，RVWR 进程也要启动。

闪回数据库日志是一种新的日志文件类型，它包括物理数据块先前的"图像"。闪回恢复区是闪回数据库的先决条件，因为 RVWR 进程要将闪回日志写入该区域中，所以在使用闪回数据库功能时，必须要启用该区。

**1. 闪回数据库操作的限制**

①数据文件损坏或丢失等介质故障不能使用闪回数据库进行恢复。

②闪回数据库功能启动后，如果发生数据库控制文件重建或利用备份恢复控制文件，则不

能使用闪回数据库。

③不能使用闪回数据库进行数据文件收缩操作。

④不能完成删除一个表空间的恢复。

⑤最多只能将数据库恢复到在闪回日志中最早可用的那个 SCN 值。

**2. 闪回数据库功能需要满足的条件**

①数据库必须处于归档模式(Archive Log)。

②数据库设置了闪回恢复区。

③数据库启用了 FlashBack Database 特性。

### 11.6.2 使用闪回数据库

**1. 使用闪回数据库的基本要求及设置**

要启用闪回数据库的功能,还需要进行进一步的配置,需要注意如下几点。

①配置闪回恢复区。

②数据库需要运行在归档模式下(Archive Log)。

③通过数据库参数 DB_FlashBack_Retention_Target,来指定可以在多长时间内闪回数据库。该值以分钟为单位,默认值为 1 440(1 天),更大的值对应更大的闪回恢复空间,类似于闪回数据库的基线。

④需要在 Mount 状态下使用 Alter Database FlashBack ON 命令启动闪回数据库功能。

在监控闪回数据库时,常用的有以下几个重要视图:

V $ Database:用于显示闪回数据库是否启动,即闪回数据库是否被激活。

V $ FlashBack_Database_log:可用于查看与闪回数据库有关的 SCN、TIME、闪回数据库的时间及闪回数据的大小。

V $ FlashBack_Database_Stat:显示闪回数据库日志的情况,可用来估算闪回数据库潜在的需求空间。

【例 11.11】 数据库闪回功能的设置。

(1)登入系统。

SQL > CONN /AS SYSDBA;

SQL > SHOW PARAMETER db_recovery_file_dest;

| NAME | TYPE | VALUE |
| --- | --- | --- |
| db_recovery_file_dest | string | /oratest/app/oracle/flash_recovery_area |
| db_recovery_file_dest_size | big integer | 2G |

SQL > show parameter flashback;

| NAME | TYPE | VALUE |
| --- | --- | --- |
| db_flashback_retention_target | integer | 1440 |

(2)确认实例是否为归档模式(需要设置为归档模式下运行)。

```
SQL > ARCHIVE LOG LIST;
Database log mode                      No Archive Mode
Automatic archival                     Disabled
Archive destination                    USE_DB_RECOVERY_FILE_DEST
Oldest online log sequence             29
Current log sequence                   31
```

当前的数据库处于非归档模式下。

（3）将数据库改为在归档模式下运行，并且打开 flashback 功能。

```
SQL > SHUTDOWN IMMEDIATE;
```
数据库已经关闭。
已经卸载数据库。
ORACLE 例程已经关闭。

```
SQL > STARTUP MOUNT;
```
ORACLE 例程已经启动。

```
Total System Global Area               535662592 bytes
Fixed Size                               1375792 bytes
Variable Size                          230687184 bytes
Database Buffers                       297795584 bytes
Redo Buffers                             5804032 bytes
```
数据库装载完毕。

```
SQL > ALTER DATABASE ARCHIVELOG;
```

（4）设置参数 DB_FlashBack_Transaction_Query_Target 为希望的值，该值的单位为分钟，本例设置为 4 天，$1\,440 \times 4 = 5\,760$。

```
SQL > ALTER SYSTEM SET DB_FLASHBACK_RETENTION_TARGET = 5760;
```

（5）启动闪回数据库，将数据库置为 OPEN 状态。

```
SQL > ALTER DATABASE FLASHBACK ON;
```
数据库已更改。

```
SQL > ALTER DATABASE OPEN;
```
数据库已更改。

（6）查看更改后的参数。

```
SQL > ARCHIVE LOG LIST;
```

| 数据库日志模式 | 存档模式 |
| --- | --- |
| 自动存档 | 启用 |
| 存档终点 | USE_DB_RECOVERY_FILE_DEST |
| 最早的联机日志序列 | 12 |
| 下一个存档日志序列 | 14 |
| 当前日志序列 | 14 |

经过以上对数据库闪回功能的设置，Oracle 11g 的 Flashback Database 功能可自动搜集数

据,我们只要确保数据库是归档方式运行即可。

**2. 闪回数据库基本语法及使用**

语法格式:

FLASHBACK [STANDBY] DATABASE [database] TO
　　　　　[SCN|TIMESTAMP expression]|[BEFORE SCN|TIMESTAMPexpression];

参数说明:

STANDBY:指定执行闪回的数据库为备用数据库。

TO SCN:将数据库恢复到指定 SCN 的状态。

TO TIMESTAMP:将数据库恢复到指定的时间点。

TO BEFORE SCN:将数据库恢复到指定 SCN 的前一个 SCN 状态。

TO BEFORE TIMESTAMP:将数据库恢复到指定时间点前一秒的状态。

当用户发出 FlashBack Database 语句后,数据库会首先检查所需要的归档文件与联机重建日志文件的可用性。如果可用,则会将数据库恢复到指定的 SCN 或者时间点上。

在数据库中闪回数据库的总数和大小由 DB_FlashBack_Transaction_Target 初始化参数控制。可通过查询 V$FlashBack_Database_Log 视图来确定能恢复到过去多远。

如果数据库中所保留的数据不够执行恢复,可使用标准的恢复过程恢复到过去的某个时间点上。

如果数据文件集没有保留足够的数据,则数据库会返回一个错误,在这种情况下,可先使数据文件脱机,然后再发出语句恢复剩余的部分。最后再用标准方法恢复这些脱机的数据文件。

FlashBack 语句既可以在 SQL> 下使用,也可以在 EM 中使用。下给出一个具体实例。

【例 11.12】 一个闪回数据库例子。

(1)先查询 V$flashback_database_log 视图以获得 oldest_flashback_scn。

SQL> CONN /AS SYSDBA;

SQL> SELECT oldest_flashback_scn,oldest_flashback_time FROM V$flashback_database_log;

OLDEST_FLASHBACK_SCN　　　OLDEST_FLASHBA
————————————————　　　——————————

1226120　　　　　　　　　18-6月 -12

SQL> SET TIME ON

20:41:20 SQL> CREATE TABLE sh_1(a CHAR(2));

表已创建。

(2)关闭数据库,并在 MOUNT 模式下启动数据库。

SQL> SHUTDOWN IMMEDIATE;

数据库已经关闭。

已经卸载数据库。

ORACLE 例程已经关闭。

SQL> STARTUP MOUNT

ORACLE 例程已经启动。

Total System Global Area          535662592 bytes
Fixed Size                         1375792 bytes
Variable Size                    230687184 bytes
Database Buffers                 297795584 bytes
Redo Buffers                       5804032 bytes

数据库装载完毕。

(3) 使用 FLASHBACK DATABAE 闪回数据库到 SCN1226120。

20:53:18 SQL > FLASHBACK DATABASE TO SCN 1226120;

闪回完成。

(4) 用 resetlogs 选项打开数据库,因为要恢复到当前数据库之前的一个时刻。

SQL > ALTER DATABASE OPEN RESETLOGS;

数据库已更改。

验证数据库的状态(sh_1 表应该不存在)。

20:56:01 SQL > DESC sh_1

ERROR: ORA - 04043: 对象 sh_1 不存在

## 11.8 习题与上机实训

### 11.8.1 习题

1. 利用闪回技术进行数据恢复有何优缺点?
2. 闪回查询与闪回版本查询有何不同?
3. 利用闪回表操作时用户需具有哪些权限?
4. 简述闪回操作实现的基本原理。
5. 简述闪回数据库操作实现的基本原理。
6. 简述闪回数据库操作需要满足的条件。
7. 举例说明利用闪回数据库技术,将数据库恢复到创建表之前的状态。
8. 举例说明将数据库中的闪回日志保留时间设置为 3 天的过程。
9. DROP TABLE 语句在 Oracle 9i 和 Oracle 11g 中的执行有什么不同?
10. 怎样检查数据库是否满足闪回查询和闪回删除的条件?

### 11.8.2 上机实训

**1. 实训目的**

Oracle 11g 数据库用于数据恢复的最新技术——闪回技术。闪回技术包括闪回查询、闪回版本查询、闪回事务查询、闪回表、闪回删除、闪回数据库及闪回数据存档。用户的任何误操作都可以利用闪回技术快速、高效地恢复。

在本实训中要了解闪回技术,掌握闪回查询、闪回版本查询、闪回事务查询的方法,学会应用闪回表、闪回删除、闪回数据库及闪回数据及闪回数据存档等技术的应用。

**2. 实训任务**

(1)闪回查询。

基本语法:SELECT column_name[,…] FROM table_name

[AS OF SCN|TIMESTAMP expression] [WHERE condition];

①基于 AS OF TIMESTAMP 的闪回查询。

参见本章例 11.2、11.3、11.4 完成实例操作。

②基于 AS OF SCN 的闪回查询。

参见本章例 11.5 完成实例操作。

(2)使用闪回版本查询。

基本语法:

SELECT column_name[,…] FROM table_name

[VERSIONS BETWEEN SCN|TIMESTAMP

MINVALUE|expression AND MAXVALUE|expression]

[AS OF SCN|TIMESTAMP expression]

WHERE condition;

参见本章例 11.6 完成实例操作。

(3)闪回表。

①使用闪回表。

基本语法:

FLASHBACK TABLE [schema.] <table_name> TO

{[BEFORE DROP[RENAME TO table]]

[SCN|TIMESTAMP]expr[ENABLE|DISABLE]TRIGGERS};

参见本章例 11.7 完成实例操作。

②使用闪回删除。

参见本章例 11.9 完成实例操作。

③清除闪回回收站。

基本语法:

PURGE [TABLE table | INDEX index]|

[RECYCLEBIN | DBA_RECYCLEBIN]|

[TABLESPACE tablespace [USER user]];

参见本章例 11.8 完成实例操作。

(4)使用闪回事务查询。

参见本章例 11.10 完成实例操作。

(5) 使用闪回数据库。

① 数据库闪回功能的设置。

参见本章例 11.11 完成实例操作。

② 闪回数据库实例。

参见本章例 11.12 完成实例操作。

(6) 闪回数据归档。

① 创建与管理闪回数据归档区。

参见本章例 11.13 完成实例操作。

② 使用闪回数据归档。

参见本章例 11.14 完成实例操作。

③ 清除闪回数据归档区数据。

参见本章例 11.15 完成实例操作。

# 第12章 Oracle数据库备份与恢复

本章介绍 Oracle 11g 数据库备份与恢复的重要性和概念,用大量实例说明用于数据库备份与恢复的技术,包括数据库的冷备份方法、热备份方法、完全恢复方法、不完全恢复方法及数据库逻辑备份和恢复方法。

我们使用一个数据库时,总希望数据库的内容是可靠的、正确的,但由于计算机系统的故障(硬件故障、软件故障、网络故障、进程故障和系统故障)影响数据库中数据的正确性,甚至破坏数据库,使数据库中全部或部分数据丢失。因此,当发生上述故障后,希望能重构这个完整的数据库,减少数据的丢失。这需要我们合理地制订备份与恢复策略。

## 12.1 数据库保护机制

### 12.1.1 数据库常见故障类型

数据库在运行过程中可能会出现多种类型的故障,主要包括以下六种:

(1)语句失败。

单独的 SQL 语句执行失败有很多种原因,DBA 并不需要对所有这些出错原因负责。但是即便如此,DBA 也必须有处理这些错误的准备。SQL 语句失败的常见原因:一是无效的数据,比如格式不符合要求或违反约束限制;二是与 DBA 无关的语句类错误是应用程序中的逻辑错误。程序员写的代码可能在某些情况下在某种特定的情况下出现逻辑错误。

(2)进程故障。

进程故障是指用户进程、服务器进程或数据库后台进程由于某种原因而意外终止,此时该进程将无法使用,但不影响其他进程的运行。Oracle 的后台进程 PMON 能够自动监测并恢复故障进程。如果该进程无法恢复,则需要 DBA 关闭并重新启动数据库实例。

(3)用户错误。

用户错误是指用户在使用数据库时产生的错误。例如,用户意外删除某个表或表中的数据。用户错误无法由 Oracle 自动进行恢复,管理员可以使用逻辑备份来恢复。

(4)实例失败。

实例失败是指由于某种原因导致数据库实例无法正常工作。例如,突然断电导致数据库服务器立即关闭、数据库服务器硬件故障导致操作系统无法运行等。实例失败时需要进行实例重新启动,在实例重新启动的过程中,数据库后台进程 SMON 会自动对实例进行恢复。

(5)网络故障。

网络故障是指由于通信软件或硬件故障,导致应用程序或用户与数据库服务器之间的通信中断。数据库的后台进程 PMON 将自动监测并处理意外中断的用户进程和服务器进程。

(6)介质故障。

介质故障是指由于各种原因引起的数据库数据文件、控制文件或重做日志文件的损坏,导致系统无法正常运行。例如,磁盘损坏导致文件系统被破坏。这就需要管理员提前做好数据库的备份,否则将导致数据库无法恢复。

### 12.1.2 Oracle 数据库保护机制

数据库的保护机制主要是数据库的备份,当计算机的软、硬件发生故障时,利用备份进行数据库恢复,恢复被破坏的各类数据库系统文件。备份包括控制文件,它一般用于存储数据库物理结构的状态,控制文件中的某些状态信息在实例恢复和介质恢复期间用于引导 Oracle 数据库。

数据库备份就是对数据库中部分或全部数据进行复制,形成副本,存放到一个相对独立的设备上,如磁盘、磁带,以备将来数据库出现故障时使用。

根据数据备份方式的不同,数据库备份分为物理备份和逻辑备份两类。物理备份是将组成数据库的数据文件、重做日志文件、控制文件、初始化参数文件等数据库系统文件进行复制,将形成的副本保存到与当前系统独立的磁盘或磁带上。逻辑备份是指利用 Oracle 提供的导出工具(如 Expdp、Export)将数据库中的数据抽取出来存放到一个二进制文件中。

物理备份可分为脱机备份和联机备份。脱机备份又称为冷备份,只能在数据库关闭后进行备份;联机备份又称为热备份,数据库没有关闭,用户还可以正常使用。若要进行热备份,数据则库必须运行在归档日志模式下,否则可能造成数据丢失。

根据数据库备份的规模不同,物理备份可分为完全备份和部分备份。完全备份是指对整个数据库进行备份,包括所有的物理文件。部分备份是指对部分数据文件、表空间、控制文件、归档日志文件等进行备份。

根据数据库是否运行在归档模式下,物理备份可分为归档备份和非归档备份等。归档方式(Archivelog)的目的是当数据库发生故障时最大限度地恢复数据库,可以保证不丢失任何已提交的数据。非归档方式(Noarchivelog)只能恢复数据库到最近的备份点(冷备份或是逻辑备份)。

### 12.1.3 数据库备份原则

Oracle 数据库备份时最好遵循以下备份原则:

①归档日志文件目的地最好不要与数据库文件或联机重做日志文件存储在同一个物理磁盘设备上。当数据库文件和当前活动的重做日志文件丢失时,可使用联机备份或脱机备份来恢复,并可继续安全运行。当使用 CREATE DATABASE 命令创建数据库时,MAXLogfiles 参数值大于 2,将简化丢失未激活但联机的重做日志文件的恢复操作。

②如果数据库文件备份到磁盘上,应使用单独磁盘或磁盘组保存数据文件的备份拷贝。

③使用多路控制文件技术,把控制文件的拷贝置于不同磁盘控制器下的不同磁盘上。

④联机日志文件应为多个,每组至少应保持两个成员。日志组的两个成员不应保存在同一个物理设备上,因为这将削弱多重日志文件的作用。

⑤保持归档日志文件的多个拷贝,在磁盘和磁带上都保留备份拷贝。使用参数文件中的 Log_Archine_Duplex_Dest 和 Log_Archive_Min_Succeed_Dest 参数,Oracle 会自动双向归档日志

文件。

⑥通过在磁盘上保存最小备份和数据库文件向前回滚所需的所有归档重做日志文件,在许多情况下可以使得从备份中向前回滚数据库或数据库文件的过程简化和加速。

⑦增加、重命名、删除日志文件和数据文件改变数据库结构时,控制文件都应备份,因为控制文件存放数据库的模式结构。

⑧若企业有多个 Oracle 数据库,则应使用具有恢复目录的 Oracle 恢复管理器。这将使用户备份和恢复过程中的错误引起的风险达到最小。

⑨在刚建立数据库时,应该立即进行数据库的完全备份。

### 12.1.4 数据库恢复的概念、类型与恢复机制

数据库恢复是指在数据库发生故障时,使用数据库备份还原数据库,使数据库恢复到无故障状态。根据数据库恢复时使用的备份不同,分为物理恢复和逻辑恢复。

所谓的物理恢复就是利用物理备份来恢复数据库,即利用物理备份文件恢复损毁文件,是在操作系统级别上进行的。

逻辑恢复是指利用二进制逻辑备份文件,使用 Oracle 提供的导入工具(如 Impdp、Import)将部分或全部信息重新导入数据库,恢复损毁或丢失的数据。

根据数据库恢复程度的不同,恢复可分为完全恢复和不完全恢复。完全恢复是指利用备份使数据库恢复到出现故障时的状态。不完全恢复是指利用备份使数据库恢复到出现故障时刻之前的某个状态。

数据库恢复分三个步骤进行:

①使用一个完整备份将数据库恢复到备份时刻的状态。

②利用归档日志文件和联机重做日志文件中的日志信息,采用前滚技术(Roll Forward)重做备份以后已经完成并提交的事务。

③利用回滚技术取消发生故障时已写入日志文件但没有提交的事物,将数据库恢复到故障时刻的状态。

例如,数据库在 T1 和 T3 时刻进行了两次数据库备份,在 T5 时刻数据库出现故障。如果使用 T1 时刻的备份 1 恢复数据库,则只能恢复到 T1 时刻的状态,即不完全恢复,缺少从 T1 到 T2 的归档日志;如果使用 T3 时刻的备份 2 恢复数据库,则可以恢复到 T3 到 T5 时刻的任意状态,因为从 T2 到 T5 时刻的日志文件是完整的(归档日志与联机日志)。

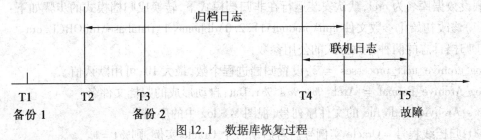

图 12.1 数据库恢复过程

### 12.1.5 恢复原则与策略

根据数据库介质故障原因,确定采用完全介质恢复还是不完全介质恢复:

①数据库运行在非归档模式,则当介质故障发生时,只能进行数据库的不完全恢复,将数据库恢复到最近的备份时刻的状态。

②数据库运行在归档模式,则当一个或多个数据文件损坏时,可以使用备份的数据文件进行完全或不完全恢复数据库。

③数据库运行在归档模式,则当数据库的控制文件损坏时,可以使用备份的控制文件实现数据库的不完全恢复。

④数据库运行在归档模式,则当数据库的联机日志文件损坏时,可以使用备份的数据文件和联机重做日志文件不完全恢复数据库。

⑤如果执行了不完全恢复,则当重新打开数据库时应该使用 RESETLOGS 选项。

## 12.2 数据库归档方式配置

Oracle 数据库安装并创建数据库以后,缺省是非归档方式。根据具体情况来决定是否改为归档方式。为了安全,最好改为归档方式。

### 12.2.1 归档模式的存档方式

归档日志的存放方式有两种(表 12.1):第一种是既可以本地也可以远程异地存放方式;第二种是只能在本地按镜像方式存放。根据不同的存放方式设置初始化参数也是不同的。

表 12.1 归档日志的存放方式

| 方式 | 初始化参数 | 主机 | 例子 |
| --- | --- | --- | --- |
| 1 | LOG_ARCHIVE_DEST_n<br>N = 1 to 31 | 本地<br>远程 | LOG_ARCHIVE_DEST_1 = 'LOCATION = \disk1\arc'<br>LOG_ARCHIVE_DEST_2 = 'SERVICE = standby1' |
| 2 | LOG_ARCHIVE_DEST and<br>LOG_ARCHIVE_DUPLEX_DEST | 只能<br>本地 | LOG_ARCHIVE_DEST = '\disk1\arc'<br>LOG_ARCHIVE_DUPLEX_DEST = '\disk2\arc' |

### 12.2.2 设置归档模式

假设数据库名为 orcl,默认安装运行在非归档模式下,转换成归档模式的步骤如下:

(1) 修改初始化参数文件 app\product\11.2.0\dbhome_1\Database\InitORCL.ora。

①归档日志的两种存放方式的公用参数:

log_archive_max_processes = 3:设置归档进程个数,最大 10,可用默认值。

log_Archive_Format = Arch_%t_%s.%r.Dat:自动形成的归档文件名。

%s:Archvied redo file 的文件序列号,视图 V$log 中的序列号。

%t:归档线程号 = Oracle 实例号。若启动一个 Oracle 实例,则%t=1。

%r:ResetlogsID 号,视图 V$archived_log 中的 Resetlogs_ID。

需要特别注意的是,参数 Log_archive_start 从 Oracle 10g 开始已被废弃,千万不要再设置它。假如在初始化参数文件中设置了它,启动 Oracle 实例时会出现 Ora-32004 错误的。

②归档日志异地存放方式：
log_archive_dest_1 = 'LOCATION = D:\app\sample'：归档日志第一存放目录。
log_archive_dest_2 = 'LOCATION = E:\app\sample'：归档日志第二存放目录。
log_archive_dest_n：n = 1 - 31 存档位置，1、2 已设置。n 与下面参数一一对应。
log_archive_dest_state_n = DEFER：指定位置失效。默认 ENABLE 有效。
③归档日志镜像存放方式：
log_archive_dest = 'D:\app\sample'：归档日志存储目录。
log_archive_duplex_dest = 'E:\app\sample'：镜像归档日志存储目录。
（2）关闭数据库。Shutdown Immediate。
（3）把 Pfile 转换成 Spfile。Create Spfile From Pfile。
（4）启动实例并安装数据库。Startup Mount。
（5）启动归档进程。Alter Database Archivelog。
（6）打开数据库。Alter Database Open。

## 12.2.3 查询归档模式数据库信息

**1. 查询数据库运行方式**

SQL > ARCHIVE LOG LIST

| 数据库日志模式 | 存档模式 |
| --- | --- |
| 自动存档 | 启用 |
| 存档终点 | E:\app\sample |
| 最早的概要日志序列 | 6 |
| 下一个存档日志序列 | 8 |
| 当前日志序列 | 8 |

**2. 查询归档信息**

使用 ARCHIVE LOG LIST 命令可以显示日志操作模式、归档位置、自动归档机器要归档的日志序列号等信息。

（1）显示日志操作模式。
SELECT name,log_mode FROM V$database；
（2）显示归档日志信息。
SELECT name, sequence#, first_change# FROM V$archived_log；
name 用于表示归档日志文件名；sequence#用于表示归档日志对应的日志序列号；first_change#用于标识归档日志的起始 SCN 值。

执行介质恢复时，需要使用归档日志文件，此时必须准确地定位归档日志的存放位置。通过查询动态性能视图 V$archive_dest 可以取得归档日志所在目录。
SELECT destination FROM V$archive_dest；
（3）显示日志历史信息
SELECT thread#,sequence#,first_change#,first_time,swith_change# FROM V$loghist；
其中，thread#用于标识重做线程号；sdqunce#用于标识日志序列号；first_change#用于标识日志序列号对应的起始 SCN 值；first_time 用于标识起始 SCN 的发生时间；swicth_change#用于标识日志切换的 SCN 值。

（4）显示归档进程信息。

进行日志切换时，ARCH 进程会自动将重做日志内容复制到归档日志中，为了加快归档速度，应该启用多个 ARCH 进程。通过查询动态性能视图 V＄archive_processes 可以显示所有归档进程的信息。

SELECT process,status,log_sequence,stat FROM V＄archive_processes；

其中，process 用于标识 ARCH 进程的编号；status 用于标识 ARCH 进程的状态（ACTIVE：活动，STOPPED：未启动）；log_sequence 用于标识正在进行归档的日志序列号；state 用于标识 ARCH 进程的工作状态。

## 12.3 数据库物理备份与恢复

### 12.3.1 物理备份

物理备份是拷贝数据库文件而不是其逻辑内容。Oracle 支持两种不同类型的物理备份：脱机备份（也称为冷备份）和联机备份（也称为热备份）。脱机备份在数据库正常关闭的情况进行；联机备份是指数据库在正常运行状态下进行。联机备份具备两个很强功能：第一，提供了完全的时间点（Point – in – time）恢复；第二，在文件系统备份时允许数据库保持打开状态。

**1. 脱机物理备份**

脱机备份是数据库文件的物理备份，需要在数据库关闭状态下进行。通常在数据库 SHUTDOWN NORMAL 或 SHUTDOWN IMMEDIATE 命令正常关闭后进行。冷备份需要备份的文件包括所有数据文件、控制文件、联机重做日志、初始化文件等。在磁盘空间容许的情况下，首先将这些文件复制到磁盘上，然后在空闲时将其备份到其他设备上。

图 12.2 物理备份示意图

【例 12.1】 备份 orcl 数据库的所有数据文件、重做日志文件和控制文件。

（1）查看所有物理文件位置。

关闭数据库实例前，先查看有哪些文件需要备份。

```
C:＞SQLPLUS /nolog
SQL＞CONNECT /AS SYSDBA
SQL＞SELECT file_name FROM dba_data_files;            - -查看数据文件
```

FILE_NAME
————————————————————————————————————
D:\APP\ORADATA\ORCL\USERS01.DBF
D:\APP\ORADATA\ORCL\UNDOTBS01.DBF
D:\APP\ORADATA\ORCL\SYSAUX01.DBF
D:\APP\ORADATA\ORCL\SYSTEM01.DBF
D:\APP\ORADATA\ORCL\EXAMPLE01.DBF
SQL > SELECT member FROM V $ logfile;   ——查看重做日志文件
MEMBER
————————————————————————————————————
D:\APP\ORADATA\ORCL\REDO03.LOG
D:\APP\ORADATA\ORCL\REDO02.LOG
D:\APP\ORADATA\ORCL\REDO01.LOG
SQL > SELECT value FROM V $ parameter WHERE name = 'control_files';  ——查看控制文件
VALUE
————————————————————————————————————
D:\APP\ORADATA\ORCL\CONTROL01.CTL, D:\APP\FLASH_RECOVERY_AREA\ORCL\CONTROL02.CTL

SQL > SHUTDOWN IMMEDIATE                ——关闭数据库

注意:此处不要用 Normal 方式,Normal 方式可能关不掉数据库,除非所有客户端完全正常退出系统,这需要良好的工作协调,但这是不可能的。

(2)备份数据库。

使用操作系统的备份工具(拷贝、粘贴),备份上面我们查看的各文件位置,即所有的数据文件、重做日志文件和控制文件。需要备份的文件见表12.2。

表 12.2 脱机物理备份文件

| 文件类别 | 文件名 | 存放位置 |
| --- | --- | --- |
| 系统文件 | SYSTEM01.DBF、SYSAUX01.DBF | d:\app\oradata\orcl |
| 用户文件 | USERS01.DBF | |
| 临时文件 | TEMP01.DBF | |
| 撤销文件 | UNDOTBS01.DBF | |
| 举例文件 | EXAMPLE01.DBF | |
| 日志文件 | REDO01.LOG、REDO02.LOG、REDO03.LOG | |
| 控制文件 | CONTROL01.CTL | |
| | CONTROL02.CTL | d:\app\flash_recovery_area\orcl |
| 参数文件 | InitORCL.ORA | d:\app\product\11.2.0\dbhome_1\database |

找一个空间比较大的磁盘,创建三个文件夹 d:\backup\data、d:\backup\ctl、d:\backup\Init,将表 12.2 中的文件拷贝到对应的文件下。

(3)重新启动数据库。

SQL > STARTUP

## 2. 联机物理备份

联机备份又称为热备份或 Archivelog 备份。Oracle 以循环方式写联机重做日志文件,写满第一个日志后,开始写第二个,以此类推。当最后一个联机重做日志文件写满后,LGWR(Log Writer)后台进程开始重新向第一个文件写入内容。当 Oracle 运行在 Archivelog 方式时,ARCH 后台进程重写重做日志文件前将每个重做日志文件做一份拷贝。

进行联机物理备份可以使用 PL/SQL 语句也可以使用备份向导。但都要求数据库运行在归档方式下。

**【例 12.2】** 说明如何进入 Archivelog 方式。

① 进入命令提示符操作界面。

C:> SQLPLUS /nolog

② 以 SYSDBA 身份和数据库相连。

SQL > CONNECT /AS SYSDBA

③ 使数据库运行在 ARCHIVELOG 方式下。

SQL > SHUTDOWN IMMEDIATE

SQL > STARTUP MOUNT

SQL > ALTER DATABASE ARCHIVELOG;

SQL > ARCHIVELOG START;

SQL > ALTER DATABASE OPEN;

④ ARCHIVE LOG LIST 下面的命令将从 Server Manager 中显示当前数据库的 Archivelog 状态。

(1) 使用命令方式进行备份。

① 逐个表空间备份数据文件。

先设置表空间为备份状态,然后备份表空间的数据文件,最后将表空间恢复到正常状态。

查看当前数据库有哪些表空间,以及每个表空间中有哪些数据文件。

SELECT tablespace_name,file_name FROM dba_data_files ORDER BY tablespace_name;

分别对每个表空间中的数据文件进行备份,其方法为将需要备份的表空间(如 USERS)设置为备份状态。

ALTER TABLESPACE USERS BEGIN BACKUP;

将表空间中所有的数据文件复制到备份磁盘,结束表空间的备份状态。

ALTER TABLESPACE USERS END BACKUP;

对数据库中所有表空间分别采用该步骤进行备份。

② 备份归档日志文件。

首先记录归档日志目标目录中的文件,然后备份归档日志文件,并有选择地删除或压缩它们。

备份联机重做日志文件:先将当前的联机重做日志文件归档。

ALTER SYSTEM ARCHIVE LOG CURRENT;

备份归档日志文件,将所有的归档日志文件复制到备份磁盘中。

③ 备份初始化参数文件,将初始化参数文件复制到备份磁盘中。

④ 备份控制文件:将控制文件备份为二进制文件。

ALTER DATABASE BACKUP CONTROLFILE TO 'd:\oracle\backup\control.bkp';

将控制文件备份为文本文件。
ALTER DATABASE BACKUP CONTROLFILE TO TRACE；
（2）使用备份向导进行备份。
利用企业管理器 EM 备份向导也可以备份数据库、数据文件、表空间和重做日志文件等各种对象。备份向导也可以制作数据文件和重做日志文件的映象副本。

### 12.3.2 物理备份的恢复

介质故障是当一个文件、一个文件的部分或磁盘不能读或不能写时出现的故障。文件错误一般指意外的错误导致文件被删除或意外事故导致文件的不一致。这种状态下的数据库都是不一致的,需要 DBA 手工来进行数据库的恢复,这种恢复有两种形式,决定于数据库运行的归档方式和备份方式。

（1）完全介质恢复可恢复全部丢失的修改。
一般情况下需要有数据库的备份且数据库运行在归档状态下并且有可用归档日志时才可能。对于不同类型的错误,有不同类型的完全恢复可以使用,其决定于毁坏文件和数据库的可用性。

（2）不完全介质恢复是在完全介质恢复不可能或不要求时进行的介质恢复。
重构受损的数据库,使其恢复介质故障前或用户出错之前的一个事务一致性状态。不完全介质恢复有不同类型的使用,决定于需要不完全介质恢复的情况。介质恢复有下列类型:基于撤销、基于时间和基于修改的不完全恢复。

基于撤销（CANCEL）恢复:基于撤销的恢复在一个或多个日志组（在线的或归档的）已被介质故障所破坏,不能用于恢复过程时使用,所以介质恢复必须控制,以致在使用最近的、未损的日志组于数据文件后中止恢复操作。

基于时间（TIME）和基于修改（SCN）的恢复:如果 DBA 希望恢复到过去的某个指定点,是一种理想的不完全介质恢复,一般发生在恢复到某个特定操作之前,恢复到如意外删除某个数据表之前。

数据库恢复前,还要理解报警日志文件、后台进程跟踪文件及 DBWR 跟踪文件所提供的信息,可以查询到详细的信息,对于数据恢复操作会有很大的帮助。

可以在 MOUNT 下查看两个动态性能视图 V＄recover_file 与 V＄recovery_log,通过这两个视图,你可以了解详细的需要恢复的数据文件与需要使用到的归档日志。

### 12.3.3 非归档模式下数据库的备份与恢复

非归档模式下数据库的恢复主要指利用非归档模式下的冷备份恢复数据库。非归档模式下的数据库恢复是不完全恢复,只能将数据库恢复到最近一次完全冷备份的状态。
步骤如下：
①关闭数据库:SHUTDOWN IMMEDIATE。
②将备份的所有数据文件、控制文件、联机重做日志文件还原到原来所在的位置。
③重新启动数据库:STARTUP。

【例 12.3】 非归档模式下数据库的恢复。
①关闭数据库。
SQL＞ CONNECT /AS SYSDBA；

SQL > SHUTDOWN IMMEDIATE；

②备份数据库。

将所有数据文件、控制文件、联机重做日志文件备份。

③重新启动数据库,建立一个表 TEST。

SQL > CREATE TABLE test(c int)；

④再次关闭数据库。

SQL > SHUTDOWN IMMEDIATE；

⑤毁坏一个或多个数据文件,如删除 user01.dbf,模拟媒体毁坏。

⑥重新启动数据库,会发现如下错误。

SQL > startup

ORACLE instance started.

Total System Global Area 102020364 bytes

Fixed Size 70924 bytes

Variable Size 85487616 bytes

Database Buffers 16384000 bytes

Redo Buffers 77824 bytes

Database mounted.

ORA – 01157：cannot identify\lock data file 3 – see DBWR trace file

ORA – 01110：data file 3：'\oradata\orcl\datafile\user01.dbf'

在报警文件中,会有更详细的信息

Errors in file \app\Administrator\admin\orcl\dpdump\orcldbw0.TRC：

ORA – 01157：cannot identify\lock data file 3 – see DBWR trace file

ORA – 01110：data file 3：'\app\Administrator\admin\orcl\datafile\user01.dbf'

ORA – 27041：unable to open file

OSD – 04002：unable to open file

O/S – Error：(OS 2) 系统找不到指定的文件。

⑦拷贝备份复原到原来位置(Restore 过程)。

将备份的所有数据文件、控制文件、联机重做日志文件还原到原来所在的位置。

⑧打开数据库,检查数据。

SQL > ALTER DATABASE OPEN；

Database altered.

SQL > DESC test

ERROR：

ORA – 04043：对象 test 不存在

这里可以发现,数据库恢复成功,可以启动,但在备份之后与崩溃之前的数据丢失了。

说明：

①非归档模式下的恢复方案可选性很小,一般情况下只能有一种恢复方式,就是数据库的冷备份的完全恢复,仅仅需要拷贝原来的备份就可以,不需要覆盖。

②这种情况下的恢复可以完全恢复到备份的点上,但是可能是丢失数据的,在备份之后与崩溃之前的数据将全部丢失。

③不管毁坏了多少数据文件或是联机日志或是控制文件,都可以通过这个办法恢复,因为

这个恢复过程是 Restore 所有的冷备份文件,而这个备份点上的所有文件是一致的,与最新的数据库没有关系,就好比把数据库又放到了一个以前的"点"上。

④对于非归档模式下,最好的办法就是采用 OS 的冷备份,建议不要用 RMAN 来做冷备份,效果不好,因为 RMAN 不备份联机日志,Restore 不能根本解决问题。

### 12.3.4 归档模式下数据库的完全恢复

归档模式下数据库的完全恢复是指在归档模式下一个或多个数据文件损坏,利用热备份的数据文件替换损坏的数据文件,再结合归档日志文件和联机重做日志文件,采用前滚技术重做自备份以来的所有改动,采用回滚技术回滚未提交的操作,以恢复到数据库故障时刻的状态。

归档模式下数据库的完全恢复分为三个级别,分别是数据库级完全恢复,主要应用于所有或多数数据文件损坏的恢复;表空间级完全恢复,对指定表空间中的数据文件进行恢复;数据文件级完全恢复,是针对特定的数据文件进行恢复。

数据库级的完全恢复只能在数据库装载但没有打开的状态下进行,而表空间级完全恢复和数据文件级完全恢复可以在数据库处于装载状态或打开的状态下进行。

归档模式下数据库完全恢复的基本语法:

RECOVER [AUTOMATIC] [FROM 'location']
       [DATABASE|TABLESPACE tspname |DATAFILE dfname];

参数说明

AUTOMATIC:进行自动恢复,不需要 DBA 提供重做日志文件名称。

location :制订归档重做日志文件的位置,默认为数据库默认的归档路径。

**1. 数据库级完全恢复**

数据库级完全恢复的步骤:

①如果数据库没有关闭,则强制关闭数据库。

SHUTDOWN ABORT

②利用备份的数据文件还原所有损坏的数据文件。

③将数据库启动到 MOUNT 状态。

STARTUP MOUNT

④执行数据库恢复命令。

RECOVER DATABASE;

⑤打开数据库。

ALTER DATABASE OPEN;

**2. 表空间级完全恢复**

以 USERS 表空间的数据文件 user01.dbf 损坏为例模拟表空级的完全恢复。

①如果数据库没有关闭,则强制关闭数据库。

SHUTDOWN ABORT

②利用备份的数据文件 user01.dbf 还原损坏的数据文件 user01.dbf。

③将数据库启动到 MOUNT 状态。

STARTUP MOUNT
④执行表空间恢复命令。
RECOVER TABLESPACE EXAMPLE；
⑤打开数据库。
ALTER DATABASE OPEN；

### 3. 文件级的完全恢复

①数据库处于装载状态下的恢复。如果数据库没有关闭,则强制关闭数据库。
SHUTDOWN ABORT
②利用备份的数据文件 user01.dbf 还原损坏的数据文件 user01.dbf。
③将数据库启动到 MOUNT 状态。
STARTUP MOUNT
④执行数据文件恢复命令。
RECOVER DATAFILE 'd:\oracle\oradata\orcl\user01dbf'；
⑤将数据文件联机。
ALTER DATABASE DATAFILE 'D:\oracle\oradata\orcl\user01.dbf' ONLINE；
⑥打开数据库。
ALTER DATABASE OPEN；

### 4. 数据库完全恢复

【例 12.4】 数据库完全恢复示例。

以 USERS 表空间的数据文件 D:\app\oradate\orcl\users01.dbf 损坏为例演示归档模式下的完全恢复操作。

①进行一次归档模式下的数据库完整备份。以 SYSDBA 身份登入数据库进行下列操作。
SQL > CONNECT /AS SYSDBA
SQL > CREATE TABLE test(c int)TABLESPACE USERS；
表已创建。
②关闭数据库,模拟丢失数据文件。
SQL > SHUTDOWN IMMEDIATE；
③删除 user01.dbf 模拟媒体毁坏。
④启动数据库,将出现错误。
SQL > STARTUP
ORACLE instance started.
Total System Global Area 901775360 bytes
Fixed Size 1222528 bytes
Variable Size 247466112 bytes
Database Buffers 650117120 bytes
Redo Buffers 2969600 bytes
Database mounted.
ORA – 01157: cannot identify/lock data file 4 – see DBWR trace file
ORA – 01110: data file 4:

'APP\ORADATA\ORCL\USERS01.DBF o1_mf_users_3nd8obq6_.dbf'

⑤查看报警文件或动态视图 V$recover_file。
SQL> SELECT * FROM V$recover_file;
FILE#   ONLINE   ERROR   CHANGE# TIME
─────   ──────   ─────   ────────────
3       ONLINE           1013500 2012.08-01

⑥脱机数据文件。
SQL> ALTER DATABASE DATAFILE 4 OFFLINE DROP;
⑦打开数据库,拷贝备份回来。
SQL> ALTER DATABASE OPEN;
从备份处拷贝备份文件。
⑧恢复该数据文件。
SQL> RECOVER DATAFILE 4;
⑨恢复成功,联机该数据文件。
SQL> ALTER DATABASE DATAFILE 4 ONLINE;
⑩检查数据库的数据(完全恢复)。
SQL> DESC test
名称           是否为空?        类型
──────        ─────────       ─────
A                             NUMBER(38)

说明:
①采用热备份。需要运行在归档模式下,可以实现数据库的完全恢复,也就是说,从备份后到数据库崩溃时的数据都不会丢失。
②可以采用备份全数据库的方式。对于特殊情况,也可以只备份特定的数据文件,如只备份用户表空间(对于那些特别频繁的数据文件,可以单独加大备份频率)。
③如果在恢复过程中,发现损坏的是多个数据文件,即可以采用一个一个数据文件的恢复方法(第⑥~⑨步中需要对数据文件一一脱机恢复),也可以采用整个数据库的恢复方法。

## 12.4 数据库逻辑备份与恢复

数据库逻辑备份指读一个数据库记录集,并利用 Oracle 提供的导出工具,以 Oracle 的内部格式写入二进制文件中。这些记录的读出与其物理位置无关。业务数据库采用此种备份方式,既不需要数据库运行在归档模式下,而且备份还简单,也不需要外部存储设备。

逻辑恢复是指利用 Oracle 提供的导入工具将逻辑备份形成的转储文件导入数据库内部,进行数据库的逻辑恢复。

与物理备份恢复不同,逻辑备份与恢复必须在数据库运行的状态下进行,如果数据库发生介质损坏而无法启动时,不能利用逻辑备份恢复数据库。因此,数据库备份与恢复是以物理备份为主,逻辑备份为辅的互补方式进行为佳。

逻辑备份与恢复有以下特点:

①可在不同版本的数据库间进行数据移植,从 Oracle 数据库的低版本移植到高版本。

②可在不同操作系统上运行的数据库间进行数据移植,例如,可以从 Windows NT 系统迁移到 Unix 系统等。

③可以在数据库方案之间传递数据,即先将一个方案中的对象进行备份,然后再将该备份导入到数据库其他方案中。

④数据的导出导入与数据库物理结构没有关系,是以逻辑对象为单位进行的,这些对象在物理上可能存储于不同的文件中。

⑤对数据库进行一次逻辑备份与恢复操作能重新组织数据,消除数据库中的链接及磁盘碎片,从而使数据库的性能有较大的提高。

⑥除了数据的备份与恢复外,还可以对数据库对象定义、约束、权限等的备份与恢复。

### 12.4.1 逻辑备份

在 Oracle 中,利用 Export 实用程序进行逻辑备份,Import 实用程序进行数据库恢复。Export 实用程序将数据库表保存到操作系统文件,称为导出转储文件(Export Dump File)。这个文件只能由 Import 应用程序读入数据库。当用户导入导出时,有相应的权限要求。Export 和 Import 是客户端实用程序,可以在服务器端使用,也可以在客户端使用。

在做 Export 和 Import 时千万要注意字符集设置,如果在做 Export 或 Import 时,字符集设置不一致,则将导致数据库恢复的信息不能正确读取。

查看 Oracle 数据库的字符集设置和操作系统的环境变量发发如下:
SQL > SELECT * FROM NLS_DATABASE_PARAMETERS;
PARAMETER                VALUE
————————                 ————
NLS_LANGUAGE             AMERICAN
NLS_TERRITORY            AMERICA
NLS_CHARACTERSET         ZHS16GBK

Oracle 10g 数据库中推出了数据泵技术,即 Data Pump Export(Expdp)和 Data Pump Import(Impdp)实用程序用于逻辑备份与恢复。Expdp 和 Impdp 是服务器端实用程序,只能在数据库服务器端使用。利用 Expdp、Impdp 在服务器端多线程并行地执行大量数据的导出与导入操作。

数据泵技术具有重新启动作业的能力,即当发生数据泵作业故障时,DBA 或用户进行干预修正后,可以发出数据泵重新启动命令,使作业从发生故障的位置继续进行。

需要注意的是,这两类逻辑备份与恢复工具之间不兼容。使用 Export 备份的文件,不能使用 Impdp 进行导入;同样,使用 Expdp 备份的文件,也不能使用 Import 进行导入。

在磁盘空间允许的情况下,逻辑备份尽量先备份到本地服务器,然后再拷贝到磁带或光盘。出于速度方面的考虑,尽量不要直接备份到磁带或光盘设备。

### 12.4.2 Export 备份

**1. Export 备份模式**

逻辑备份 Export 备份模式有以下四种:

(1) Table:卸出用户指定的表。

表导出模式导出包括表的结构、索引、权限和数据。如要导出其他用户的表,则必须为 DBA 用户或具有 EXP_FULL_DATABASE 权限的用户。

(2) User:卸出用户模式中的所有对象。

用户导出模式用于导出用户所拥有的对象和数据。若要导出未其他用户,则必须为 DBA 用户或具有 EXP_FULL_DATABASE 权限的用户。

(3) Tablespace:卸出数据库中指定的表空间。

实施表空间导出的用户必须是数据库的管理员 DBA,或具有 CREATE SESSION 权限及 EXP_FULL_DATABASE 权限的用户。

(4) Full Database:卸出数据库中的所有对象。

实施数据库导出的用户必须是数据库的管理员 DBA,或是具有 CREATE SESSION 权限及 EXP_FULL_DATABASE 权限的用户。特殊的 ORACLE 系统用户:ORDSYS、MDSYS、CTXSYS、ORDPLUGINS 被保留。

**2. Export 命令执行方式**

参数文件方式:EXP [username/password] PARFILE = filename

行命令方式:EXP [username/password] 参数1 参数2 ……

交互方式:EXP

【例 12.5】 表模式卸出用例:卸出 jxc 用户下 t_spml,t_bmml 表。

C:> EXP jxc/jxc rows = y indexes = y compress = n buffer = 65536 feedback = 100000 volsize = 0 file = jxc_tab.dmp log = jxc_tab.log

tables = (t_spml,t_bmml)

【例 12.6】 用户模式卸出用例:备份 jxc 用户模式下的所有对象。

C:> EXP jxc/jxc owner = jxc rows = y indexes = y compress = n buffer = 65536 feedback = 100000 volsize = 0 file = jxc_user.dmp log = jxc_user.log

【例 12.7】 交互式备份用例。

C:> EXP

Export:Release 11.2.0.1.0 - Production on 星期五 8 月 3 14:03:19 2012

Copyright (c)1982,2009,Oracle and/or its affiliates. All rights re

用户名:jxc

口令:***

连接到:Oracle Database 11g Enterprise Edition Release 11.2.0.1.0 - Pr

With the Partitioning, OLAP, Data Mining and Real Application Testing

输入数组提取缓冲区大小:4096 >

导出文件:EXPDAT.DMP > d:\jcx_user

(2)U(用户),或(3)T(表):(2)U > 2

导出权限(yes/no):yes >

导出表数据(yes/no):yes >

压缩区(yes/no):yes >

已导出 ZHS16GBK 字符集和 AL16UTF16 NCHAR 字符集

- 正在导出 pre-schema 过程对象和操作
- 正在导出用户 JXC 的外部函数库名
- 导出 PUBLIC 类型同义词
- 正在导出专用类型同义词
- 正在导出用户 JXC 的对象类型定义

即将导出 JXC 的对象...
- 正在导出数据库链接
- 正在导出序号
- 正在导出簇定义

即将导出 JXC 的表通过常规路径...
- · 正在导出表           T_BMML 导出了           18 行
- · 正在导出表           T_GHDWML 导出了         12 行
- · 正在导出表           T_SPBJMX 导出了         1 行
- · 正在导出表           T_SPFCMX 导出了         3 行
- · 正在导出表           T_SPKCMX 导出了         75 行
- · 正在导出表           T_SPML 导出了           78 行
- · 正在导出表           T_SPRKMX 导出了         78 行
- · 正在导出表           T_SPXSMX 导出了         181 行
- · 正在导出表           T_SPXSRB 导出了         10 行
- · 正在导出表           T_ZGML 导出了           20 行
- 正在导出同义词
- 正在导出视图
- 正在导出存储过程
- 正在导出运算符
- 正在导出引用完整性约束条件
- 正在导出触发器
- 正在导出索引类型
- 正在导出位图、功能性索引和可扩展索引
- 正在导出后期表活动
- 正在导出实体化视图
- 正在导出快照日志
- 正在导出作业队列
- 正在导出刷新组和子组
- 正在导出维
- 正在导出 post-schema 过程对象和操作
- 正在导出统计信息

成功终止导出,没有出现警告。

【例 12.8】 完全模式卸出用例:备份完整的数据库。

C:> EXP system/Xmanager rows=y indexes=y compress=n buffer=65536
        feedback=100000 volsize=0 full=y file=jxc_sys.dmplog=jxc_sys.log

对于数据库备份,建议采用增量备份,即只备份上一次备份以来更改的数据。

### 12.4.3 数据泵

数据泵(Data Pump Export,Expdp)是 Oracle 10g 新增的实用程序,它可以从数据库中高速导出或加载数据库的方法,可以自动管理多个并行的数据流。数据泵可以实现在测试环境、开发环境、生产环境以及高级复制或热备份数据库之间的快速数据迁移;数据泵还能实现部分或全部数据库逻辑备份,以及跨平台的可传输表空间备份。

数据泵技术反映了整个导出/导入过程的彻底革新。它不是使用常见的 SQL 命令,而是应用专用 API 来以快得多的速度加载和卸载数据。数据泵技术相对应的工具是 Data Pump Export 和 Data Pump Import。它的功能与 EXP 和 IMP 类似,所不同的是数据泵的高速并行的设计使得服务器运行时执行导入和导出任务快速装载或卸载大量数据。另外,数据泵可以实现断点重启,即一个任务无论是人为地中断还是意外中断,都可以从断点处重新启动。

在使用 Expdp、Impdp 程序之前需要创建 DIRECTORY 对象,并将该对象的 READ、WRITE 权限授予用户。例如:

CREATE OR REPLACE DIRECTORY dumpdir AS 'D:\oracle\backup';
GRANT READ,WRITE ON DIRECTORY dumpdir TO jxc;

如果用户要导出或导入非同名模式的对象,还需要具有 EXP_FULL_DATABASE 和 IMP_FULL_DATABASE 权限。

**1. Expdp 运行方式**

①命令行接口方式:在命令行中直接指定参数设置。
②参数文件接口方式:将需要的参数放到一个文件中,在命令行中用 PARFILE 参数指定参数文件。
③交互式命令方式:用户可以通过交互命令进行导出操作管理。

**2. Expdp 导出模式**

①全库导出模式:通过参数 Full 指定,导出整个数据库。
②方案导出模式:通过参数 Schemas 指定(默认),导出指定方案中的所有对象。
③表导出模式:通过参数 Tables 指定,导出指定模式中指定的表、分区及依赖对象。
④表空间导出模式:通过参数 Tablespaces 指定,导出指定表空间中所有表及其依赖对象的定义和数据。
⑤传输表空间导出模式:通过参数 Transport_Tablespaces 指定,导出指定表空间中所有表及其依赖对象的定义。通过该导出模式以及相应导入模式,可以实现将一个数据库表空间的数据文件复制到另一个数据库中。

**3. Expdp 参数(expdp HELP = Y)**

参数名的说明见表 12.3。

表 12.3  EXPDP 命令参数

| 参数名 | 说明 |
| --- | --- |
| ATTACH | 连接到现有作业,例如 ATTACH[ =作业名]。 |
| COMPRESSION | 减小转储文件内容的大小,其中有效关键字的值为:ALL、(METADATA_ONLY)、DATA_ONLY 和 NONE。 |
| CONTENT | 指定要卸载的数据,其中有效关键字,值为:ALL、DATA_ONLY 和 METADATA_ONLY。 |
| DATA_OPTIONS | 数据层标记,其中唯一有效的值为:使用 CLOB 格式的 XML_CLOBS – write XML 数据类型 |
| DIRECTORY | 供转储文件和日志文件使用的目录对象 |
| DUMPFILE | 目标转储文件(expdat.dmp)的列表 |
| ENCRYPTION | 加密部分或全部转储文件,其中有效关键字,值为:ALL、DATA_ONLY、METADATA_ONLY、ENCRYPTED_COLUMNS_ONLY 或 NONE |
| ENCRYPTION_ALGORITHM | 指定应如何完成加密,其中有效关键字,值为 AES128、AES192 和 AES256 |
| ENCRYPTION_MODE | 生成加密密钥的方法,其中有效关键字,值为 Dual、Password 和 Transparent |
| ENCRYPTION_PASSWORD | 用于创建加密列数据的口令关键字。 |
| ESTIMATE | 计算作业估计值,其中有效关键字,值为(BLOCKS)和 STATISTICS |
| ESTIMATE_ONLY | 在不执行导出的情况下计算作业估计值 |
| EXCLUDE | 排除特定的对象类型,如 EXCLUDE = TABLE:EMP |
| FILESIZE | 以字节为单位指定每个转储文件的大小 |
| FLASHBACK_SCN | 用于将会话快照设置回以前状态的 SCN |
| FLASHBACK_TIME | 用于获取最接近指定时间的 SCN 的时间 |
| FULL | 导出整个数据库(N) |
| HELP | 显示帮助消息(N) |
| INCLUDE | 包括特定的对象类型,如 INCLUDE = TABLE_DATA |
| JOB_NAME | 要创建的导出作业的名称 |
| LOGFILE | 日志文件名(Export.log) |
| NETWORK_LINK | 链接到源系统的远程数据库的名称 |
| NOLOGFILE | 不写入日志文件(N) |
| PARALLEL | 更改当前作业的活动 Worker 的数目 |
| PARFILE | 指定参数文件 |
| QUERY | 用于导出表的子集的谓词子句 |
| REMAP_DATA | 指定数据转换函数。 |
| REUSE_DUMPFILES | 覆盖目标转储文件(如果文件存在)(N) |
| SAMPLE | 要导出的数据的百分比 |
| SCHEMAS | 要导出的方案的列表(登入方案) |
| STATUS | 默认值(0)将显示可用时的新状态的情况下,要监视的频率(以秒计)作业状态。 |
| TABLES | 标识要导出表的列表,只有一个方案。Tablespace 标识要导出的表空间的列表 |
| TRANSPORTABLE | 指定是否可以使用可传输方法,其中有效关键字值为:ALWAYS,(NEVER) |
| TRANSPORT_FULL_CHECK | 验证所有表的存储段(N) |
| TRANSPORT_TABLESPACES | 要从中卸载原数据的表空间的列表 |
| VERSION | 要导出的对象的版本,其中有效关键字为:(COMPATIBLE),LATEST 或任何有效的数据库版本 |

**4. Expdp 应用实例**

【例 12.9】 用一个综合实例说明 Expdp 在各模式下的导出方法。

(1) 先建立导出目录。

SQL > CREATE DIRECTORY DUMP_DIR AS 'D:\oracle\backup';
SQL > GRANT read,write ON directory dump_dir TO jxc;

(2) 表导出模式。

导出 jxc 用户下的 t_spml 表和 t_bmml 表,转储文件名称为 jxc_spml.dmp,日志文件命名为 jxc_spml.log,作业命名为 jxc_spml_job,导出操作启动三个进程。

C:\ > EXPDP jxc/jxc DIRECTORY = dumpdir DUMPFILE = jxc_spml.dmp
              TABLES = t_spml,t_bmml LOGFILE = jxc_spml.log
              JOB_NAME = jxc_spml_job PARALLEL = 3

(3) 用户导出模式。

导出 jxc 用户下的所有对象及其数据。

C:\ > EXPDP jxc/jxc DIRECTORY = dumpdir DUMPFILE = jxc.dmp LOGFILE = jxc.log
              SCHEMAS = jxc JOB_NAME = exp_jxc_schema

(4) 表空间导出模式。

导出 USERS 表空间中的所有对象及其数据。

C:\ > EXPDP system/Xmanager DIRECTORY = dumpdir DUMPFILE = tbs_dmp.dmp TABLESPACES = USERS

(5) 传输表空间导出模式。

导出 Example、Users 表空间中数据对象的定义信息。

C:\ > EXPDP system/Xmanager DIRECTORY = dumpdir DUMPFILE = tts.dmp
              TRANSPORT_TABLESPACES = users
              TRANSPORT_FULL_CHECK = Y LOGFILE = tts.log

注意:当前用户不能使用传输表空间导出模式导出自己的默认表空间。

(6) 数据库导出模式。

将当前数据全部导出,不写日志文件。

C:\ > EXPDP system/Xmanager DIRECTORY = dumpdir DUMPFILE = sysfull.dmp FULL = Y NOLOGFILE = Y

(7) 参数文件方式导出。

首先创建一个名为 exp_cs.txt 的参数文件,并存放到 d:\backup 目录下,其内容为:

SCHEMAS = jxc
DUMPFILE = jxc.dmp
DIRECTORY = dumpdir
LOGFILE = jxc.log
INCLUDE = TABLE:"IN ('t_spml','t_bmml')"
INCLUDE = PROCEDURE

然后在命令行中执行下列命令。

C:\ > expdp jxc/jxc PARFILE = d:\backup\exp_cs.txt

(8) 交互命令方式导出。

在当前运行作业的终端中按 Ctrl + C 组合键,进入交互式命令状态;在另一个非运行导出作业的终端中,通过导出作业名称来进行导出作业的管理。

expdp 示例：

C：> EXPDP jxc/jxc DIRECTORY = dump_dir DUMPFILE = jxc_expdb.dmp JOB_NAME = ICDMAIN_EXPORT

当 Data Pump Export（DPE）运行时，按 Control C，它将阻止消息在屏幕上显示，但不停止导出进程本身。相反，它将显示 DPE 提示符。进程被认为处于"交互式"模式。

这种方法允许在 DPE 作业上输入几条命令。

例如：要查看概要，在提示符下使用 STATUS 命令：

Export > STATUS
作业：ICDMAIN_EXPORT
操作：EXPORT
模式：SCHEMA
状态：EXECUTING
处理的字节：0
当前并行度：1
作业错误计数：0
转储文件：D:\ORACLE\BACKUP\jxc_expdb.dmp
写入的字节：4,096
Worker 1 状态：
进程名：DW01
状态：EXECUTING

注意：这只是状态显示。导出在后台工作。要继续在屏幕上查看消息，从 Export > 提示符下使用命令 CONTINUE_CLIENT。

表 12.4 所示参数在交互方式下有效，允许使用缩写。

表 12.4 交互方式下 EXPDP 参数说明

| 命令 | 说明 |
| --- | --- |
| ADD_FILE | 向转储文件集中添加转储文件 |
| CONTINUE_CLIENT | 返回到记录模式。如果处于空闲状态，将重新启动作业 |
| EXIT_CLIENT | 退出客户机会话并使作业处于运行状态 |
| FILESIZE | 后续 ADD_FILE 命令的默认文件大小（字节） |
| HELP | 总结交互命令 |
| KILL_JOB | 分离和删除作业 |
| PARALLE | 更改当前作业的活动 worker 的数目。PARALLEL = < worker 的数目 > |
| REUSE_DUMPFILES | 覆盖目标转储文件（如果文件存在）(N) |
| START_JOB | 启动/恢复当前作业 |
| STATUS | 在默认值（0）将显示可用时的新状态的情况下，要监视的频率（以秒计）作业状态。STATUS[ = interval] |
| STOP_JOB | 顺序关闭执行的作业并退出客户机 |
| STOP_JOB = IMMEDIATE | 将立即关闭数据泵作业 |

### 12.4.4 逻辑备份恢复 Import 导入

**1. IMP 恢复运行方式**

参数文件方式:IMP [username/password] PARFILE = filename
行命令方式:IMP [username/password] 参数1 参数2……
交互方式:IMP

**2. Import 恢复模式**

利用 Import 实现数据库逻辑恢复分为表恢复、用户恢复、完全恢复三种模式。

(1)Import 表模式:此方式将根据按照表模式备份的数据进行恢复。

【例 12.10】 恢复备份数据的全部内容。

C:> IMP jxc/jxc fromuser = jxc touser = jxc rows = y indexes = y commit = y
buffer = 65536 feedback = 100000 ignore = n volsize = 0 file = jxc_tab.dmp

【例 12.11】 恢复备份数据中的指定表 t_spml。

C:> IMP jxc/jxc fromuser = jxc touser = jxc rows = y indexes = y commit = y
buffer = 65536 feedback = 100000 ignore = n volsize = 0 file = jxc_tab.dmp tables = t_spml

(2)Import 用户模式。

此方式将根据按照用户模式备份的数据进行恢复。恢复方法与表模式恢复方法基本相同。

(3)Import 完全模式。

如果备份方式为完全模式,则采用下列恢复方法:

C:> IMP system/Xmanager rows = y indexes = y commit = y buffer = 65536 feedback = 100000
ignore = y volsize = 0 full = y file = system_yyyymmdd.dmp

参数说明:

ignore 参数:在恢复数据的过程中,当恢复某个表时,该表已经存在,就要根据 ignore 参数的设置来决定如何操作。

若 ignore = y,Oracle 不执行 CREATE TABLE 语句,直接将数据插入到表中,如果插入的记录违背了约束条件,比如主键约束,则出错的记录不会插入,但合法的记录会添加到表中。若 ignore = n,Oracle 不执行 CREATE TABLE 语句,同时也不会将数据插入到表中,而是忽略该表的错误,继续恢复下一个表。

indexes 参数:在恢复数据的过程中,若 indexes = n,则表上的索引不会被恢复,但是主键对应的唯一索引将无条件恢复,这是为了保证数据的完整性。

字符集转换对于单字节字符集(如 US7ASCII)恢复时,数据库自动转换为该会话的字符集(NLS_LANG 参数);对于多字节字符集(如 ZHS16CGB231280)恢复时,应尽量使字符集相同(避免转换),如果要转换目标数据库的字符集,则应是输出数据库字符集的超集。

使用完全恢复可以将一个数据库的某用户的所有表导到另外数据库的一个用户下面。

【例 12.12】 将一个数据库的某用户的所有表导到另外数据库的一个用户下面。

从 username1 卸出全部数据库对象:

C:> exp userid = system/Xmanager owner = username1 file = expfile.dmp

将从 username1 卸出全部数据库对象导入到 username2:

C:> imp userid=system/Xmanager fromuser=username1 touser=username2 ignore=y file=expfile.dmp

### 11.4.5 逻辑备份恢复 Data Pump 导入

数据泵导入实用程序提供了一种用于在 Oracle 数据库之间传输数据对象的机制。该实用程序可以使用以下命令进行调用：

IMPDP scott/tiger DIRECTORY=dmpdir DUMPFILE=jxc.dmp

用户可以控制导入的运行方式及各种参数。

（1）Impdp 运行方式。

①命令行接口方式：在命令行中直接指定参数设置。

②参数文件接口方式：将需要的参数设置放到一个文件中，在命令行中用 PARFILE 参数指定参数文件。

③交互式命令方式：用户可以通过交互命令进行导出操作管理。

（2）Impdp 导入模式。

①全库导入模式：通过参数 FULL 指定，导入整个数据库。

②方案导入模式：通过参数 Schemas 指定，导入指定方案中的所有对象。

③表导入模式：通过参数 Tables 指定，导入指定模式中指定的表、分区及依赖对象。

④表空间导入模式：通过参数 Tablespaces 指定，导入指定表空间中所有表及其依赖对象的定义和数据。

⑤传输表空间导入模式（Transportable Tablespace）。

（3）Impdp 参数。

在操作系统的命令提示符窗口中输入 impdp HELP=Y 命令，可以查看 Impdp 参数说明。

表 12.5 IMPDP 命令参数说明

| 参数名 | 说明（默认） |
| --- | --- |
| ATTACH | 连接到现有作业，如 ATTACH[=作业名] |
| CONTENT | 指定要加载的数据，其中有效关键字为：(ALL)、DATA_ONLY 和 METADATA_ONLY |
| DATA_OPTIONS | 数据层标记，其中唯一有效的值为：SKIP_CONSTRAINT_ERRORS，即约束条件错误不严重 |
| DIRECTORY | 供转储文件、日志文件和 SQL 文件使用的目录对象 |
| DUMPFILE | 要从 expdat.dmp 中导入的转储文件的列表 |
| ENCRYPTION_PASSWORD | 用于访问加密列数据的口令关键字。此参数对网络导入作业无效 |
| ESTIMATE | 计算作业估计值，其中有效关键字为：BLOCKS 和 STATISTICS |
| EXCLUDE | 排除特定的对象类型，如 EXCLUDE=TABLE:EMP |
| FLASHBACK_SCN | 用于将会话快照设置回以前状态的 SCN |
| FLASHBACK_TIME | 用于获取最接近指定时间的 SCN 的时间 |
| FULL | 从源导入全部对象(Y) |
| HELP | 显示帮助消息(N) |
| INCLUDE | 包括特定的对象类型，如 INCLUDE=TABLE_DATA |
| JOB_NAME | 要创建的导入作业的名称 |

续表 12.5

| 参数名 | 说明（默认） |
| --- | --- |
| LOGFILE | 日志文件名(import.log) |
| NETWORK_LINK | 链接到源系统的远程数据库的名称 |
| NOLOGFILE | 不写入日志文件 |
| PARALLEL | 更改当前作业的活动 worker 的数目 |
| PARFILE | 指定参数文件 |
| PARTITION_OPTIONS | 指定应如何转换分区，其中有效关键字为：DEPARTITION、MERGE 和 (NONE) |
| QUERY | 用于导入表的子集的谓词子句 |
| REMAP_DATA | 指定数据转换函数 |
| REMAP_DATAFILE | 在所有 DDL 语句中重新定义数据文件引用 |
| REMAP_SCHEMA | 将一个方案中的对象加载到另一个方案 |
| REMAP_TABLE | 表名重新映射到另一个表 |
| REMAP_TABLESPACE | 将表空间对象重新映射到另一个表空间 |
| REUSE_DATAFILES | 如果表空间已存在，则将其初始化(N) |
| SCHEMAS | 要导入的方案的列表 |
| SKIP_UNUSABLE_INDEXES | 跳过设置为无用索引状态的索引 |
| SQLFILE | 将所有的 SQL DDL 写入指定的文件 |
| STATUS | 默认值(0)将显示可用时的新状态的情况下，要监视的频率(以秒计)作业状态 |
| STREAMS_CONFIGURATION | 启用流元数据的加载 |
| TABLE_EXISTS_ACTION | 导入对象已存在时执行的操作。有效关键字：(SKIP) APPENDREPLACE 和 TRUNCATE。 |
| TABLES | 标识要导入的表的列表 |
| TABLESPACES | 标识要导入的表空间的列表 |
| TRANSFORM | 要应用于适用对象的元数据转换。有效转换关键字为：EGMENT_AT-TRIBUTES、STORAGE、OID 和 PCTSPACE |
| TRANSPORTABLE | 用于选择可传输数据移动的选项。有效关键字为：ALWAYS 和 (NEVER)。仅在 NETWORK_LINK 模式导入操作中有效 |
| TRANSPORT_DATAFILES | 按可传输模式导入的数据文件的列表 |
| TRANSPORT_FULL_CHECK | 验证所有表的存储段(N) |
| TRANSPORT_TABLESPACES | 要从中加载元数据的表空间的列表。仅在 NETWORK_LINK 模式导入操作中有效 |
| VERSION | 要导出的对象的版本，其中有效关键字为：(COMPATIBLE)、LATEST 或任何有效的数据库版本。仅对 NETWORK_LINK 和 SQLFILE 有效 |

(4) Impdp 应用实例。

**【例 12.13】** Impdp 应用实例。

(1) 表导入模式。

使用逻辑备份文件 jxc_spml.dmp 恢复 jxc 用户下的 t_spml 表和 t_bmml 表中数据。

C:\> IMPDP jxc/jxc DIRECTORY = dumpdir DUMPFILE = jxc_spml.dmp
　　　　　TABLES = t_spml,t_bmml NOLOGFILE = Y CONTENT = DATA_ONLY

如果表结构也不存在了，则应该导入表的定义以及数据。

C:\> IMPDP jxc/jxc DIRECTORY = dumpdir DUMPFILE = jxc_spml.dmp

TABLES = t_spml, t_bmml NOLOGFILE = Y CONTENT = DATA_ONLY

（2）用户导入模式。

使用备份文件 jxc.dmp 恢复 jxc 用户。

C:\> impdp jxc/jxc DIRECTORY = dumpdir DUMPFILE = jxc.dmp SCHEMAS = jxc
JOB_NAME = imp_jxc_schema

如果要将一个备份用户的所有对象导入另一个用户中，可以使用 REMAP_SCHEMAN 参数设置。例如，将备份的 jxc 用户对象导入 jxc_bf 用户中。

C:\> IMPDP jxc/jxc DIRECTORY = dumpdir DUMPFILE = jxc.dmp LOGFILE = jxc.log
REMAP_SCHEMA = jxc:jxc_bf JOB_NAME = imp_wj_bf_schema

（3）表空间导入模式。

利用 EXAMPLE, USERS 表空间的逻辑备份 tbs_1.dmp 恢复 USERS 表空间。

C:\> IMPDP system/Xmanager DIRECTORY = dumpdir DUMPFILE = tbs_dmp.dmp
TABLESPACES = USERS

（4）传输表空间导入模式。

将表空间 USERS 导入数据库链接 source_dblink 所对应的远程数据库中。

C:\> IMPDP system/Xmanager DIRECTORY = dumpdir NETWORK_LINK = source_dblink
TRANSPORT_TABLESPACES = users TRANSPORT_FULL_CHECK = NT-
RANSPORT_DATAFILES = 'D:\ORACLE\USERS01.DBF'

（5）数据库导入模式。

利用完整数据库的逻辑备份恢复数据库。

C:\> IMPDP system/Xmanager DIRECTORY = dumpdir DUMPFILE = expfull.dmp
FULL = Y NOLOGFILE = Y

（6）追加导入。

如果表中已经存在数据，可以利用备份向表中追加数据。

C:\> IMPDP jxc/jxc DIRECTORY = dumpdir DUMPFILE = jxc_spml.dmp TABLES = t_spml
TABLE_EXISTS_ACTION = APPEND

（7）参数文件方式导入。

首先创建一个名为 spml_cs.txt 的参数文件，并存放到 d:\backup 目录下，其内容为：

TABLES = t_spml, t_bmml
DIRECTORY = dumpdir
DUMPFILE = jxc_spml.dmp
PARALLEL = 3

然后在命令行中执行下列命令就可以实现数据的导入操作。

C:\> IMPDP jxc/jxc PARFILE = d:\spml_cs.txt

（8）交互命令方式导入。

与 Expdp 交互执行方式类似，在 Impdp 命令执行作业导入的过程中，可以使用 Impdp 的交互命令对当前运行的导入作业进行控制管理。下列命令在交互模式下有效。命令允许使用缩写（表2.6）。

表 12.6　交互方式下 IMPDP 参数说明

| 参数名 | 说明 |
| --- | --- |
| CONTINUE_CLIENT | 返回到记录模式。如果处于空闲状态,将重新启动作业 |
| EXIT_CLIENT | 退出客户机会话并使作业处于运行状态 |
| HELP | 总结交互命令 |
| KILL_JOB | 分离和删除作业 |
| PARALLEL | 更改当前作业的活 worker 的数目。PARALLEL = < worker 的数目 > |
| START_JOB | 启动/恢复当前作业 |
| START_JOB = SKIP_CURRENT | 在开始作业之前将跳过作业停止时执行的任意操作 |
| STATUS | 默认值(0)将显示可用时的新状态情况下,要监视的频率(以秒计)作业状态 |
| STOP_JOB | 顺序关闭执行的作业并退出客户机。STOP_JOB = IMMEDIATE 将立即关闭数据泵作业 |

## 12.5　习题与上机实训

### 12.5.1　习题

1. 什么是备份？什么是恢复？
2. 为什么要对数据库进行备份？
3. 数据库备份的原则与策略有哪些？
4. 数据库恢复的原则与策略有哪些？
5. 数据库恢复机制是什么？
6. 数据库备份有哪些类型？
7. 物理备份和逻辑备份的主要区别是什么？分别适用于什么情况？
8. 归档模式下的备份与非归档模式下的备份有什么不同？分别适用于什么情况？
9. Oracle 数据库不完全恢复有哪些类型？
10. Oracle 数据库的逻辑备份和恢复工具有哪些？有什么不同？

### 12.5.2　上机实训

**1. 实训目的**

我们使用一个数据库时,总希望数据库的内容是可靠的、正确的,但由于计算机系统的故障(硬件故障、软件故障、网络故障、进程故障和系统故障)影响数据库系统的操作,影响数据库中数据的正确性,甚至破坏数据库,使数据库中全部或部分数据丢失。因此当发生上述故障后,希望能重构这个完整的数据库,减少数据的丢失。在本实训中要了解数据库备份与恢复策略,掌握数据库的冷备份方法、热备份方法、完全恢复方法、不完全恢复方法及数据库逻辑备份和恢复方法。

**2. 实训任务**

(1)数据库物理备份与恢复。

物理备份是拷贝数据库文件而不是其逻辑内容。Oracle 支持两种不同类型的物理备份：

脱机备份(也称为冷备份)和联机备份(也称为热备份)。脱机备份在数据库已经正常关闭的情况进行。联机备份是指数据库可能要求 24 小时运行,而且随时会对数据进行操作。

①脱机物理备份:参见本章例 12.1 完成实例操作。
②联机物理备份:参见本章例 12.2 完成实例操作。
③非归档模式下数据库的恢复:参见本章例 12.3 完成实例操作。
数据库完全恢复:参见本章例 12.4 完成实例操作。

(2)数据库逻辑备份与恢复。

数据库逻辑备份指读一个数据库记录集,并利用 Oracle 提供的导出工具,以 Oracle 提供的内部格式写入一个二进制文件中。这些记录的读出与其物理位置无关。业务数据库采用此种备份方式,此方法不需要数据库运行在归挡模式下,不但备份简单,而且可以不需要外部存储设备。

逻辑恢复是指利用 Oracle 提供的导入工具将逻辑备份形成的转储文件导入数据库内部,进行数据库的逻辑恢复。与物理备份与恢复不同,逻辑备份与恢复必须在数据库运行的状态下进行,因此当数据库发生介质损坏而无法启动时,不能利用逻辑备份恢复数据库。因此,数据库备份与恢复是以物理备份与恢复为主,逻辑备份与恢复为辅。

① Export 备份
行命令方式:EXP [username/password] 参数 1 参数 2…
参见本章例 12.5、12.6、12.7、12.8、12.9 完成实例操作。
②Expdp 备份。
参见本章例 12.10 完成实例操作。
③逻辑备份恢复 Import 导入。
参见本章例 12.11、12.12、12.13 完成实例操作。
④逻辑备份恢复 Data Pump 导入。
参见本章例 12.14 完成实例操作。

# 附表 I  Oracle 常用数据类型

| 类 型 | 说 明 | 示 例 |
|---|---|---|
| 数字类型 | | |
| INTEGER | 整数 | V_Num INT; |
| NUMBER(m,n) | 有效数 m 位,小数 n 位 | Number(6,2) 最大值为 9 999.99 |
| DECIMAL(m,n) | 有效数 m 位,小数 n 位 | DECIMAL(6,2) 最大值为 9 999.99 |
| FLOAT(m) | 浮点数,m 可以省略 | M 有效精度为 m×0.30103,不舍全入 |
| 字符类型 | | |
| CHAR(m) | 固定长度字符串 | Char(8) 固定长为 8 位,如'20120131' |
| VARCHAR2(m) | 可变长度的字符串 | VARCHAR2(20)可存放 20 以内的字符,1 个汉字为 2 个字符 |
| CLOB | 保存大文件 | 保存文本文件 |
| LONG | 长字符类型 | 已淘汰,新版用 CLOB 类型 |
| RAW | 固定长数据 | 以十六进制存放字符。日期类型 |
| DATE | DD – MM 月 – YY | 如:'21 – 8 月  – 03' 或 '21 – 8 月 – 03' |
| TIMESTAMP | DD – MM 月 – YY HH.MM.SS 时段 | 如:'21 – 8 月  – 03 08.32.49.000000 上午二进制类型 |
| BLOB | 保存大文件 | 保存图片、音像数据 |
| BFILE | 路径、文件名 | (path,filename) |
| LONG RAW | 长字符类型 | 已淘汰,新版用 BLOB 类型 |
| Unicode 类型 | | |
| NCHAR(m) | 固定长字符 | 与 CHAR 类似 |
| NVARCHAR2(m) | 可变长字符 | 与 VARCHAR2 类似 |
| NCLOB | 保存大文件 | 与 CLOB 类似 |
| 地址及序号类型 | | |
| ROWID | 记录字符型物理地址 | 格式:'AAAR3qAAEAAAACHAAA' |
| ROWNUM | 记录序号(1,2,3,…) | 整型数字 |

# 附录 Ⅱ  Oracle 11g SQL 函数

| 函 数 名 | 返回类型 | 说 明 |
| --- | --- | --- |
| 字符串函数 | | |
| ASCII(s) | 数值 | 返回 s 首位字母的 ASCII 码 |
| CHR(i) | 字符 | 返回数值 i 的 ASCII 字符 |
| CONCAT(s1,s2) | 字符 | 将 s2 连接到字符串 s1 的后面 |
| INITCAP(s) | 字符 | 将每个单词首位字母大写,其他字母小写 |
| INSTR(s1,s2[,i[,j]]) | 数值 | 返回 s2 在 s1 中第 i 位开始第 j 次出现的位置 |
| INSTRB(s1,s2[,i[,j]]) | 数值 | 与 INSTR(s) 函数相同,但按字节计算 |
| LENGTH(s) | 数值 | 返回 s 的长度。 |
| LENGTHb(s) | 数值 | 与 LENGTH(s)相同,但按字节计算 |
| lower(s) | 字符 | 返回 s 的小写字符 |
| LPAD(s1,i[,s2]) | 字符 | 在 s1 的左侧用 s2 字符串补足到总长度 i |
| LTRIM(s1,s2) | 字符 | 循环去掉在 s2 中存在的 s1 左边字符 |
| RPAD(s1,i[,s2]) | 字符 | 在 s1 的右侧用 s2 字符串补足到总长度 i |
| RTRIM(s1,s2) | 字符 | 循环去掉在 s2 中存在的 s1 右边字符 |
| REPLACE(s1,s2[,s3]) | 字符 | 用 s3 替换出现在 s1 中的 s2 |
| REVERSE(s) | 字符 | 返回 s 倒排的字符串 |
| SUBSTR(s,i[,j]) | 字符 | 从 s 的第 i 位开始截得长度 j 的子字符串 |
| SUBSTRB(s,i[,j]) | 字符 | 与 SUBSTR 相同,但 I,J 按字节计算 |
| SOUNDEX(s) | | 返回与 s 发音相似的词 |
| TRANSLATE(s1,s2,s3) | 字符 | 将 s1 中与 s2 相同的字符以 s3 代替 |
| TRIM(s) | 字符 | 删除 s 的首部和尾部空格 |
| UPPER(s) | 字符 | 返回 s 的大写 |
| 正则表达式函数 | | |
| REGEXP_LIKE( ) | 布尔 | 与 LIKE 的功能相似 |
| REGEXP_INSTR( ) | 数值 | 与 INSTR 的功能相似 |
| REGEXP_SUBSTR( ) | 字符 | 与 SUBSTR 的功能相似 |
| REGEXP_REPLACE( ) | 字符 | 与 REPLACE 的功能相似 |
| 数字函数 | | |
| ABS(i) | 数值 | 返回 i 的绝对值 |
| ACOS(i) | 数值 | 反余弦函数,返回 -1 到 1 之间的数 |
| ASIN(i) | 数值 | 反正弦函数,返回 -1 到 1 之间的数 |
| ATAN(i) | 数值 | 反正切函数,返回 i 的反正切值 |
| CEIL(i) | 数值 | 返回大于或等于 n 的最小整数 |
| COS(i) | 数值 | 返回 n 的余弦值 |
| COSH(i) | 数值 | 返回 n 的双曲余弦值 |
| EXP(i) | 数值 | 返回 e 的 i 次幂,e = 2.718 281 83 |
| FLOOR(i) | 数值 | 返回小于等于 i 的最大整数 |

续附表Ⅱ

| 函数名 | 返回类型 | 说明 |
| --- | --- | --- |
| 数字函数 | | |
| LN(i) | 数值 | 返回 i 的自然对数,i>0 |
| LOG(i,j) | 数值 | 返回以 i 为底 j 的对数 |
| MOD(i) | 数值 | 返回 i 除以 j 的余数 |
| POWER(i,j) | 数值 | 返回 i 的 j 次方 |
| ROUND(i,j) | 数值 | 返回 i 四舍五入值,j 是小数点位数 |
| SIGN(i) | 数值 | i>0,返回 1;i=0,返回 0;i<0,返回 -1 |
| SIN(i) | 数值 | 返回 i 的正弦值 |
| SINH(i) | 数值 | 返回 i 的双曲正弦值 |
| SQRT(i) | 数值 | 返回 i 的平方根 |
| TAN(i) | 数值 | 返回 i 的正切值 |
| TANH(i) | 数值 | 返回 i 的双曲正切值 |
| TRUNC(I,j) | 数值 | 返回 i 的结尾值,j 可为正、零、负数 |
| 转换函数 | | |
| CONVERT(s,ds,ss) | 字符 | 将 s 由 ss 字符集转换为 ds 字符集 |
| HEXTORAW(s) | 字符 | 将十六进制的 s 转换为 RAW 数据类型 |
| RAWTOHEX(s) | 字符 | 将 RAW 类型 s 转换为十六进制的数据类型 |
| ROWIDTOCHAR(s) | 字符 | 将 ROWID 类型 s 转换为 CHAR 数据类型 |
| TO_CHAR(p,fmt) | 字符 | 将 p 转换成 fmt 指定格式的 char 类型,若 p 为日期 |
| TO_DATE(s,fmt) | 日期 | 将字符串 s 转换成 date 数据类型 |
| TO_MULTI_BYTE(s) | 字符 | 将 s 的单字节字符转换成双字节字符 |
| TO_NUMBER(s) | 数值 | 将返回 s 代表的数值 |
| TO_SINGLE_BYTE( ) | 字符 | 将 s 中的多字节字符转化成单字节字符 |
| 日期函数 | | |
| ADD_MONTHS(d,i) | 日期 | 返回日期 d 加上 i 个月后的结果 |
| LAST_DAY(d) | 日期 | 返回日期 d 月份的最后一天 |
| MONTHS_BETWEEN(d1,d2) | 数值 | 返回 d1 和 d2 之间月的数目 |
| NEW_TIME(d,tz1,tz2) | 日期 | 将日期 d 由时区 tz1 转换到时区 tz2 NEW_TIME(sysdate,'GMT','CST') |
| NEXT_DAY(d,w) | 日期 | 返回 d 后 w 给出的第一星期 w,w=1--7(周日--周六) |
| ROUND(d,fmt) | 日期 | fmt=YYYY\|MM\|DD\|D,返回舍入 d 后 fmt 格式的第一天 |
| TRUNC(d,fmt) | 日期 | fmt=YYYY\|MM\|DD\|D,返回截去 d 后 fmt 格式的第一天 |
| SYADATE | 日期 | 无参数,返回当前日期和时间 |
| 其他函数 | | |
| NVL(s1\|p1,s2\|p2) | 不定 | 如果 s1 或 p1 是空值,则返回 s2 或 p2 |
| BFILENAME(dir,file) | 指针 | 初始化 BFILE 变量或 BFILE 列,返回空 BFILE 位置指针 |
| DECODE(p,p1,p2,…) | 不定 | if p=p1 then p2;elsif p=p3 then p4…else pn |
| DUMP(s,fmt,I,j) | 字符 | 返回 s 的类型编号,s 从 i 截取 j 个字符 fmt 进制的 ASCIIDUMP('A1cbd',1010,1,2) |
| EMPTY_BLOB( ) | 指针 | 初始化 BLOB 变量或 BLOB 列,返回空的 BLOB 位置指针 |

续附表 Ⅱ

| 函数名 | 返回类型 | 说明 | |
|---|---|---|---|
| \multicolumn{4}{c}{其他函数} | | | |
| EMPTY_CLOB( ) | 指针 | 初始化 CLOB 变量或 CLOB 列,返回空的 CLOB 位置指针 | |
| GREATEST(p,p1,p2,…) | 不定 | 返回其中最大的表达式 | |
| LEAST(p,p1,p2,…) | 不定 | 返回其中最小的表达式 | |
| UID | 数值 | 返回唯一标示当前数据库用户的编号 | |
| USER | 字符 | 返回当前用户的用户名 | |
| USERENV(OPTION) | 字符 | 返回当前会话信息,OPTION 取值参见最后一页 | |
| SYS_CONTEXT(s1,s2) | 字符 | 返回当前会话信息,s1 = 'USERENV',s2 = OPTION | |
| VSIZE(s) | 数值 | 返回 s 的字节数 | |
| 组函数 | | | |
| AVG(col) | 数值 | 返回数值列 col 的平均值 | |
| COUNT(col| * ) | 数值 | 返回列 col 的行数目,* 表示返回所有的行 | |
| MAX(col) | 不定 | 返回数值列 col 的最大值 | |
| MIN(col) | 不定 | 返回数值列 col 的最小值 | |
| STDDEV(col) | 数值 | 返回数值列 col 的标准差,标准差是方差的平方根 | |
| SUM(col) | 数值 | 返回数值列 col 的总和 | |
| VARIANCE(col) | 数值 | 返回数值列 col 的统计方差 | |
| WM_CONCAT(col) | 字符 | 返回列 col 值的合并行,用逗号分隔 | |
| OVER 分组排序函数 | | | |
| OVER([分组]排序) | | 按字段分组、排序,与下面函数联合使用 | Over(PARTITION BY 列 ORDER BY 列) 或 Over(ORDER BY 列) |
| Rank( )Over( ) | 数值 | 增加序号伪列:1、2、2、4、… | |
| Dense_Rank( )Over( ) | 数值 | 增加序号伪列:1、2、2、3、… | |
| Row_Number( )Over( ) | 数值 | 增加序号伪列:1、2、3、4、… | Lag、Lead:exp 列名、第 N 行、无返回值时取代值 |
| Sum(列)Over( ) | 数值 | 求和、分组求和、求累计 | |
| Lag(exp,N,defval)Over( ) | 不定 | 读取某列的上第 N 行 | |
| Lead(exp,N,defval)Over( ) | 不定 | 读取某列的下第 N 行 | |

s、s1、s2、s3 为串、串表达式,p、p1、p2 数值、数值表达式,
i、j 为整数,fmt 为数据格式,d、d1、d2 为日期

| \multicolumn{4}{c}{SYS_CONTEXT('USERENV',Option) 返回当前会话信息} | | | |
|---|---|---|---|
| SYS_CONTEXT('USERENV','TERMINAL') terminal, | | | |
| SYS_CONTEXT('USERENV','LANGUAGE') language, | | | |
| SYS_CONTEXT('USERENV','SESSIONID') sessionid, | | | |
| SYS_CONTEXT('USERENV','INSTANCE') instance, | | | |
| SYS_CONTEXT('USERENV','ENTRYID') entryid, | | | |
| SYS_CONTEXT('USERENV','ISDBA') isdba, | | | |
| SYS_CONTEXT('USERENV','NLS_TERRITORY') nls_territory, | | | |
| SYS_CONTEXT('USERENV','NLS_CURRENCY') nls_currency, | | | |
| SYS_CONTEXT('USERENV','NLS_CALENDAR') nls_calendar, | | | |
| SYS_CONTEXT('USERENV','NLS_DATE_FORMAT') nls_date_format, | | | |

续附表 Ⅱ

| SYS_CONTEXT('USERENV', Option) 返回当前会话信息 |
|---|
| SYS_CONTEXT('USERENV', 'NLS_DATE_LANGUAGE') nls_date_language, |
| SYS_CONTEXT('USERENV', 'NLS_SORT') nls_sort, |
| SYS_CONTEXT('USERENV', 'CURRENT_USER') current_user, |
| SYS_CONTEXT('USERENV', 'CURRENT_USERID') current_userid, |
| SYS_CONTEXT('USERENV', 'SESSION_USER') session_user, |
| SYS_CONTEXT('USERENV', 'SESSION_USERID') session_userid, |
| SYS_CONTEXT('USERENV', 'PROXY_USER') proxy_user, |
| SYS_CONTEXT('USERENV', 'PROXY_USERID') proxy_userid, |
| SYS_CONTEXT('USERENV', 'DB_DOMAIN') db_domain, |
| SYS_CONTEXT('USERENV', 'DB_NAME') db_name, |
| SYS_CONTEXT('USERENV', 'HOST') host, |
| SYS_CONTEXT('USERENV', 'OS_USER') os_user, |
| SYS_CONTEXT('USERENV', 'EXTERNAL_NAME') external_name, |
| SYS_CONTEXT('USERENV', 'IP_ADDRESS') ip_address, |
| SYS_CONTEXT('USERENV', 'NETWORK_PROTOCOL') network_protocol, |
| SYS_CONTEXT('USERENV', 'BG_JOB_ID') bg_job_id, |
| SYS_CONTEXT('USERENV', 'FG_JOB_ID') fg_job_id, |
| SYS_CONTEXT('USERENV', 'AUTHENTICATION_TYPE') authentication_type, |
| SYS_CONTEXT('USERENV', 'AUTHENTICATION_DATA') authentication_data |
| USERENV(OPTION) 返回当前的会话信息 |
| OPTION = 'ISDBA' 若当前是 DBA 角色,则为 TRUE,否则 FALSE. |
| OPTION = 'LANGUAGE' 返回数据库的字符集. |
| OPTION = 'SESSIONID' 为当前会话标识符. |
| OPTION = 'ENTRYID' 返回可审计的会话标识符. |
| OPTION = 'LANG' 返回会话语言名称的 ISO 简记. |
| OPTION = 'INSTANCE' 返回当前的实例. |
| OPTION = 'terminal' 返回当前计算机名 |

## 附表 Ⅲ  举例用数据表结构

### 部门目录 T_BMML

| 属性名称 | 字段名 | 数据类型长度 | 可空否 | 备注 |
|---|---|---|---|---|
| 部门编码 | BMBM | CHAR(6) | N | Primary Key |
| 部门名称 | BMMC | VARCHAR2(30) | N | |
| 部门楼层 | BMLC | VARCHAR2(10) | N | |
| 职工人数 | ZGRS | NUMBER(4) | N | |
| 营业面积 | YYMJ | NUMBER(6) | Y | |

### 职工目录 T_ZGML

| 属性名称 | 字段名 | 数据类型长度 | 可空否 | 备注 |
|---|---|---|---|---|
| 职工编码 | ZGBM | CHAR(5) | N | Primary Key |
| 职工名称 | ZGMC | VARCHAR2(8) | N | |
| 出生日期 | CSRQ | CHAR(8) | Y | |
| 职工性别 | ZGXB | CHAR(2) | Y | |
| 关系电话 | LXDH | VARCHAR2(14) | Y | |
| 家庭地址 | JTDZ | VARCHAR2(40) | Y | |
| 身份证号 | SFZH | CHAR(18) | Y | |
| 职工密码 | ZGMM | CHAR(8) | Y | |

### 供货单位目录 T_GHDWML

| 属性名称 | 字段名 | 数据类型长度 | 可空否 | 备注 |
|---|---|---|---|---|
| 单位编码 | DWBM | CHAR(6) | N | Primary Key |
| 单位名称 | DWMC | VARCHAR2(24) | Y | |
| 单位简称 | DWJC | VARCHAR2(16) | Y | |
| 关系人 | LXR | VARCHAR2(8) | Y | |
| 关系电话 | LXDH | VARCHAR2(14) | Y | |

### 商品目录 T_SPML

| 属性名称 | 字段名 | 数据类型长度 | 可空否 | 备注 |
|---|---|---|---|---|
| 商品编码 | SPBM | CHAR(7) | N | Primary Key |
| 商品名称 | SPMC | VARCHAR2(20) | Y | |
| 商品规格 | SPGG | VARCHAR2(15) | Y | |
| 商品产地 | SPCD | VARCHAR2(10) | Y | |
| 计量单位 | JLDW | CHAR(2) | Y | |
| 供货单位编码 | GHDW | CHAR(6) | N | |
| 销售价格 | XSJG | NUMBER(8,2) | N | |
| 销项税率 | XXSL | NUMBER(2) | N | |
| 作废日期 | ZFRQ | CHAR(8) | Y | |

### 商品入库明细 T_SPRKMX

| 属性名称 | 字段名 | 数据类型长度 | 可空否 | 备注 |
|---|---|---|---|---|
| 商品编码 | SPBM | CHAR(7) | N | 组合 Primary Key |
| 供货单位编码 | GHDW | CHAR(6) | N | |
| 入库编号 | RKBH | CHAR(8) | N | 组合 Primary Key |

续附表Ⅲ

| 属性名称 | 字段名 | 数据类型长度 | 可空否 | 备注 |
|---|---|---|---|---|
| 入库日期 | RKRQ | CHAR(8) | N | |
| 含税价格 | HSJG | NUMBER(8,2) | N | |
| 进货价格 | JHJG | NUMBER(10,4) | N | |
| 入库数量 | RKSL | NUMBER(8,3) | N | |
| 经营方式 | JYFS | CHAR(1) | N | 经销、代销等 |
| 存放地址 | CFDZ | CHAR(1) | N | 营业或仓库 |
| 操作员号 | CZYH | CHAR(5) | Y | |
| 处理标志 | CLBZ | CHAR(1) | Y | 该记录的处理状态 |

商品变价明细 T_SPBJMX

| 属性名称 | 字段名 | 数据类型长度 | 可空否 | 备注 |
|---|---|---|---|---|
| 商品编码 | SPBM | CHAR(7) | N | 组合 Primary Key |
| 供货单位编码 | GHDW | CHAR(6) | N | |
| 变价日期 | BJRQ | CHAR(8) | N | |
| 入库编号 | RKBH | CHAR(8) | N | 组合 Primary Key |
| 原进货价格 | OJHJ | NUMBER(10,4) | N | 原不含税进货价格 |
| 新进货价格 | NJHJ | NUMBER(10,4) | N | 新不含税进货价格 |
| 原含税价格 | OHSJ | NUMBER(8,2) | N | 原含税进货价格 |
| 新含税价格 | NHSJ | NUMBER(8,2) | N | 新含税进货价格 |
| 变价数量 | BJSL | NUMBER(8,3) | N | |
| 操作员编号 | CZYH | CHAR(5) | Y | |
| 处理标志 | CLBZ | CHAR(1) | Y | 该记录的处理状态 |

商品返厂明细 T_SPFCMX

| 属性名称 | 字段名 | 数据类型长度 | 可空否 | 备注 |
|---|---|---|---|---|
| 商品编码 | SPBM | CHAR(7) | N | 组合 Primary Key |
| 供货单位编码 | GHDW | CHAR(6) | N | |
| 入库编号 | RKBH | CHAR(8) | N | 组合 Primary Key |
| 返厂日期 | FCRQ | CHAR(8) | N | |
| 含税价格 | HSJG | NUMBER(8,2) | N | |
| 进货价格 | JHJG | NUMBER(10,4) | N | |
| 返厂数量 | FCSL | NUMBER(8,3) | N | |
| 经营方式 | JYFS | CHAR(1) | N | 经销、代销等 |
| 返厂地址 | CFDZ | CHAR(1) | N | 营业或仓库 |
| 操作员编号 | CZYH | CHAR(5) | Y | |
| 处理标志 | CLBZ | CHAR(1) | Y | |

商品库存明细 T_SPKCMX

| 属性名称 | 字段名 | 数据类型长度 | 可空否 | 备注 |
|---|---|---|---|---|
| 商品编码 | SPBM | CHAR(7) | N | 组合 Primary Key |
| 供货单位编码 | GHDW | CHAR(6) | N | |
| 入库编号 | RKBH | CHAR(8) | N | 组合 Primary Key |
| 入库日期 | RKRQ | CHAR(8) | N | |
| 含税价格 | HSJG | NUMBER(8,2) | N | 含税进货价格 |
| 进货价格 | JHJG | NUMBER(10,4) | N | 不含税进货价格 |

续附表Ⅲ

| 属性名称 | 字段名 | 数据类型长度 | 可空否 | 备注 |
|---|---|---|---|---|
| 营业数量 | YYSL | NUMBER(8,3) | Y | 营业库存数量 |
| 仓库数量 | CKSL | NUMBER(8,3) | Y | 仓库库存数量 |
| 销售数量 | XSSL | NUMBER(8,3) | Y | |
| 转出数量 | ZCSL | NUMBER(8,3) | Y | 返厂或内部调用 |
| 经营方式 | JYFS | CHAR(1) | N | |

商品销售日报 T_SPXSRB

| 属性名称 | 字段名 | 数据类型长度 | 可空否 | 备注 |
|---|---|---|---|---|
| 商品编码 | SPBM | CHAR(7) | N | |
| 入库编号 | RKBH | CHAR(8) | Y | |
| 销售日期 | XSRQ | CHAR(8) | N | |
| 销售价格 | XSJG | NUMBER(8,2) | N | |
| 销售数量 | XSSL | NUMBER(8,3) | N | |
| 销售金额 | XSJE | NUMBER(8,2) | N | |
| 收款机号 | SKJH | NUMBER(2) | Y | |
| 处理标志 | CLBZ | CHAR(1) | Y | |

商品销售明细 T_SPXSMX

| 属性名称 | 字段名 | 数据类型长度 | 可空否 | 备注 |
|---|---|---|---|---|
| 商品编码 | SPBM | CHAR(7) | N | |
| 入库编号 | RKBH | CHAR(8) | N | |
| 供货单位编码 | GHDW | CHAR(6) | N | |
| 销售日期 | XSRQ | CHAR(8) | N | |
| 含税价格 | HSJG | NUMBER(8,2) | N | |
| 进货价格 | JHJG | NUMBER(10,4) | N | |
| 销售价格 | XSJG | NUMBER(8,2) | N | |
| 销售数量 | XSSL | NUMBER(8,3) | N | |
| 销售金额 | XSJE | NUMBER(10,2) | N | |
| 经营方式 | JYFS | CHAR(1) | N | |
| 处理标志 | CLBZ | CHAR(1) | Y | |

# 参考文献

[1] 谷长勇. Oracle 11g 权威指南[M]. 2 版. 北京：电子工业出版社，2011.
[2] 凯伦·莫顿. Oracle SQL 高级编程[M]. 朱浩波，译. 北京：清华大学出版社，2011.
[3] 弗伊尔斯坦. Oracle PL/SQL 程序设计[M]. 5 版. 张晓明，译. 北京：人民邮电出版社，2011.
[4] 秦靖. 刘存勇. Oracle 从入门到精通[M]. 北京：机械工业出版社，2011.
[5] 龙利 K. Oracle Database 11g 完全参考手册[M]. 刘伟琴，张格仙，译. 北京：人民邮电出版社，2010.
[6] 刘宪军. Oracle 11g 数据库管理员指南[M]. 北京：机械工业出版社，2010.
[7] 路川. Oracle 11g 宝典[M]. 2 版. 北京：电子工业出版社，2009.
[8] 孙风栋. Oracle 10g 数据库基础教程[M]. 北京：电子工业出版社，2009.
[9] 钱慎一. Oracle 11g 从入门到精通[M]. 北京：水利水电出版社. 2009.
[10] 张海凤. Oracle 11g SQL 和 PL\SQL 从入门到精通[M]. 北京：水利水电出版社，2008.
[11] 皮拉斯 J. Oracle Database 11g 开发指南[M]. 史新元，北英，译. 北京：清华大学出版社，2008.
[12] 腾永昌. Oracle 9i 数据库管理员使用大全[M]. 北京：清华大学出版社，2005.
[13] 谈竹贤. Oracle 9i PL/SQL 从入门到精通[M]. 北京：水利水电出版社，2002.
[14] 北方交大自动化研究所. Oracle 7 技术手册[M]. 北京：科学出版社，1995.